기초 미적분학

김태수 김병수 김병찬 김건우 박윤경 지음

KM 경문사

머리말

현대사회는 지식기반의 정보화 시대로서 모든 사회 문명이 과학기술에 바탕을 둔 사회이다. 이러한 사회에 적응하고 적극적으로 선도해 나가기 위해서는 새로운 지식과 기술을 창출할 수 있는 창의력과 사고력이 절실히 요구된다.

수학을 공부하는 목적은 논리적으로 사고하고 합리적으로 문제를 해결하는 능력, 즉 창의력과 사고력을 증진시키는 것이며, 현대사회에서 수학이 적용되는 곳은 산업, 금융, 정보통신 등으로 확대되고 있다. 따라서 수학은 자연과학이나 공학을 공부하는 학생들에게는 필수적이다.

그러나 많은 학생들이 수학을 어렵게 느끼고 있다. 가장 큰 이유는 학생들이 문제를 직접 풀어보지 않고 눈으로만 본다는 것이다. 자동차 경주 게임의 경우 경기를 옆에서 지켜보면 장애물을 요리조리 피하여 잘할 수 있을 것 같지만, 직접 게임을 해 보면 생각대로 잘 되지 않는다. 수학도 이와 마찬가지이다. 수업시간에 선생님의 설명이나 풀이를 보면 이해가 되는 듯한데 막상 문제를 풀려고 하면 잘 되지 않고 심지어 어떻게 해야 할지 엄두조차 내지 못하는 것이다. 이러한 상황이 지속되면 미분적분학 공부, 나아가서는 전공 공부에서도 심각한 어려움에 부딪치게 된다.

우리는 수학의 기초가 부족하다고 느끼는 학생들을 위하여 이 책을 만들었다. 이 책은 식의 계산, 방정식과 부등식, 도형, 집합과 함수, 수열과 급수, 지수함수와 로그함수, 삼각함수 등의 내용을 담고 있으며, 다음과 같은 점이 반영되도록 하였다.

첫째, 엄밀한 수학적 정의로부터 출발하기보다는 구체적인 예를 통하여 개념을 익히고 원리를 이해하여 적용할 수 있도록 하는데 중점을 두었다.

둘째, 모든 예제 뒤에는 예제와 똑같은 유형의 문제를 추가하여 학생들이 예제를 복습하고 문제를 스스로 푸는 과정을 통하여 자연스럽게 내용을 익히고 문제해결 능력을 배양할 수 있도록 하였다.

셋째, 고등학교 과정에서 미분적분학을 공부하지 않은 학생들을 위하여 다항함수의 미분과 적분을 소개하였다.

넷째, 학생들의 공부에 도움이 되도록 모든 문제와 연습문제의 풀이를 부록에 제시하였다.

끝으로 이 책을 통하여 학생들이 대학 과정의 수학을 공부하기 위한 기초가 굳건해지게 되기를 바란다. 그리고 이 책이 출판되도록 애써주신 도서출판 경문사 관계자들께 감사드린다.

지은이 일동

차례

머리말 iii

Chapter 01 식의 계산 1

1.1 지수법칙 2
1.2 다항식의 전개와 인수분해 7
1.3 나머지 정리와 고차식의 인수분해 13
1.4 유리식과 무리식 21

Chapter 02 방정식과 부등식 27

2.1 간단한 방정식 28
2.2 이차방정식 34
2.3 고차방정식과 연립방정식 41
2.4 부등식 47

Chapter 03 도형 57

3.1 점과 좌표 58
3.2 직선의 방정식 64
3.3 두 직선의 위치 관계 69
3.4 원과 타원의 방정식 75

Chapter 04 집합과 함수 81

4.1 집합 82
4.2 함수 87
4.3 함수의 연산 92
4.4 역함수 97

4.5 함수의 그래프 102
4.6 이차함수 111
4.7 유리함수와 무리함수 118

Chapter 05 수열과 급수 123

5.1 등차수열과 등비수열 124
5.2 합의 기호 133
5.3 수열의 극한 139
5.4 무한급수 145

Chapter 06 지수함수와 로그함수 151

6.1 지수함수 152
6.2 로그함수 157
6.3 지수방정식과 로그방정식 164

Chapter 07 삼각함수 169

7.1 호도법 170
7.2 삼각함수의 정의와 성질 175
7.3 삼각함수의 그래프 187
7.4 삼각함수의 여러 가지 공식 193
7.5 삼각방정식과 삼각부등식 206

Chapter 08 함수의 극한과 연속 211

8.1 함수의 극한 212
8.2 함수의 연속 218

Chapter 09 다항함수의 도함수 225

9.1 도함수 226
9.2 다항함수의 미분법 229
9.3 평균값의 정리와 함수의 증감 235
9.4 곡선의 그래프와 최대, 최소 242

Chapter 10 다항함수의 적분법 247

10.1 부정적분 248
10.2 정적분 255
10.3 정적분의 응용 264

Chapter 11 여러 가지 함수의 미분과 적분 273

11.1 초월함수의 미분 274
11.2 연쇄법칙과 음함수의 미분 279
11.3 여러 가지 적분법 284

Chapter 12 행렬 289

12.1 행렬의 정의와 연산 290
12.2 일차변환 298
12.3 역행렬과 행렬식 303

Chapter 13 벡터와 벡터함수 313

13.1 벡터 314
13.2 벡터의 내적과 외적 320
13.3 직선과 평면의 방정식 325
13.4 벡터함수와 곡선 329

■ 문제 및 연습문제 풀이 335

■ 찾아보기 375

Chapter 01

식의 계산

1.1 지수법칙
1.2 다항식의 전개와 인수분해
1.3 나머지 정리와 고차식의 인수분해
1.4 유리식과 무리식

1.1 지수법칙

$2 \cdot 2 \cdot 2$를 2^3이라 나타내면 편리하다. 이와 같이 같은 수나 식을 여러 번 곱한 것을 일반적으로 다음과 같이 정의한다.

정의 1.1

n이 자연수이고 a가 수 또는 식일 때

$$a^n = \underbrace{a \cdot a \cdots a}_{n\text{개}}, \qquad a^{-n} = \frac{1}{a^n} = \frac{1}{\underbrace{a \cdot a \cdots a}_{n\text{개}}}$$

이다. 또 $a \neq 0$일 때 $a^0 = 1$이고, 0^0은 정의되지 않는다. 이때 n을 **지수**라 하고 a를 **밑**이라 하며 a^n을 a의 n**제곱**이라 한다.

예제 1.1_ 다음을 계산하여라.

(1) $\left(\frac{1}{2}\right)^3$

(2) $\left(\frac{1}{2}\right)^{-3}$

(3) 3^{-4}

(4) π^0

풀이

(1) $\left(\frac{1}{2}\right)^3 = \frac{1}{2} \cdot \frac{1}{2} \cdot \frac{1}{2} = \frac{1}{8}$

(2) $\left(\frac{1}{2}\right)^{-3} = \frac{1}{\frac{1}{2} \cdot \frac{1}{2} \cdot \frac{1}{2}} = \frac{1}{\frac{1}{8}} = 8$

(3) $3^{-4} = \frac{1}{3^4} = \frac{1}{3 \cdot 3 \cdot 3 \cdot 3} = \frac{1}{81}$

(4) $\pi^0 = 1$

문제 1.1 다음을 계산하여라.

(1) $\left(\frac{2}{3}\right)^3$

(2) $\left(\frac{2}{3}\right)^{-3}$

(3) $\frac{1}{3^{-2}}$

(4) $(-64)^0$

지수가 자연수인 경우를 확장하여 지수가 유리수인 경우를 알아보자. $3^2 = 9$를 다른 표현으로는 $\sqrt{9} = 3$이라 나타내고 3은 9의 제곱근이라 한다. 일반적인 제곱근은 다음과 같이 정의한다.

정의 1.2

n이 자연수이고 $b^n = a$일 때

$$\sqrt[n]{a} = b$$

라 나타내고 b는 a의 n**제곱근**이라 한다. 여기서 n이 짝수일 때는 a와 b는 0보다 크거나 같아야 한다. 또, m이 정수이고 n이 자연수일 때

$$a^{\frac{m}{n}} = \sqrt[n]{a^m}$$

이다. 이때에도 n이 짝수이면 a는 0보다 크거나 같아야 한다.

예제 1.2_ 다음을 계산하여라.

(1) $\sqrt[3]{8}$　　(2) $\sqrt[3]{-8}$

(3) $4^{1/2}$　　(4) $(-8)^{2/3}$

풀이

(1) $2^3 = 8$이므로 $\sqrt[3]{8} = 2$

(2) $(-2)^3 = -8$이므로 $\sqrt[3]{-8} = -2$

(3) $4^{1/2} = \sqrt{4} = 2$

(4) $(-8)^{2/3} = \sqrt[3]{(-8)^2} = \sqrt[3]{64} = 4$

문제 1.2 다음을 계산하여라.

(1) $\sqrt[3]{-\frac{1}{8}}$　　(2) $4^{3/2}$

◀

지수로 표현된 수나 식을 계산할 때 편리한 몇 가지 법칙을 알아보자. 예를 들어 m과 n이 자연수이면

$$a^m a^n = \underbrace{(a \cdot a \cdots a)}_{m\text{개}} \cdot \underbrace{(a \cdot a \cdots a)}_{n\text{개}} = \underbrace{a \cdot a \cdots a}_{m+n\text{개}} = a^{m+n}$$

임을 쉽게 알 수 있다. 이런 법칙들을 정리해보면 다음과 같다.

정리 1.3

모든 자연수 m과 n에 대하여

(1) $a^m a^n = a^{m+n}$　　(2) $\dfrac{a^m}{a^n} = a^{m-n}$

(3) $(a^m)^n = a^{mn}$　　(4) $(ab)^n = a^n b^n$

(5) $\left(\dfrac{a}{b}\right)^n = \dfrac{a^n}{b^n}$　　(6) $\left(\dfrac{b}{a}\right)^{-n} = \left(\dfrac{a}{b}\right)^n$

이 성립한다. 또 다음 각 제곱근이 존재하면 다음 등식도 성립한다.

(7) $\sqrt[n]{a}\,\sqrt[n]{b} = \sqrt[n]{ab}$　　(8) $\dfrac{\sqrt[n]{a}}{\sqrt[n]{b}} = \sqrt[n]{\dfrac{a}{b}}$

(9) $\sqrt[m]{\sqrt[n]{a}} = \sqrt[mn]{a}$

예제 1.3_ 다음을 간단히 하여라.

(1) $2^3\,2^4$　　(2) $\dfrac{x^5}{x^3}$

(3) $(x^2)^3$　　(4) $(2x^2)^3$

(5) $\left(\dfrac{x}{3}\right)^2$　　(6) $\left(\dfrac{2}{3}\right)^{-2}$

(7) $\sqrt[3]{2}\,\sqrt[3]{4}$　　(8) $\sqrt[3]{\sqrt{6}}$

(9) $\sqrt[3]{16}$　　(10) $\left(-\dfrac{8}{27}\right)^{2/3}$

풀이

(1) $2^3\,2^4 = 2^{3+4} = 2^7$　　(2) $\dfrac{x^5}{x^3} = x^{5-3} = x^2$

(3) $(x^2)^3 = x^{2\cdot 3} = x^6$　　(4) $(2x^2)^3 = 2^3(x^2)^3 = 8x^6$

(5) $\left(\dfrac{x}{3}\right)^2 = \dfrac{x^2}{3^2} = \dfrac{x^2}{9}$　　(6) $\left(\dfrac{2}{3}\right)^{-2} = \left(\dfrac{3}{2}\right)^2 = \dfrac{9}{4}$

(7) $\sqrt[3]{2}\,\sqrt[3]{4} = \sqrt[3]{8} = 2$　　(8) $\sqrt[3]{\sqrt{6}} = \sqrt[6]{6}$

(9) $\sqrt[3]{16} = \sqrt[3]{8\cdot 2} = \sqrt[3]{8}\,\sqrt[3]{2} = 2\sqrt[3]{2}$

(10) $\left(-\dfrac{8}{27}\right)^{2/3} = \left[\left(-\dfrac{2}{3}\right)^3\right]^{2/3} = \left(-\dfrac{2}{3}\right)^2 = \dfrac{4}{9}$

문제 1.3 다음 식을 간단히 하여라.

(1) $(2xy^2)^2(3x^2y^2)^2$　　(2) $\left(\frac{y^2}{x}\right)^3\left(\frac{x^2}{yz}\right)^2$

(3) $\sqrt[3]{8x^6y^3}$　　(4) $\left(\frac{2x^{3/4}}{y^{1/3}}\right)^3\left(\frac{x^{-1/2}}{y^4}\right)^{-1}$ ◀

1.1 연습문제

1 다음을 간단히 하여라.

(1) $\sqrt{\frac{1}{4}}$　　(2) $32^{-2/5}$

(3) $0.09^{-1/2}$　　(4) $\left(-\frac{64}{27}\right)^{2/3}$

(5) $81^{-(2^{-2})}$　　(6) $\frac{2^{1/2}\cdot 3^{3/2}\cdot 4^{2/3}}{2^{-1/2}\cdot 3^{1/2}}$

2 다음 식을 간단히 하여라.

(1) $\sqrt{\frac{4}{x^4}}$　　(2) $\left(\frac{27x^3}{8}\right)^{2/3}$

(3) $\left(\frac{256}{x^8}\right)^{-3/4}$　　(4) $\left(\frac{-2x^{1/3}}{y^{1/2}z^{1/6}}\right)^4$

(5) $\frac{(9xy)^{3/2}}{(27x^3y^{-4})^{2/3}}$　　(6) $\left(\frac{a^2b^{-3}}{x^{-1}y^2}\right)\left(\frac{a^{3/2}y^{1/3}}{x^{-2}b^{-1}}\right)^{-1}$

3 다음 값을 구하여라.

$$(-3)^{-2}-(-2)^{-1}+(-1)^0-0^1+1^2-2^3$$

4 $\sqrt{135}$ 바로 앞과 뒤의 자연수를 구하여라.

5 지구에서 태양까지의 거리는 1억 5천만km이고 빛의 속도는 30만km/sec이다. 빛이 태양으로부터 지구까지 도달하는데 걸리는 시간을 계산하여라.

6 $2^{40}-2^{10}$과 $4^{21}-4^{20}$의 크기를 비교하여라.

7 한 장의 두께가 0.1mm인 종이를 10번 반복하여 접었을 때 두께를 구하여라.

8 데이터 저장 단위와 용량은 다음과 같다.

1킬로바이트=2^{10}바이트
1메가바이트=2^{10}킬로바이트
1기가바이트=2^{10}메가바이트
1테라바이트=2^{10}기가바이트

A학생 스마트폰의 저장 용량은 64기가바이트이고, 컴퓨터의 저장 용량은 2테라바이트라고 한다면, 컴퓨터의 저장 용량은 스마트폰의 저장 용량의 몇 배가 되는지 구하여라.

9 $2^{16^x}=16^{2^x}$을 만족하는 x의 값을 구하여라.

10 $\sqrt{1+\sqrt{3+\sqrt{n}}}=2$를 만족하는 n의 값을 구하여라.

11 a와 b가 양수이고 $a^b=b^a$이며 $b=4a$일 때 a의 값을 구하여라.

1.2 다항식의 전개와 인수분해

수와 문자들의 곱으로 이루어진 것을 **항**이라 하고 유한개의 항들의 합으로 이루어진 식을 **다항식**이라 한다. 두 다항식의 덧셈과 뺄셈은 두 다항식에서 문자가 같은 항끼리 모아서 한다.

예제 1.4_ 다음 식을 간단히 하여라.

(1) $(x^3 - 5x^2 + 2x + 1) + (2x^3 + 4x^2 - x)$

(2) $(3x^2y - x + 2) - (2x^2y + 5x - 3)$

풀이 (1) $(x^3 - 5x^2 + 2x + 1) + (2x^3 + 4x^2 - x)$

$= (x^3 + 2x^3) + (-5x^2 + 4x^2) + (2x - x) + 1$

$= 3x^3 - x^2 + x + 1$

(2) $(3x^2y - x + 2) - (2x^2y + 5x - 3)$

$= (3x^2y - 2x^2y) + (-x - 5x) + (2 - (-3))$

$= x^2y - 6x + 5$

문제 1.4 다음 식을 간단히 하여라.

(1) $(5x^2 - 4x + 1) - (3x^2 + 5x - 2)$

(2) $(6x^2 - 10xy + \sqrt{2}) + (2z - xy + 4)$ ◀

다항식의 덧셈과 곱셈에 대해서는 교환법칙과 결합법칙이 성립한다. 또, 덧셈과 곱셈에 대한 결합법칙도 성립한다. 즉, a, b, c가 다항식이면

$$a + b = b + a, \ ab = ba \qquad \text{(교환법칙)}$$

$$a + (b + c) = (a + b) + c, \ a(bc) = (ab)c \qquad \text{(결합법칙)}$$

$$a(b + c) = ab + ac, \ (a + b)c = ac + bc \qquad \text{(배분법칙)}$$

이 성립한다.

다항식의 곱에서 괄호를 풀어 단항식들의 합으로 나타내는 것을 다항식을 **전개**한다고 한다. 다항식을 전개할 때 많이 이용되는 공식은 다음과 같다. 이 공식들은 배분법칙을 이용하여 얻을 수 있다.

정리 1.4

(1) $(x+a)(x+b)=x^2+(a+b)x+ab$

(2) $(ax+b)(cx+d)=acx^2+(ad+bc)x+bd$

(3) $(a+b)(a-b)=a^2-b^2$

(4) $(a+b)^2=a^2+2ab+b^2$

(5) $(a-b)^2=a^2-2ab+b^2$

(6) $(a+b)^3=a^3+3a^2b+3ab^2+b^3$

(7) $(a-b)^3=a^3-3a^2b+3ab^2-b^3$

예제 1.5_ 다음 식을 전개하여라.

(1) $(x+2)(x-5)$ (2) $(2x+\sqrt{y})(2x-\sqrt{y})$

(3) $(3x+5)^2$ (4) $(2x-3)^3$

풀이 (1) $(x+2)(x-5)=x^2+(2-5)x+2\cdot(-5)$
$=x^2-3x-10$

(2) $(2x+\sqrt{y})(2x-\sqrt{y})=(2x)^2-(\sqrt{y})^2=4x^2-y$

(3) $(3x+5)^2=(3x)^2+2\cdot 3x\cdot 5+5^2=9x^2+30x+25$

(4) $(2x-3)^3=(2x)^3-3(2x)^2 3+3(2x)3^2-3^3$
$=8x^3-36x^2+54x-27$

문제 1.5 다음 식을 전개하여라.

(1) $(\sqrt{x^2+1}+2)(\sqrt{x^2+1}-2)$ (2) $(2x+3)(5x-2)$

(3) $(2x-3)^2$ (4) $(x-\sqrt{x})^3$ ◀

다항식의 전개와는 역으로 하나의 다항식을 두 개 이상의 다항식의 곱으로 나타내는 것을 **인수분해**한다고 하고, 곱을 이루는 각 식을 처음 다항식의 **인수**라 한다. 즉,

$$(x-3)(x+2) \underset{\text{인수분해}}{\overset{\text{전개}}{\rightleftarrows}} x^2-x-6$$

이고 $x-3$과 $x+2$는 x^2-x-6의 인수이다.

다음의 인수분해 공식들은 각 식의 오른쪽 식을 전개하여 왼쪽 식과 같음을 확

인하여 증명할 수 있으므로 생략한다.

정리 1.5

(1) $ax+ay=a(x+y)$

(2) $x^2+(a+b)x+ab=(x+a)(x+b)$

(3) $acx^2+(ad+bc)x+bd=(ax+b)(cx+d)$

(4) $a^2-b^2=(a+b)(a-b)$

(5) $a^2+2ab+b^2=(a+b)^2$

(6) $a^2-2ab+b^2=(a-b)^2$

(7) $a^3+3a^2b+3ab^2+b^3=(a+b)^3$

(8) $a^3-3a^2b+3ab^2-b^3=(a-b)^3$

(9) $a^3+b^3=(a+b)(a^2-ab+b^2)$

(10) $a^3-b^3=(a-b)(a^2+ab+b^2)$

예제 1.6_ 다음 식을 인수분해하여라.

(1) $3x-6$ (2) x^2+5x+6

(3) $3x^2+11x+6$ (4) x^2-1

풀이 (1) 인수분해 공식 (1)을 적용하면

$$3x-6=3(x-2)$$

(2) 더해서 5, 곱해서 6이 되는 두 수를 찾으면 2와 3이다. 따라서

$$x^2+5x+6=(x+2)(x+3)$$

(3) 3과 6을 적당히 조정해서 일차항의 계수 11이 나오도록 만들면

$$\begin{array}{lccr} 3x^2+11x+6 & & & \\ 3x & \searrow\!\!\!\!\nearrow & 2 & 2x \\ x & & 3 & 9x \\ \hline & & & 11x \end{array}$$

이다. 따라서

$$3x^2+11x+6=(3x+2)(x+3)$$

(4) 인수분해 공식 (4)를 적용하면

$$x^2-1=(x-1)(x+1)$$

문제 1.6 다음 식을 인수분해하여라.

(1) $3x^2-6x$ (2) x^2+x-6

(3) $2x^2-7x+3$ (4) $4x^2-9y^2$ ◀

예제 1.7_ 다음 식을 인수분해하여라.

(1) $4x^2-12x+9$ (2) x^4+6x^2+9

(3) $x^3-6x^2+12x-8$ (4) x^3+27

풀이 (1) $4x^2-12x+9=(2x)^2-2\cdot 2x\cdot 3+3^2=(2x-3)^2$

(2) $x^4+6x^2+9=(x^2)^2+2\cdot x^2\cdot 3+3^2=(x^2+3)^2$

(3) $x^3-6x^2+12x-8=x^3-3\cdot x^2\cdot 2+3x\cdot 2^2-2^3=(x-2)^3$

(4) $x^3+27=x^3+3^3=(x+3)(x^2-3x+9)$

문제 1.7 다음 식을 인수분해하여라.

(1) $9x^2+6xy+y^2$ (2) $2x^4-12x^2+18$

(3) $8x^3-12xy+6xy^2-y^3$ (4) $27x^6-8$ ◀

다소 복잡한 식을 인수분해할 때는 다음 순서로 하면 편리하다.

1. 공통인수가 있을 때는 공통인수로 묶는다.
2. 적당한 항끼리 짝지어서 공통인수가 생기도록 만든다.
3. 공통인수 또는 식의 일부분을 한 문자로 치환한다.
4. 문자가 여러 개일 경우에는 차수가 낮은 문자에 관하여 내림차순으로 정리한다.

예제 1.8_ 다음 식을 인수분해하여라.

(1) x^3+x^2-4x-4 (2) $2x^2-5xy+2y^2+x+y-1$

풀이 (1) $$\begin{aligned} x^3+x^2-4x-4 &= x^2(x+1)-4(x+1) \\ &= (x+1)(x^2-4) \\ &= (x+1)(x-2)(x+2) \end{aligned}$$

(2) $$\begin{aligned} 2x^2-5xy+2y^2+x+y-1 &= 2x^2-(5y-1)x+2y^2+y-1 \\ &= 2x^2-(5y-1)x+(2y-1)(y+1) \\ &= (x-(2y-1))(2x-(y+1)) \\ &= (x-2y+1)(2x-y-1) \end{aligned}$$

문제 1.8 다음 식을 인수분해하여라.

(1) $x^3 - 2x^2 - 3x + 6$ (2) $3x^2 + 2xy - y^2 + 4x + 1$ ◀

1.2 연습문제

1 다음 식을 전개하여라.

(1) $(\sqrt{x} - 1)(\sqrt{x} + 1)$ (2) $(x^2 - 3y)(x^2 + 3y)$

(3) $(3x - 2)(4x^3 + 2x^2 - 3x)$ (4) $(x + y + 2)(3x + 2y - 4)$

2 다음 식을 인수분해하여라.

(1) $x^2 - 10$ (2) $x^2 + 10x + 24$

(3) $x^2 - 10x + 24$ (4) $x^2 + 16x + 64$

(5) $15x^2 + x - 2$ (6) $x^4 + 12x^3 + 35x^2$

(7) $x^3 - x^2 - x + 1$ (8) $3x^{3/2} - 9x^{1/2} + 6x^{-1/2}$

(9) $x(1 + x)^{-2/3} + (1 + x)^{1/3}$ (10) $x^3y^2 - 14x^2y + 49x$

(11) $x^6 - 1$ (12) $ax^2 - ay^2 + bx^2 - by^2$

3 999×99를 10의 거듭제곱의 합으로 나타내어라.

4 인수분해를 이용하여 $153^2 - 147^2$을 계산하여라.

5 삼각형의 세 변의 길이 a, b, c가

$$a^3 + a^2b - ac^2 + ab^2 + b^3 - bc^2 = 0$$

을 만족한다면 어떤 삼각형인가?

6 $\frac{1}{a + c} = \frac{1}{a} + \frac{1}{c}$일 때 $\frac{c}{a}$의 값을 구하여라.

7 $a + b = 2$이고 $a^2 + b^2 = 3$일 때 $a^4 + b^4$의 값을 구하여라.

8 $2^{2021}-2^{2020}+2^{2019}-2^{2018}$을 간단히 하여라.

9 방정식 $(2^x-4)^3+(4^x-2)^3=(4^x+2^x-6)^2$의 해를 모두 구하여라.

10 $a+b=1$이고 $a^4+b^4=13$일 때 ab의 값을 구하여라.

11 $a+b=3$이고 $ab=2$일 때 a^6+b^6의 값을 구하여라.

수학카페

국제수학 올림피아드(IMO)

세계의 수학영재 고교생들이 실력을 겨루는 수학경시대회이다. 수학영재의 조기 발굴 및 육성, 세계 수학자 및 수학 영재들의 국제친선 및 문화교류, 수학교육의 정보교환 등이 목적으로 사고력과 창의력이 요구되는 문제들이 출제된다.

제1회 대회는 1959년 루마니아, 소련, 동독, 헝가리, 폴란드, 체코, 불가리아가 참가하여 루마니아에서 열렸으며, 1970년대부터는 미국과 중국 등이 참가하는 대규모 대회가 되었다. 시험은 이틀 동안 하루에 3문제씩 4시간 30분에 걸쳐 치른다. 각 나라별로 6명의 선수를 파견할 수 있으며, 국가별 순위는 비공식적인 것으로 각 선수가 받은 점수의 합계로 정해진다.

우리나라는 1988년 호주 대회에 처음 참가하여 22위를 한 이후 매년 참석하는데, 1990년대에 들어서면서 성적이 향상되어 세계 10위권을 유지하였다. 2000년에는 한국과학기술원에서 열린 '제41회 국제수학올림피아드'에서 금메달 3개, 은메달 3개로 82개 참가국 중 4위를 차지하였고, 2012년과 2017년에는 1위를 차지하였다.

1.3 나머지 정리와 고차식의 인수분해

등식

$$3x-2=1$$

과 같이 문자에 특정한 값을 대입했을 때만 참이 되는 등식을 **방정식**(equation)이라 하고

$$(x+1)^2=x^2+2x+1$$

과 같이 문자에 어떤 값을 대입해도 항상 참이 되는 등식을 **항등식**(identity)이라 한다.

등식 $ax^2+bx+c=0$이 x에 대한 항등식이 되기 위해서는 a, b, c가 어떤 조건을 만족해야 하는지 알아보자. $ax^2+bx+c=0$이 항등식이면 x에 어떤 값을 대입하여도 성립하므로 x에 $0, 1, -1$을 대입할 때도 성립한다. 따라서

$$c=0$$
$$a+b+c=0$$
$$a-b+c=0$$

이므로 $a=b=c=0$이다. 역으로 $a=b=c=0$이면 모든 x에 대하여 $ax^2+bx+c=0$이다. 따라서 다음 정리를 얻을 수 있다.

정리 1.6

(1) 등식 $ax^2+bx+c=0$이 x에 대한 항등식이 되기 위한 필요충분조건은

$$a=b=c=0$$

이다.

(2) 등식 $ax^2+bx+c=dx^2+ex+f$이 x에 대한 항등식이 되기 위한 필요충분조건은

$$a=d,\ b=e,\ c=f$$

이다.

위의 정리는 3차 이상의 등식에 대해서도 같은 방법으로 확장된다.

예제 1.9_ 등식 $2x^2-3x+a=(x+b)^2+cx(x+1)-3$이 x에 대한 항등식이 되도록 a, b, c의 값을 정하여라.

풀이 우변을 전개하여 정리하면

$$2x^2-3x+a=(1+c)x^2+(2b+c)x+b^2-3$$

이므로

$$1+c=2,\ 2b+c=-3,\ a=b^2-3$$

이다. 따라서

$$a=1,\ b=-2,\ c=1$$

이다.

문제 1.9 등식 $x^3+ax^2-4x+b=(x+c)(x-2)(x+3)$이 x에 대한 항등식이 되도록 a, b, c의 값을 정하여라. ◀

다항식들의 나눗셈은 숫자들 사이의 나눗셈과 같은 방법으로 계산할 수 있다. 예를 들어, $3x^2-13x+9$을 $x-4$로 나누면

$$\begin{array}{r|l} & \quad 3x-1 \\ \cline{2-2} x-4 & \quad 3x^2-13x+9 \\ & \quad 3x^2-12x \\ \cline{2-2} & \qquad\quad -x+9 \\ & \qquad\quad -x+4 \\ \cline{2-2} & \qquad\qquad\quad 5 \end{array}$$

이므로

$$\frac{3x^2-13x+9}{x-4}=(3x-1)+\frac{5}{x-4}$$

또는

$$3x^2-13x+9=(x-4)(3x-1)+5$$

라 나타낼 수 있다. 일반적으로 다항식 $p(x)$를 그보다 차수가 낮은 다항식 $a(x)$로 나누면

$$p(x) = a(x)q(x) + r(x)$$

가 성립하는 두 다항식 $q(x)$와 $r(x)$를 구할 수 있다. 여기서 $r(x)$의 차수는 $a(x)$의 차수보다 낮다. 이때 $q(x)$를 **몫**, $r(x)$를 **나머지**라 한다.

특히 위의 예에서와 같이 어떤 다항식을 일차식으로 나눌 때는 그 계수들만 아래와 같이 나열해보면 몫과 나머지를 쉽게 구할 수 있다.

$$\begin{array}{r|rrr} 4 & 3 & -13 & 9 \\ & & 12 & -4 \\ \hline & 3 & -1 & 5 \end{array}$$

몫: $3x-1$, 나머지: 5

이와 같이 계수들만 이용하여 몫과 나머지를 구하는 방법을 **조립제법**이라 한다.

예제 1.10_ (1) 다항식 x^4+x^3+1을 x^2+1로 나눈 몫과 나머지를 구하여라.

(2) 다항식 $2x^3+5x^2+3x-1$을 $x+2$로 나눈 몫과 나머지를 조립제법을 이용하여 구하여라.

풀이 (1)

$$\begin{array}{r} x^2+x-1 \\ x^2+1 \overline{\big) x^4+x^3+1} \\ \underline{x^4+x^2} \\ x^3-x^2+1 \\ \underline{x^3+x} \\ -x^2-x+1 \\ \underline{-x^2-1} \\ -x+2 \end{array}$$

이므로 몫은 x^2+x-1, 나머지는 $-x+2$이다.

(2)

$$\begin{array}{r|rrrr} -2 & 2 & 5 & 3 & -1 \\ & & -4 & -2 & -2 \\ \hline & 2 & 1 & 1 & -3 \end{array}$$

이므로 몫은 $2x^2+x+1$, 나머지는 -3이다.

문제 1.10 (1) 다항식 $8x^4+6x^2-3x+1$을 $2x^2-x+2$로 나눈 몫과 나머지를 구하여라.

(2) 다항식 x^3-3x^2+6x-8을 $x-1$로 나눈 몫과 나머지를 조립제법을 이용하여 구하여라. ◀

다항식 $p(x)$를 일차식 $x-a$로 나누었을 때의 나머지에 대하여 알아보자. 일차식으로 나누었으므로 나머지는 상수 r이다. 몫을 $q(x)$라 하면

$$p(x)=(x-a)q(x)+r$$

이라 나타낼 수 있다. 양변에 $x=a$를 대입하면

$$p(a)=r$$

이다. 즉, $p(x)$를 $x-a$로 나누었을 때의 나머지는 $p(a)$임을 알 수 있다. 따라서 다음 정리를 얻는다.

정리 1.7(나머지정리)

다항식 $p(x)$를 일차식 $x-a$로 나누었을 때의 나머지는 $p(a)$이다.

나머지가 0이라는 것과 나누어 떨어진다는 것은 같은 의미이므로 다음 정리가 성립한다.

정리 1.8 (인수정리)

다항식 $p(x)$가 $x-a$로 나누어 떨어지기 위한 필요충분조건은 $p(a)=0$이다.

예제 1.11_ 다항식 $p(x)=x^3-3ax^2+40$이 $x+4$로 나누어 떨어지도록 상수 a의 값을 정하여라.

풀이 나머지가 0이어야 하므로 $p(-4)=0$이어야 한다.

$$p(-4)=(-4)^3-3a(-4)^2+40=0$$

이므로

$$-48a-24=0$$

이다. 따라서 $a=-\frac{1}{2}$이다.

문제 1.11 다항식 $p(x)=(5x+9)^{2019}+(x+2)^8+(x+3)^5$을 $x+2$로 나눈 나머지를 구하여라. ◀

인수정리를 이용하여 차수가 높은 다항식을 인수분해하는 방법을 알아보자. 방정식

$$p(x) = (x+1)(x-2)(x-3) = 0$$

의 근은 $x = -1, 2, 3$임을 알 수 있다. 전개하면

$$p(x) = x^3 - 4x^2 + x + 6 = 0$$

이다. 여기서 상수항 6은 $1 \times (-2) \times (-3)$으로부터 얻은 것이다. 또 6의 약수인 -1, 2, 3이 $p(x) = 0$의 근이다. 이것을 일반화하여 다음 정리를 얻는다.

정리 1.9

$a_0, a_1, \cdots, a_n$ 이 정수이고 $p(x) = a_n x^n + \cdots + a_1 x + a_0$일 때 $p(x) = 0$의 모든 유리수 근은

$$\frac{s}{t}$$

형태이다. 여기서 s와 t는 서로소이며 s는 a_0의 약수이고 $t(\neq 0)$는 a_n의 약수이다.

증명

$\frac{s}{t}$가 근이므로

$$p\left(\frac{s}{t}\right) = a_n\left(\frac{s}{t}\right)^n + a_{n-1}\left(\frac{s}{t}\right)^{n-1} + \cdots + a_1\left(\frac{s}{t}\right) + a_0 = 0$$

이다. 양변에 t^n을 곱하면

$$a_n s^n + a_{n-1} s^{n-1} t + \cdots + a_1 s t^{n-1} + a_0 t^n = 0$$

이므로

$$s(a_n s^{n-1} + a_{n-1} s^{n-2} t + \cdots + a_1 t^{n-1}) = -a_0 t^n$$

이다. 양변은 모두 정수이고 s는 좌변의 약수이므로 s는 우변, 즉, $a_0 t^n$의 약수이어야 한다. 그런데 s와 t는 서로소이므로 s는 t^n의 약수가 아니다. 따라서 s는

a_0의 약수이다. 또

$$(a_{n-1}s^{n-1} + \cdots + a_1 s t^{n-2} + a_0 t^{n-1})t = -a_n s^n$$

으로 나타내고 위에서와 같은 방법으로 생각하면 t는 a_n의 약수임을 알 수 있다. ◀◀

예제 1.12_ $p(x) = x^5 - x^4 - 4x + 4$를 인수분해하여라.

풀이 $p(x) = 0$의 유리수 근이 될 수 있는 것은 $\pm 1, \pm 2, \pm 4$ 이다. 각각을 대입해보면 $p(1) = 0$임을 알 수 있으므로 $p(x)$는 $x-1$로 나누어진다. $p(x)$를 $x-1$로 나누면

$$p(x) = (x-1)(x^4-4)$$

이고 x^4-4를 다시 인수분해하면

$$\begin{aligned} p(x) &= (x-1)(x^2-2)(x^2+2) \\ &= (x-1)(x-\sqrt{2})(x+\sqrt{2})(x^2+2) \end{aligned}$$

이다.

문제 1.12 $p(x) = x^3 - 5x^2 - 3x + 15$를 인수분해하여라. ◀

예제 1.13_ $p(x) = 0$의 근이 $x = -1, 2, 3$이고 $p(1) = -24$인 3차 다항식을 구하여라.

풀이 구하는 다항식은

$$p(x) = a(x+1)(x-2)(x-3)$$

이어야 한다. 그런데

$$-24 = p(1) = a \cdot 2 \cdot (-1) \cdot (-2) = 4a$$

이므로 $a = -6$이다. 따라서

$$p(x) = -6(x+1)(x-2)(x-3)$$

이다.

문제 1.13 $p(x) = 0$의 근이 $x = 1, -3$ (중근)이고 $p(2) = 10$인 3차 다항식을 구하여라. ◀

1.3 연습문제

1 방정식 $3x^2+5x+a=(x+b)(cx-1)$이 x에 대한 항등식이 되도록 a, b, c의 값을 구하여라.

2 모든 실수 x에 대하여

$$(1+2x+x^2)^4=a_0+a_1x+a_2x^2+\cdots+a_8x^8$$

이 성립할 때 $a_0+a_2+a_4+a_6+a_8$의 값을 구하여라.

3 다항식 $3x^4-5x^3-18x+3$을 x^2+x+1로 나눈 몫과 나머지를 구하여라.

4 조립제법을 이용하여 다음 계산을 하여라.

(1) $(4x^3+2x^2-4x+1)\div(2x-1)$

(2) $(3x^4-x^3-2x^2+x+2)\div(x+1)$

5 다음 조건을 만족하는 다항식을 구하여라.

(1) 근 0, 3, 5; 3차; $p(6)=36$

(2) 근 3(중근), 5(중근); 4차; $p(4)=4$

6 다음 식을 인수분해하여라.

(1) $x^3+3x^2-4x-12$

(2) $3x^4+13x^3-37x^2-117x+90$

(3) $x^5+3x^4-9x^3-31x^2+36$

(4) $x^4+6x^3+7x^2-6x-8$

7 x^3+6x^2+ax+b가 x^2+x-12로 나누어질 수 있도록 a, b를 구하여라.

8 다음 방정식의 실근을 모두 구하여라.

(1) $6x^3-4x^2+3x-2=0$

(2) $x^5+x^3+2x^2-12x+8=0$

(3) $x^4-4x^3+8x^2-16x+16=0$

(4) $x^4+3x^3-5x^2-21x+22=0$

9 x^n을 $x-a$로 나누었을 때의 몫을 $q(x)$, 나머지를 r이라 하면

$$x^n=(x-a)q(x)+r$$

이라 나타낼 수 있다. 이를 이용하여 123^{40}을 122로 나누었을 때의 나머지를 구하여라.

10 밑면은 정사각형이고 옆면은 정삼각형인 피라미드 모양의 입체에서 높이는 밑면의 한 변의 길이보다 2m가 작을 때 밑면의 한 변의 길이를 구하여라.

수학카페

난 바보니까

어떤 문제에 부딪히면 나는 미리 남보다 두세 배의 시간을 투자할 각오를 한다. 그것이 보통 두뇌를 가진 내가 할 수 있는 유일한 방법이므로. 때로는 체념도 필요하다. 경쟁자에 대한 질투는 오히려 목표의 초점을 흐리게 한다. 체념의 기술, 이것은 창조와 관련되는 정신 에너지를 증폭시키는데 대단히 중요하다.

수학 문제가 풀리지 않을 때마다 나는 '난 바보니까'를 중얼거린다. 어차피 나는 바보니까 못하는 것은 당연하고, 할 수 있으면 다행이라는 생각이 들면, 머리가 한결 가벼워진다.

보통 사람의 인생은 직선적이 아니고 우여곡절이 있는 것이 보통이다. 그리고 그 과정에서 되풀이되는 시행착오는 절대로 낭비가 아니다. 내가 소년 시절 음악에 쏟던 열정도 결국은 수학을 연구하는데 도움이 되었다고 생각한다.

– 히로나카 헤이스케(필즈상을 수상한 일본의 수학자)의 《학문의 즐거움》에서

1.4 유리식과 무리식

두 정수 $a, b(\neq 0)$에 대하여 $\frac{a}{b}$ 꼴의 분수로 나타낼 수 있는 수를 **유리수**(rational number)라 한다. 마찬가지로 두 다항식 $A, B(\neq 0)$에 대하여 $\frac{A}{B}$ 꼴의 분수식으로 나타낼 수 있는 식을 **유리식**(rational expression)이라 한다. 또 근호 안에 문자가 포함되어 있는 식을 **무리식**(irrational expression)이라 한다.

유리식이나 무리식의 연산에 관한 성질은 실수의 연산에 관한 성질과 같다. 예를 들어 A, B, C, D가 유리식 또는 무리식일 때 다음 성질들이 성립한다.

$$\frac{AC}{BC}=\frac{A}{B},\quad \frac{A\div C}{B\div C}=\frac{A}{B}$$

$$\frac{A}{B}\cdot\frac{C}{D}=\frac{AC}{BD}$$

$$\frac{A}{B}\div\frac{C}{D}=\frac{A}{B}\cdot\frac{D}{C}=\frac{AD}{BC}$$

$$\frac{A}{C}+\frac{B}{C}=\frac{A+B}{C}$$

예제 1.14_ 다음 유리식을 간단히 하여라.

(1) $\frac{x^2-x-6}{x^2-7x+12}$

(2) $\frac{x^2-1}{x^2+x-2}\cdot\frac{x+2}{(x+1)^2}$

(3) $\frac{x}{x+2}\div\frac{x(x+3)}{x-4}$

(4) $\frac{3}{x-1}+\frac{x}{x+2}$

풀이 (1) $\frac{x^2-x-6}{x^2-7x+12}=\frac{(x-3)(x+2)}{(x-3)(x-4)}=\frac{x+2}{x-4}$

(2) $\frac{x^2-1}{x^2+x-2}\cdot\frac{x+2}{(x+1)^2}=\frac{(x+1)(x-1)}{(x+2)(x-1)}\cdot\frac{x+2}{(x+1)^2}=\frac{1}{x+1}$

(3) $\frac{x}{x+2}\div\frac{x(x+3)}{x-4}=\frac{x}{x+2}\cdot\frac{x-4}{x(x+3)}=\frac{x-4}{(x+2)(x+3)}$

(4) $\frac{3}{x-1}+\frac{x}{x+2}=\frac{3(x+2)}{(x-1)(x+2)}+\frac{x(x-1)}{(x-1)(x+2)}$

$$=\frac{3x+6+x^2-x}{(x-1)(x+2)}=\frac{x^2+2x+6}{(x-1)(x+2)}$$

문제 1.14 다음 유리식을 간단히 하여라.

(1) $\dfrac{x^2+2x-8}{x^2+8x+16}$ (2) $\dfrac{4x}{x^2-1} \cdot \dfrac{x-1}{2x^2+8x}$

(3) $\dfrac{x-4}{x^2-4} \div \dfrac{x^2-3x-4}{x^2+5x+6}$ (4) $\dfrac{x}{x+1} - \dfrac{x-2}{x-1}$ ◀

분모가 서로 다르지만 공통인수가 있는 두 분수식의 덧셈과 뺄셈에 대하여 알아보자. 예를 들어

$$\frac{2}{x^3+2x^2+x}+\frac{3}{x^4+x^3}$$

을 간단히 해보자. 분모를 각각 인수분해하면

$$\frac{2}{x(x+1)^2}+\frac{3}{x^3(x+1)}$$

이다. 두 분모의 최소공배수인 $x^3(x+1)^2$이 분모가 되도록 두 유리식을 변형하여 계산하면

$$\frac{2x^2}{x^3(x+1)^2}+\frac{3(x+1)}{x^3(x+1)^2}=\frac{2x^2+3x+3}{x^3(x+1)^2}$$

이다. 이 과정을 공식으로 표현하면

$$\frac{A}{CD}+\frac{B}{DE}=\frac{AE+BC}{CDE}$$

로 나타낼 수 있다. 또, 분자나 분모가 또 다른 분수식으로 된 식의 계산은 먼저 분자나 분모를 간단히 한 후 계산하면 된다.

예제 1.15_ 다음 유리식을 간단히 하여라.

(1) $\dfrac{1}{x^2}+\dfrac{1}{x^2+x}$ (2) $\dfrac{1}{x^2+3x+2}-\dfrac{1}{x^2-2x-3}$

(3) $1+\dfrac{1}{1+\dfrac{1}{x}}$ (4) $\dfrac{\dfrac{1}{x+h}-\dfrac{1}{x}}{h}$

풀이 (1) $\frac{1}{x^2}+\frac{1}{x^2+x}=\frac{1}{x^2}+\frac{1}{x(x+1)}=\frac{x+1+x}{x^2(x+1)}=\frac{2x+1}{x^2(x+1)}$

(2) $\frac{1}{x^2+3x+2}-\frac{1}{x^2-2x-3}=\frac{1}{(x+1)(x+2)}-\frac{1}{(x-3)(x+1)}$

$=\frac{(x-3)-(x+2)}{(x+1)(x+2)(x-3)}=\frac{-5}{(x+1)(x+2)(x-3)}$

(3) $1+\frac{1}{1+\frac{1}{x}}=1+\frac{1}{\frac{x+1}{x}}=1+\frac{x}{x+1}=\frac{x+1+x}{x+1}=\frac{2x+1}{x+1}$

(4) $\frac{\frac{1}{x+h}-\frac{1}{x}}{h}=\frac{\frac{x-(x+h)}{x(x+h)}}{h}=\frac{\frac{-h}{x(x+h)}}{\frac{h}{1}}=-\frac{1}{x(x+h)}$

문제 1.15 다음 유리식을 간단히 하여라.

(1) $x+\frac{3}{x+2}$

(2) $\frac{x-2}{x^2+6x+9}-\frac{x+2}{2(x^2-9)}$

(3) $\frac{1+\frac{x}{y}}{1-\frac{y}{x}}$

(4) $\frac{\frac{1}{(x+h)^2}-\frac{1}{x^2}}{h}$ ◀

무리식의 값이 실수가 되려면 식에 포함된 문자의 값의 범위를 적당히 제한해야 한다. 예를 들어, 무리식 $\sqrt{1-x}$ 가 실수 값을 가지려면 $1-x \geq 0$, 즉 $x \leq 1$이어야 한다.

예제 1.16_ 다음 무리식의 값이 실수가 되도록 x 값의 범위를 정하여라.

(1) $2+\sqrt{3x-2}$

(2) $\frac{1}{\sqrt{x-1}}$

풀이 (1) $3x-2 \geq 0$이어야 하므로 $x \geq \frac{2}{3}$

(2) $x-1>0$이어야 하므로 $x>1$

문제 1.16 다음 무리식의 값이 실수가 되도록 x 값의 범위를 정하여라.

(1) $\sqrt{1+x}-\sqrt{1-x}$

(2) $\frac{1}{\sqrt{1+x}+\sqrt{1-x}}$ ◀

무리식의 계산도 유리식의 계산과 같은 방법으로 하면 된다.

예제 1.17_ 다음 무리식을 간단히 하여라.

(1) $(\sqrt{x+1}-\sqrt{x})(\sqrt{x+1}+\sqrt{x})$

(2) $\dfrac{2}{1+\sqrt{x+1}}+\dfrac{2}{1-\sqrt{x+1}}$

풀이 (1) $(\sqrt{x+1}-\sqrt{x})(\sqrt{x+1}+\sqrt{x})$

$$=(\sqrt{x+1})^2-(\sqrt{x})^2=x+1-x=1$$

(2) $$\frac{2}{1+\sqrt{x+1}}+\frac{2}{1-\sqrt{x+1}}=\frac{2(1-\sqrt{x+1})+2(1+\sqrt{x+1})}{(1+\sqrt{x+1})(1-\sqrt{x+1})}$$

$$=\frac{4}{1-(x+1)}=-\frac{4}{x}$$

문제 1.17 다음 무리식을 간단히 하여라.

(1) $\sqrt{1+\left(\dfrac{x}{\sqrt{1-x^2}}\right)^2}$

(2) $\dfrac{x}{\sqrt{2x+1}-\sqrt{2x}}-\dfrac{x}{\sqrt{2x+1}+\sqrt{2x}}$ ◀

곱셈공식 $(a-b)(a+b)=a^2-b^2$을 이용하면 분자나 분모에 제곱근이 포함된 식을 간단히 할 수도 있다.

특히 이 방법을 이용하여 분모에 제곱근이 포함된 식을 분모에 제곱근이 없는 식으로 변형할 수 있는데, 이것을 **분모를 유리화**한다고 말한다.

예제 1.18_ 분수식 $\dfrac{3}{\sqrt{x+2}-\sqrt{x}}$의 분모를 유리화하여라.

풀이 분모와 분자에 $\sqrt{x+2}+\sqrt{x}$를 곱하면

$$\frac{3}{\sqrt{x+2}-\sqrt{x}}=\frac{3(\sqrt{x+2}+\sqrt{x})}{(\sqrt{x+2}-\sqrt{x})(\sqrt{x+2}+\sqrt{x})}$$

$$=\frac{3(\sqrt{x+2}+\sqrt{x})}{(x+2)-x}=\frac{3}{2}(\sqrt{x+2}+\sqrt{x})$$

문제 1.18 분수 $\dfrac{\sqrt{5}-\sqrt{2}}{\sqrt{5}+\sqrt{2}}$의 분모를 유리화하여라. ◀

1.4 연습문제

1 다음 유리식을 간단히 하여라.

(1) $\dfrac{x^2-4}{x^2-2x}$ (2) $\dfrac{2y}{x^2}\div\dfrac{3y}{x^3}$

(3) $\dfrac{x^2-x-20}{x^2+x-12}$ (4) $\dfrac{x^2+2xy+y^2}{x^2-y^2}\cdot\dfrac{2x^2-xy-y^2}{x^2-xy-2y^2}$

(5) $\dfrac{1}{x+1}-\dfrac{1}{x+2}$ (6) $\dfrac{4}{x-1}-3+\dfrac{3x^2}{x^2+4x-5}$

(7) $\dfrac{\dfrac{1}{1-x}+\dfrac{1}{1+x}}{\dfrac{1}{1-x}-\dfrac{1}{1+x}}$ (8) $\dfrac{1+\dfrac{3}{x}}{x-\dfrac{9}{x}}$

(9) $\dfrac{(x+h)^{-3}-x^{-3}}{h}$ (10) $\dfrac{x^{-2}-y^{-2}}{x^{-1}+y^{-1}}$

2 다음 무리식을 간단히 하여라.

(1) $\dfrac{x\sqrt{x}}{\sqrt{x+2}}+\dfrac{\sqrt{x+2}}{\sqrt{x}}$ (2) $\sqrt{1-x^2}+\dfrac{x^2}{\sqrt{1-x^2}}$

(3) $\dfrac{x+3}{\sqrt{x}+1}-\dfrac{4}{\sqrt{x}+1}$ (4) $\dfrac{1}{x+\sqrt{x^2-1}}+\dfrac{1}{x-\sqrt{x^2-1}}$

3 다음식의 분모를 유리화하여라.

(1) $\dfrac{1}{1-\sqrt{2}}$ (2) $\dfrac{\sqrt{2}}{\sqrt{5}-\sqrt{2}}$

(3) $\dfrac{2}{2+\sqrt{3}}-\dfrac{4}{2-\sqrt{2}}$ (4) $\dfrac{x}{\sqrt{3}+\sqrt{x}}$

4 다음식의 분자를 유리화하여라.

(1) $\dfrac{\sqrt{5}-1}{3}$ (2) $\dfrac{\sqrt{x+h}-\sqrt{x}}{h}$

5 두 개의 저항 R_1과 R_2가 병열로 연결된 전기회로의 전체 저항 R은

$$R = \frac{1}{\dfrac{1}{R_1} + \dfrac{1}{R_2}}$$

로 주어진다.

(1) R을 간단히 나타내어라.

(2) $R_1 = 10\Omega$이고 $R_2 = 20\Omega$일 때 전체 저항 R을 구하여라.

6 평균시속 $x$km의 속도로 걸어서 4km를 간 후 평균시속 $3x$km의 속도로 자전거를 타고 10km를 갔다.

(1) 전체 간 거리에서의 평균속도 v를 x에 관한 식으로 나타내어라.

(2) 전체 걸린 시간이 1시간 50분이라면 걷는 속도는 얼마인가?

7 다음 식을 만족하는 상수 a, b, c의 값을 구하여라.

(1) $\dfrac{x+7}{x^2-x-6} = \dfrac{a}{x+2} + \dfrac{b}{x-3}$

(2) $\dfrac{3x^2+4x+4}{x^3+4x} = \dfrac{a}{x} + \dfrac{bx+c}{x^2+4}$

8 마찰계수가 k인 도로를 속력 $v$km/h로 달리는 자동차가 급정거할 때 스키드 마크의 길이가 am라면 다음 관계식을 만족한다.

$$v = \sqrt{254ka}$$

비가 내리는 날 마찰계수가 0.6인 도로에서 80km/h의 속력으로 달리다가 급정거하였을 때 스키드 마크의 길이를 소수 첫째자리에서 반올림하여 구하여라.

Chapter 02

방정식과 부등식

2.1 간단한 방정식
2.2 이차방정식
2.3 고차방정식과 연립방정식
2.4 부등식

2.1 간단한 방정식

두 식이 같다고 한 표현, 예를 들면

$$3x+7=10,\ \frac{x}{x-4}=2$$

와 같은 식을 **방정식**(equation)이라 한다. 주어진 방정식의 등호를 만족시키는 미지수의 값을 해 또는 **근**(solution 또는 root)이라 하고, 해를 구하는 과정을 방정식을 푼다고 한다. 1장에서 공부한 여러 가지 식의 계산법을 이용하면 방정식을 풀 수 있다.

예제 2.1_ 다음 방정식을 풀어라.

(1) $3x+7=x+11$ (2) $\frac{7x+3}{2}=\frac{9}{4}x+4$

(3) $\frac{5}{x-4}=\frac{6}{x-3}$ (4) $6x+x^2=(x+2)^2$

풀이 (1) x를 좌변으로 7은 우변으로 이항하면

$$3x-x=11-7$$

이므로 $2x=4$이다. 따라서 $x=2$이다.

(2) 양변에 4를 곱하면

$$2(3x+3)=9x+16$$

이므로

$$14x+6=9x+16$$

이다. $9x$는 좌변으로 6은 우변으로 이항하면

$$14x-9x=16-6$$
$$5x=10$$

이므로 $x=2$이다.

(3) $(x-4)(x-3)$을 양변에 곱하면

$$5(x-3)=6(x-4)$$

이므로

$$5x-15=6x-24$$

이다. 따라서 $x=9$이다.

(4) 우변을 전개하면

$$\begin{aligned} 6x+x^2 &= x^2+4x+4 \\ 2x &= 4 \end{aligned}$$

이다. 따라서 $x=2$이다.

문제 2.1 다음 방정식을 풀어라.

(1) $2(x+3)=6x-4$

(2) $\frac{1}{2}x-1=\frac{1}{3}x+\frac{1}{6}$

(3) $\frac{x+2}{x-2}=\frac{2x-3}{2x+3}$

(4) $(x-4)^2=(x+4)^2+32$ ◀

제곱근이 포함된 방정식은 식을 적당히 변형한 후 양변을 제곱하여 제곱근을 없애고 풀면 된다.

예제 2.2_ 다음 방정식을 풀어라.

(1) $\sqrt{x^2+33}-3=x$

(2) $\sqrt{x-3}+\sqrt{x}=3$

풀이 (1) 3을 우변으로 이항하고 양변을 제곱하여 정리하면

$$\begin{aligned} \sqrt{x^2+33} &= x+3 \\ x^2+33 &= x^2+6x+9 \\ 24 &= 6x \end{aligned}$$

이다. 따라서 $x=4$이다.

(2) $\sqrt{x}$를 우변으로 이항하면

$$\sqrt{x-3}=3-\sqrt{x}$$

이고, 양변을 제곱하여 정리하면

$$\begin{aligned} &x-3=9-6\sqrt{x}+x \\ &6\sqrt{x}=12 \\ &\sqrt{x}=2 \end{aligned}$$

이다. 따라서 $x=4$이다.

문제 2.2 다음 방정식을 풀어라.

(1) $\sqrt{x^2+2x}-x=4$　　　　(2) $\sqrt{\dfrac{1}{x}}-\sqrt{\dfrac{2}{5x-3}}=0$ ◀

여러 개의 문자로 표현된 방정식에서 한 문자를 다른 문자들을 이용하여 나타내면 편리할 때가 많다. 이것을 그 문자에 관하여 푼다고 한다.

예제 2.3_ 다음 방정식을 t에 관하여 풀어라.

(1) $a-1=\dfrac{1-2t}{3t+2}$　　　　(2) $2a=\sqrt[3]{\dfrac{1-t^2}{t^2+1}}$

풀이 (1) 양변에 $3t+2$를 곱하면

$$(a-1)(3t+2)=1-2t$$

이고, 좌변을 전개하여 정리하면

$$3at+2a-3t-2=1-2t$$
$$(3a-1)t=3-2a$$

이다. 따라서

$$t=\frac{3-2a}{3a-1}$$

(2) 양변을 세제곱하면

$$8a^3=\frac{1-t^2}{t^2+1}$$

이다. 양변에 t^2+1을 곱하고 정리하면

$$8a^3(t^2+1)=1-t^2$$
$$(8a^3+1)t^2=1-8a^3$$

이므로

$$t^2=\frac{1-8a^3}{8a^3+1}$$

이다. 따라서

$$t=\pm\sqrt{\frac{1-8a^3}{8a^3+1}}$$

문제 2.3 뉴턴의 중력법칙에 의하면, 질량이 m과 M인 두 물체가 거리 r만큼 떨어져 있을 때 두 물체 사이에 작용하는 인력 F는

$$F = G\frac{mM}{r^2}$$

이다. 여기서 G는 중력상수이다. 이 식을 거리 r에 대하여 풀어라. ◀

절댓값 기호가 있는 방정식의 풀이는 기호 안에 있는 값이 양이 되는 경우와 음이 되는 경우를 고려해서 절댓값 기호를 없애고 푸는 것이 일반적이다. 절댓값 기호의 정의는 다음과 같다.

정의 2.1

x가 실수일 때 x의 **절댓값**(absolute value) $|x|$는 다음과 같이 정의된다.

$$|x| = \begin{cases} x, & x \geq 0\text{일 때} \\ -x, & x < 0\text{일 때} \end{cases}$$

예를 들어, $|3| = 3$이고 $|-5| = 5$이다.

또, $\sqrt{2^2} = \sqrt{4} = 2 = |2|$이고 $\sqrt{(-2)^2} = \sqrt{4} = 2 = |-2|$이다. 일반적으로 x가 실수일 때

$$\sqrt{x^2} = |x|$$

가 성립한다.

예제 2.4_ 다음 방정식을 풀어라.

(1) $|5-2x| = 3$

(2) $|x-4| + |x-6| = 10$

풀이 (1) $5-2x=3$ 또는 $5-2x=-3$이므로 $x=1$ 또는 $x=4$이다.

(2) (i) $x<4$일 때

$$-(x-4)-(x-6)=10$$

이므로 $-2x+10=10$. 따라서 $x=0$이다.

(ii) $4 \leq x < 6$일 때

$$(x-4)-(x-6)=10$$

이므로 $2=10$. 이것은 모순이므로 해가 없다.

(iii) $x \geq 6$일 때

$$(x-4)+(x-6)=10$$

이므로 $2x-10=10$. 따라서 $x=10$이다.

따라서 이 방정식의 해는 $x=0,\ 10$이다.

문제 2.4 다음 방정식을 풀어라.

(1) $|3x-1|=5$ (2) $|x-1|-|2x-4|=-3$ ◀

2.1 연습문제

1 다음 방정식을 풀어라.

(1) $4x-10=2(x-3)$

(2) $\dfrac{1}{x-1}+\dfrac{x}{3x-2}=\dfrac{1}{3}$

(3) $\dfrac{1}{x}+\dfrac{2x}{2x+1}=\dfrac{2x^2-1}{2x^2+x}$

(4) $\dfrac{1}{2-x}+\dfrac{3}{2+x}+\dfrac{2}{4-x^2}=0$

(5) $\sqrt{4+3x}=\sqrt{2x+5}$

(6) $\left|\dfrac{5}{x}-2\right|=3$

2 다음 방정식을 풀어라.

$$\frac{x}{x+1}+\frac{2x}{x-1}-\frac{1}{x}=3$$

3 다음 방정식을 풀어라.

$$\frac{3}{3x-4}-\frac{4}{4x-5}+\frac{4x-5}{2x-3}-\frac{12x-17}{6x-10}=0$$

4 다음 방정식 $\sqrt{x+2+2\sqrt{x+1}}-\sqrt{2-x}=1$의 근을 a라고 할 때 $4a$를 구하여라.

5 다음 방정식을 풀어라

$$|x-5| = 3x+1$$

6 농도가 5%인 소금물 200g에 물을 넣어 농도를 4%로 만들려고 한다. 이때 넣어야 할 물의 양은 몇 g인가?

7 원금 a원을 이율이 연복리 r%인 정기예금을 했을 때 2년 후의 원리합계는

$$p = a\left(1+\frac{r}{100}\right)^2$$

이다.

(1) 이 식을 r에 대하여 풀어라.

(2) 100만 원을 정기예금하여 2년 후에 121만 원을 받기 위해서는 이율이 얼마나 되어야 하는가?

수학카페

수학을 못한 과학자

자연과학의 대부분의 성질은 수식을 이용하여 수학적으로 표현할 수 있다. 따라서 수학을 못하면 훌륭한 과학자가 될 수 없을 뿐만 아니라 연구를 진행하기조차 쉽지 않다. 그러나 어렸을 때 수학을 못했거나 평생 수학을 싫어한 과학자도 있다.

전자기학 연구로 유명한 패러데이는 수학을 잘 못했으며, 에디슨 역시 계산을 잘 못해서 계산 전문가를 옆에 두고 수학적인 문제에 대하여 도움을 받았다고 한다. 하루는 에디슨이 수학 전문가에게 전구의 부피를 계산하도록 부탁했다. 그는 전구 표면을 재면서 한동안 열심히 계산했으나 답을 쉽게 구하지 못했다. 그때 에디슨이 말했다. "뭘 그렇게 어렵게 계산합니까? 전구 속에 물을 채우고 그 물의 무게를 재어보면 간단한 것을." 에디슨은 또 "수학자는 나를 고용하지 못해도 나는 수학자를 고용할 수 있다"는 말도 남겼다.

2.2 이차방정식

a, b, c가 상수이고 $a \neq 0$일 때

$$ax^2 + bx + c = 0$$

꼴의 식을 **이차방정식**(quadratic equation)이라 한다. 이차방정식은 실수 범위에서는 해가 존재할 수도 있고 존재하지 않을 수도 있다. 하지만 복소수 범위에서는 해가 반드시 존재한다. 이차방정식의 해를 구하는 일반적인 방법은 인수분해를 이용하거나 근의 공식을 이용하는 것이다.

예제 2.5_ 다음 이차방정식의 해를 구하여라.

(1) $x^2 + x - 6 = 0$　　　　(2) $2x^2 + 7x - 4 = 0$

풀이 (1) 인수분해하면

$$(x-2)(x+3) = 0$$

이므로

$$x - 2 = 0 \quad \text{또는} \quad x + 3 = 0$$

이다. 따라서 $x = 2$ 또는 $x = -3$이다.

(2) 인수분해하면

$$(2x-1)(x+4) = 0$$

이므로

$$2x - 1 = 0 \quad \text{또는} \quad x + 4 = 0$$

이다. 따라서 $x = \frac{1}{2}$ 또는 $x = -4$이다.

문제 2.5 다음 이차방정식의 해를 구하여라.

(1) $12 - x - x^2 = 0$　　　　(2) $2x^2 - 7x + 6 = 0$ ◀

인수분해가 되지 않거나 복잡한 이차방정식의 해는 근의 공식을 이용하여 구할 수 있다.

정리 2.2 (이차방정식의 근의 공식)

이차방정식 $ax^2+bx+c=0$의 근은

$$x=\frac{-b\pm\sqrt{b^2-4ac}}{2a}$$

이다.

이 공식은 다음과 같은 방법으로 쉽게 유도할 수 있다. $ax^2+bx+c=0$에서 양변을 a로 나누면

$$x^2+\frac{b}{a}x+\frac{c}{a}=0$$

이다. x가 포함된 항들을 완전제곱으로 만들면

$$x^2+\frac{b}{a}x+\left(\frac{b}{2a}\right)^2-\left(\frac{b}{2a}\right)^2+\frac{c}{a}=0$$

$$\left(x+\frac{b}{2a}\right)^2-\frac{b^2}{4a^2}+\frac{c}{a}=0$$

이므로

$$\left(x+\frac{b}{2a}\right)^2=\frac{b^2-4ac}{4a^2}$$

이다. 양변에 제곱근을 취하면

$$x+\frac{b}{2a}=\pm\sqrt{\frac{b^2-4ac}{4a^2}}$$

이므로

$$x=\frac{-b\pm\sqrt{b^2-4ac}}{2a}$$

이다.

삼차 방정식의 근의 공식은 타르탈리아와 카르다노가 발견하였고, 사차 방정식의 근의 공식은 페라리가 발견하였는데 매우 복잡하다. 하지만 오차 이상의 방정

식은 근의 공식이 존재하지 않는다는 것은 아벨과 갈루아가 증명하였다.

예제 2.6_ 근의 공식을 이용하여 다음 이차방정식의 해를 구하여라.

(1) $3x^2 - 5x - 2 = 0$　　　　(2) $x^2 + 2x + 2 = 0$

풀이 (1) $x = \dfrac{-(-5) \pm \sqrt{(-5)^2 - 4 \cdot 3 \cdot (-2)}}{2 \cdot 3} = \dfrac{5 \pm \sqrt{49}}{6}$

이므로 $x = 2, -\dfrac{1}{3}$ 이다.

(2) $x = \dfrac{-2 \pm \sqrt{2^2 - 4 \cdot 2}}{2} = \dfrac{-2 \pm \sqrt{-4}}{2}$

이므로 $x = -1 \pm i$ 이다.

문제 2.6 근의 공식을 이용하여 다음 이차방정식의 해를 구하여라.

(1) $2x^2 + 2\sqrt{2}x + 1 = 0$　　　　(2) $x^2 + x + 1 = 0$ ◀

이차방정식 $ax^2 + bx + c = 0$이 실근을 갖는지 허근을 갖는지는 근의 공식으로부터 쉽게 알 수 있다.

$$x = \frac{-b \pm \sqrt{b^2 - 4ac}}{2a}$$

이므로

1. $b^2 - 4ac > 0$이면 서로 다른 두 실근
2. $b^2 - 4ac = 0$이면 중근
3. $b^2 - 4ac < 0$이면 서로 다른 두 허근

을 갖는다. 이때 $b^2 - 4ac$를 이차방정식 $ax^2 + bx + c = 0$의 **판별식**(discriminant)이라 하며 D라 나타낸다. 즉,

$$D = b^2 - 4ac$$

이다. 특히 방정식이 $ax^2 + 2b'x + c = 0$으로 주어지면

$$\frac{-2b' \pm \sqrt{(2b')^2 - 4ac}}{2a} = \frac{-b' \pm \sqrt{(b')^2 - ac}}{a}$$

이므로, 이 경우에는 근의 공식

$$x = \frac{-b' \pm \sqrt{(b')^2 - ac}}{a}$$

와 판별식

$$D/4 = (b')^2 - ac$$

를 이용하면 편리하다. 이 식을 **짝수 판별식**이라 한다.

예제 2.7_ 다음 이차방정식의 근을 판별하여라.

(1) $4x^2 + 12x + 9 = 0$ (2) $3x^2 - 3x + 2 = 0$

풀이 (1) $D/4 = 6^2 - 4 \cdot 9 = 0$이므로 중근을 갖는다.

(2) $D = (-3)^2 - 4 \cdot 3 \cdot 2 = -15 < 0$이므로 두 허근을 갖는다.

문제 2.7 다음 이차방정식의 근을 판별하여라.

(1) $x^2 + 4x - 1 = 0$ (2) $\frac{1}{2}x^2 - 2x + 3 = 0$

이차방정식 $ax^2 + bx + c = 0$의 두 근 α, β를

$$\alpha = \frac{-b + \sqrt{b^2 - 4ac}}{2a}, \quad \beta = \frac{-b - \sqrt{b^2 - 4ac}}{2a}$$

라 하면

$$\alpha + \beta = \frac{-b + \sqrt{b^2 - 4ac}}{2a} + \frac{-b - \sqrt{b^2 - 4ac}}{2a} = -\frac{b}{a}$$

이고

$$\alpha\beta = \frac{-b + \sqrt{b^2 - 4ac}}{2a} \cdot \frac{-b - \sqrt{b^2 - 4ac}}{2a} = \frac{(-b)^2 - (\sqrt{b^2 - 4ac})^2}{4a^2} = \frac{c}{a}$$

이다. 따라서 이차방정식의 근과 계수 사이에는 다음과 같은 관계가 성립한다.

정리 2.3 (이차방정식의 근과 계수와의 관계)

이차방정식 $ax^2+bx+c=0$의 두 근을 α, β라 하면

$$\alpha+\beta=-\frac{b}{a},\quad \alpha\beta=\frac{c}{a}$$

이다.

예제 2.8_ 다음을 두 근으로 하고 이차항의 계수가 1인 이차방정식을 구하여라.

(1) $1+2i,\ 1-2i$

(2) $\dfrac{-3+\sqrt{5}}{2},\ \dfrac{-3-\sqrt{5}}{2}$

풀이 (1) 구하는 이차방정식을 $x^2+px+q=0$이라 하면 근과 계수와의 관계에 의해

$$p=(1+2i)+(1-2i)=2$$
$$q=(1+2i)(1-2i)=5$$

이므로 $x^2-2x+5=0$이다.

(2) 구하는 이차방정식을 $x^2+px+q=0$이라 하면 근과 계수와의 관계에 의해

$$p=\frac{-3+\sqrt{5}}{2}+\frac{-3-\sqrt{5}}{2}=-3$$
$$q=\frac{-3+\sqrt{5}}{2}\cdot\frac{-3-\sqrt{5}}{2}=1$$

이므로 $x^2+3x+1=0$이다.

문제 2.8 다음을 두 근으로 하고 이차항의 계수가 1인 이차방정식을 구하여라.

(1) $-3,\ 8$

(2) $\dfrac{-1+3i}{2},\ \dfrac{-1-3i}{2}$ ◀

2.2 연습문제

1 다음 이차방정식의 해를 구하여라.

(1) $x^2 - 2x - 8 = 0$ (2) $2x^2 + x - 3 = 0$

(3) $x^2 - 8x + 13 = 0$ (4) $3x^2 - 4x + 2 = 0$

(5) $x^2 - \sqrt{5}x + 2 = 0$ (6) $9x^2 + 24x + 16 = 0$

(7) $x^2 + 20x - 60 = 0$

(8) $ax^2 - (2a+1)x + (a+1) = 0,\ a \neq 0$

2 방정식 $x^2 + 2x + \dfrac{8}{x} + \dfrac{16}{x^2} = 0$의 모든 실근을 구하여라.

3 방정식 $\left(\dfrac{x}{2} + \dfrac{1}{x}\right)^2 + x + \dfrac{2}{x} = 1$의 모든 허근의 합을 구하여라.

4 방정식 $x^2 + 4x - 7 = 0$의 두 근을 α, β라고 하자. 다음 방정식의 근을 구하여라.

$$\frac{1}{x-\alpha} + \frac{1}{x-\beta} = \frac{\alpha^2 + \beta^2}{x^2 + 4x - 7}$$

5 다음 방정식을 구하여라.

(1) $|x^2 - 4x| = 3$ (2) $|x^2 - 2x - 1| = 1$

6 (1) 합이 3이고 곱이 -18인 두 수를 근으로 갖는 이차방정식을 구하여라.

(2) 두 수를 구하여라.

7 연속하는 두 자연수의 제곱의 합이 41일 때 이 두 수를 구하여라.

8 예슬이는 동생보다 세 살이 많고 예슬이 나이의 제곱은 동생의 나이의 제곱의 2배보다 두 살이 많다. 이때 동생의 나이는?

9 둘레의 길이가 40m이고 넓이가 96m^2인 직사각형이 있다. 이 직사각형의 가로

길이가 세로보다 길 때 가로의 길이를 구하여라.

10 지표면으로부터 위로 던진 물체의 t초 후의 높이 h는

$$h = 39.2t - 4.9t^2 \ (\mathrm{m})$$

으로 주어진다고 하자.

(1) 물체가 땅에 떨어지는 것은 몇 초 후인가?

(2) 물체의 높이가 58.8m인 때는 언제인가?

수학카페

파이(π) 이야기

원에서 원둘레의 길이와 지름의 길이의 비를 나타내는 값으로 π라는 기호를 처음 사용한 사람은 오일러(L. Euler, 1707-1783)이다.

고대 이집트와 바빌로니아 사람들은 π의 근사값으로 3을 썼으며, 아르키메데스는 $\frac{223}{71} \fallingdotseq 3.140845$보다 크고 $\frac{22}{7} \fallingdotseq 3.142857$보다 작다는 것을 발견하였다. 또 1761년 프랑스의 람베르트가 π는 무리수임을 증명하였다.

π 계산의 몇 가지 기록을 보면 다음과 같다.

- 5세기, 조충지(중국) - 소수 6자리
- 1596년, 루돌프 반 큐렌 - 소수 35자리
- 1706년, 마친 - 소수 100자리
- 1855년, 리히터 - 소수 500자리
- 1873년, 샹크스 - 소수 707자리
- 1949년, 최초로 컴퓨터를 이용 - 소수 2037자리
- 2002년, 가나다 야스마사 교수팀 - 소수 1조 2411억 자리

2.3 고차방정식과 연립방정식

차수가 삼차 이상인 방정식은 인수분해 공식을 이용하거나 인수정리를 이용하여 인수분해한 후 해를 구하는 것이 일반적이다.

예제 2.9_ 다음 방정식의 모든 해를 구하여라.

(1) $x^3 = 8$

(2) $x^3 - 4x = 0$

(3) $x^3 + 3x^2 - 4x - 12 = 0$

(4) $x^4 - 3x^3 + 3x^2 + x - 6 = 0$

풀이 (1) 8을 좌변으로 이항하고 인수분해하면

$$(x-2)(x^2+2x+4)=0$$

이므로 $x=2$ 또는 $x^2+2x+4=0$이다. 이차방정식 $x^2+2x+4=0$의 해는 근의 공식을 이용하면 $x=-1\pm\sqrt{3}i$ 이다. 따라서 $x^3=8$의 해는 $x=2$ 또는 $x=-1\pm\sqrt{3}i$ 이다.

(2) 인수분해하면

$$x(x-2)(x+2)=0$$

이므로 $x=0, 2, -2$이다.

(3) 인수분해하면

$$(x+3)(x+2)(x-2)=0$$

이므로 $x=-3, -2, 2$이다.

(4) $P(x)=x^4-3x^3+3x^2+x-6$이라 하면 $P(-1)=0$이므로 조립제법을 이용하여 인수분해하면

$$P(x)=(x+1)(x^3-4x^2+7x-6)$$

이다. 또 $Q(x)=x^3-4x^2+7x-6$이라 하면 $Q(2)=0$이므로 조립제법을 한 번 더 이용하면

$$Q(x)=(x-2)(x^2-2x+3)$$

이므로 주어진 방정식은

$$(x+1)(x-2)(x^2-2x+3)=0$$

으로 인수분해되고, 해는 $x=-1, 2$ 또는 $1\pm\sqrt{2}i$이다.

문제 2.9 다음 방정식의 모든 해를 구하여라.

(1) $x^4-16=0$　　(2) $x^4=9x^2$

(3) $x^3-3x^2+x-3=0$　　(4) $x^7-7x^5+12x^3=0$ ◀

쉽게 인수분해되지 않거나 복잡한 방정식은 적당히 치환하면 간단히 되는 경우가 많다. 그러나 치환한 방정식의 해는 되지만 원래 방정식의 해는 되지 않는 경우가 생길 수도 있으므로 주의해야 한다.

예제 2.10_ 다음 방정식의 실수해를 구하여라.

(1) $x^4-5x^2+6=0$

(2) $\dfrac{2}{(x+3)^2}-\dfrac{7}{x+3}+3=0$

(3) $\left(1+\dfrac{1}{x}\right)^2-6\left(1+\dfrac{1}{x}\right)+8=0$

(4) $x^{1/3}-x^{1/6}-6=0$

풀이 (1) $X=x^2$이라 하면 $X^2-5X+6=0$이다. 이 식을 인수분해하면

$$(X-2)(X-3)=0$$

이므로 $X=2$ 또는 $X=3$, 즉

$$x^2=2 \quad \text{또는} \quad x^2=3$$

이다. 따라서 $x=\pm\sqrt{2}$ 또는 $x=\pm\sqrt{3}$이다.

(2) $X=\dfrac{1}{x+3}$이라 하면 $2X^2-7X+3=0$이다. 이 식을 인수분해하면

$$(2X-1)(X-3)=0$$

이므로 $X=\dfrac{1}{2}$ 또는 $X=3$, 즉

$$\frac{1}{x+3}=\frac{1}{2} \quad \text{또는} \quad \frac{1}{x+3}=3$$

이다. 따라서 $x=-1$ 또는 $x=-\dfrac{8}{3}$이다.

(3) $X=1+\dfrac{1}{x}$이라 하면 $X^2-6X+8=0$이다. 이 식을 인수분해하면

$$(X-4)(X-2)=0$$

이므로

$$1+\frac{1}{x}=4 \quad \text{또는} \quad 1+\frac{1}{x}=2$$

이다. 따라서 $x=\frac{1}{3}$ 또는 $x=1$이다.

(4) $X=x^{1/6}$이라 하면 $X^2-X-6=0$이다. 이 식을 인수분해하면

$$(X-3)(X+2)=0$$

이지만, $X=x^{1/6}$은 음수가 될 수 없으므로 $X+2\neq 0$이다. 따라서 $X=x^{1/6}=3$이고 $x=3^6=729$이다.

문제 2.10 다음 방정식의 실수해를 구하여라.

(1) $x^6+9x^3+8=0$

(2) $(x-2)^2-7(x-2)+12=0$

(3) $9+\dfrac{1}{x^4}=\dfrac{10}{x^2}$

(4) $\left(x+\dfrac{1}{x}\right)^2-3\left(x+\dfrac{1}{x}\right)+2=0$ ◀

미지수가 2개 이상인 연립일차방정식은 한 변수를 소거하여 해를 구할 수 있음을 잘 알고 있을 것이다. 같은 방법으로 미지수가 3개인 연립일차방정식은 한 변수를 소거하여 미지수가 2개인 연립일차방정식으로 만든 후 해를 구하는 것이 가장 일반적이다.

예제 2.11_ 다음 연립방정식의 해를 구하여라.

(1) $\begin{cases} 2x+y+z=2 & \cdots (a) \\ 3x+4y+2z=16 & \cdots (b) \\ x-3y+z=-16 & \cdots (c) \end{cases}$

(2) $\begin{cases} x+y=1 & \cdots (a) \\ y+z=3 & \cdots (b) \\ x+z=8 & \cdots (c) \end{cases}$

풀이 (1) $(a)\times 2-(b)$ 하면

$$x-2y=-12 \quad \cdots (d)$$

이고, $(a)-(c)$ 하면

$$x+4y=18 \quad \cdots (e)$$

이다. $(e)-(d)$ 하면 $6y=30$이므로 $y=5$이고, 이것을 (d)에 대입하면 $x-10=-12$이므로 $x=-2$이다. 또 $x=-2$, $y=5$를 (a)에 대입하면 $z=1$이다. 따라서 $x=-2$, $y=5$, $z=1$이다.

(2) $(a)+(b)+(c)$하면 $2x+2y+2z=12$이므로

$$x+y+z=6 \quad \cdots (d)$$

이다. $(d)-(a)$하면 $z=5$이고,
$(d)-(b)$하면 $x=3$이며,

$(d)-(c)$하면 $y=-2$이다.

따라서 $x=3,\ y=-2,\ z=5$이다.

문제 2.11 다음 연립방정식의 해를 구하여라.

(1) $\begin{cases} 2x+y+z=-1 \\ 2x-y+z=5 \\ 3x-2y+3z=6 \end{cases}$ (2) $\dfrac{x-y}{6}=\dfrac{y-z}{3}=\dfrac{z+x}{5}=1$ ◀

연립이차방정식의 풀이는 연립일차방정식의 풀이보다 훨씬 복잡하다. 이때 방정식의 형태에 따라 풀이 방법이 조금씩 다르다. 한쪽 방정식이 일차방정식인 경우는 이 방정식을 한 문자에 관해서 풀어서 이차방정식에 대입하여 푼다. 또 두 개의 이차방정식으로 이루어진 연립방정식에서는 한 방정식을 인수분해하여 일차방정식과 이차방정식으로 이루어진 두 개의 연립방정식으로 바꾸어 풀기도 한다.

예제 2.12_ 다음 연립방정식의 해를 구하여라.

(1) $\begin{cases} x^2+y^2=100 \\ 3x-y=10 \end{cases}$ (2) $\begin{cases} x^2-3xy+2y^2=0 \\ 2x^2-y^2=28 \end{cases}$

풀이 (1) 두 번째 식에서 $y=3x-10$이므로 이것을 첫 번째 식에 대입하면

$$x^2+(3x-10)^2=100$$

이다. 정리하여 인수분해하면

$$10x(x-6)=0$$

이므로 $x=0$ 또는 $x=6$이다.

$$x=0\text{일 때 } y=3\cdot 0-10=-10$$
$$x=6\text{일 때 } y=3\cdot 6-10=8$$

이므로 해는 $(0,\ -10),\ (6,\ 8)$이다.

(2) 첫 번째 식을 인수분해하면 $(x-y)(x-2y)=0$이므로 $x=y$ 또는 $x=2y$이다. $x=y$일 때 두 번째 식에서 $y^2=28$이므로 $y=\pm 2\sqrt{7}$이고 $x=\pm 2\sqrt{7}$이다. 또 $x=2y$일 때 두 번째 식에서 $7y^2=28$이므로 $y=\pm 2$이고 $x=\pm 4$이다. 따라서 해는

$$(2\sqrt{7},\ 2\sqrt{7}),\ (-2\sqrt{7},\ -2\sqrt{7}),\ (4,\ 2),\ (-4,\ -2)$$

이다.

문제 2.12 다음 연립방정식의 해를 구하여라.

(1) $\begin{cases} x+y=5 \\ -x+xy+2y=2 \end{cases}$ (2) $\begin{cases} 2x^2-3xy-2y^2=0 \\ x^2+y^2=20 \end{cases}$ ◀

2.3 연습문제

1 다음 방정식의 해를 구하여라.

(1) $x^3-x^2-9x+9=0$ (2) $(x^2+2x+3)^2=4$

(3) $x^3-1=0$ (4) $x^3+3x^2+9x+27=0$

(5) $x^4-4x+3=0$ (6) $x^{-4}-2x^{-2}-8=0$

(7) $\dfrac{1}{(x+1)^2}-\dfrac{2}{x+1}-8=0$ (8) $\sqrt{13-x^2}-\dfrac{2}{\sqrt{13-x^2}}=1$

2 방정식 $x^4+5x^3-4x^2+5x+1=0$의 실수해의 곱을 구하여라.

3 방정식 $x^3-px^2+qx-1=0$의 한 근이 i일 때 다음을 구하여라.

(1) p, q 값

(2) 나머지 두 근

4 다음 방정식의 두 해가 정수가 되도록 정수 a의 값들을 구하여라

$$x^2+(a-1)x+a+1=0$$

5 다음 연립방정식의 해를 구하여라.

(1) $\begin{cases} 3x-2y+z=-10 \\ x-y-2z=3 \\ -2x+2y+3z=-3 \end{cases}$ (2) $\dfrac{x-y}{5}=\dfrac{y+z}{5}=\dfrac{z-x}{4}=1$

(3) $\begin{cases} 3x^2+2y=26 \\ 5x^2+7y=3 \end{cases}$ (4) $\begin{cases} x+\sqrt{y}=0 \\ -4x^2+y^2=12 \end{cases}$

6 다음 연립방정식의 해를 구하여라.

$$\begin{cases} x - \dfrac{y-1}{2} = 3 \\ \dfrac{3}{2}x - \dfrac{y}{4} = \dfrac{11}{4} \end{cases}$$

7 연립방정식 $\begin{cases} 3x-4(x+2y)=5 \\ 2(x-y)=3-5y \end{cases}$의 해 x, y에 대하여, $x-y$의 값을 구하여라.

8 연립방정식 $\begin{cases} -ax+2y=6 \\ 4x+y=b \end{cases}$의 실수해가 존재하지 않는다. 이때 a의 값과 b의 조건을 구하여라.

9 당첨 복권의 개수가 x이고 총 상금이 100만 원인 복권이 있다. 당첨금의 액수는 모두 같고, 당첨 복권이 3개 늘어나면 일인당 당첨금은 75,000원이 줄어든다고 하자.

(1) 이 상황을 수식으로 나타내어라.

(2) 처음에 있던 당첨 복권의 개수를 구하여라.

10 직각삼각형의 밑변을 $x$cm, 높이를 $y$cm라 하자.

(1) 둘레의 길이가 30cm이고 넓이가 30cm^{2}일 때 x와 y의 관계를 나타내는 연립방정식을 구하여라.

(2) (1)에서 구한 연립방정식을 풀어서 직각삼각형의 세 변의 길이를 구하여라.

2.4 부등식

두 수 또는 두 식의 대소 관계를 부등호를 이용하여 나타낸 것을 **부등식**(inequality)이라 한다. 복소수는 대소 관계를 생각할 수 없으므로 부등식에 포함된 모든 식은 실수를 나타낸다. 따라서 부등식의 기본 성질은 실수의 대소 관계에 대한 성질과 같다.

정리 2.3 (부등식의 기본 성질)

(1) $a \le b$이면 $a \pm c \le b \pm c$

(2) $c > 0$일 때 $a \le b$이면 $ac \le bc$이고 $\dfrac{a}{c} \le \dfrac{b}{c}$

(3) $c < 0$일 때 $a \le b$이면 $ac \ge bc$이고 $\dfrac{a}{c} \ge \dfrac{b}{c}$

(4) $a > 0$이고 $b > 0$일 때 $a \le b$이면 $\dfrac{1}{a} \ge \dfrac{1}{b}$

(5) $a \le b$이고 $b \le c$이면 $a \le c$

위의 성질에서 $\le$를 $<$로, $\ge$을 $>$로 바꾸어도 성립한다.

부등식의 기본 성질을 이용하면 일차부등식의 해를 쉽게 구할 수 있다.

예제 2.13_ 다음 부등식을 풀어라.

(1) $\dfrac{x-1}{3} \le 2x+3$　　　　(2) $ax+3 > 2x+a$

풀이 (1) 양변에 3을 곱하면

$$x-1 \le 6x+9$$

이다. $6x$를 좌변으로 -1을 우변으로 이항하면

$$-5x \le 10$$

이고, 양변을 -5로 나누면 $x \ge -2$이다.

(2) $2x$를 좌변으로 3을 우변으로 이항하면

$$(a-2)x > a-3$$

이다. 따라서 $a>2$일 때 $x>\dfrac{a-3}{a-2}$이고, $a<2$일 때 $x<\dfrac{a-3}{a-2}$이다. $a=2$일 때는 $0\cdot x>-1$이므로 이때는 모든 실수 x에 대하여 성립한다.

문제 2.13 다음 부등식을 풀어라.

(1) $3x-2\geq\dfrac{1}{2}x+3$ (2) $4\leq 3x-2<13$ ◀

예제 2.14_ 휴대전화기를 생산하는 공장을 만드는데 5,600만 원이 들고 전화기 1대를 생산하는데 14만 원이 든다고 하자. 전화기 1대의 판매 가격이 18만 원이라면 최소 몇 대를 팔아야 이익이 나겠는가?

풀이 휴대전화기 x대를 생산하는데 드는 비용은

$$140{,}000x+56{,}000{,}000\text{원}$$

이고 x대의 판매수익은 $180{,}000x$원이므로 이익이 나기 위해서는

$$140{,}000x+56{,}000{,}000<180{,}000x$$

이어야 한다. 이 부등식을 풀면

$$x>1{,}400$$

이므로 1,401대 이상 판매하여야 한다.

문제 2.14 섭씨온도를 C, 화씨온도를 F라 했을 때 두 온도의 관계식은

$$F=\frac{9}{5}C+32$$

이다. 어떤 식품을 41°F에서 50°F 사이에 보관해야 한다면 섭씨로는 몇 도로 보관하여야 하는가? ◀

절댓값을 포함한 부등식은 절댓값이 없는 식으로 변형하여 해결하는 것이 일반적이다. 예를 들어, $|x|\leq 2$는 $-2\leq x\leq 2$와 같다. 일반적으로 다음 관계가 성립한다.

정리 2.4

$a \geq 0$일 때

$$|x| \leq a \iff -a \leq x \leq a$$
$$|x| \geq a \iff x \leq -a \text{ 또는 } x \geq a$$

위의 성질에서 $\leq$ 또는 $\geq$를 $<$ 또는 $>$로 바꾸어도 성립한다.

예제 2.15_ 다음 부등식을 풀어라.

(1) $|2x-4| < 6$　　　　(2) $|x+3|+|x-2| \leq 7$

풀이 (1) $-6 < 2x-4 < 6$과 같으므로 각 변에 4를 더하면

$$-2 < 2x < 10$$

이다. 따라서 $-1 < x < 5$이다.

(2) 세 가지 경우로 나누어 생각하자.

a) $x < -3$ 일 때
$-(x+3)-(x-2) \leq 7$이므로 $-2x \leq 8$, $x \geq -4$. 이다. 따라서
$-4 \leq x < -3$ 이다.

b) $-3 \leq x < 2$일 때
$(x+3)-(x-2) \leq 7$이므로 $5 \leq 7$이어서 항상 성립한다. 따라서
$-3 \leq x < 2$이다.

c) $x \geq 2$일 때
$(x+3)+(x-2) \leq 7$이므로 $2x \leq 6$, $x \leq 3$. 따라서 $2 \leq x \leq 3$이다. 따라서 해는 a), b), c)의 합집합인 $-4 \leq x \leq 3$이다.

문제 2.15 다음 부등식을 풀어라.

(1) $|3-2x| \geq 5$　　　　(2) $|x|+|x-1| > 3$ ◀

이차 이상의 부등식은 모든 항을 좌변으로 이항하고 인수분해하여 해결한다. 예를 들어, 부등식 $x^2-3x-28 \geq 0$을 풀어보자. 좌변을 인수분해하면

$$(x-7)(x+4) \geq 0$$

이다. x의 값에 따라 $(x-7)(x+4)$의 부호를 조사해보면 다음 표와 같다.

x	$x<-4$	$x=4$	$-4<x<7$	$x=7$	$x>7$
$x-7$	$-$	$-$	$-$	0	$+$
$x+4$	$-$	0	$+$	$+$	$+$
$(x-7)(x+4)$	$+$	0	$-$	0	$+$

따라서 $x^2-3x-28 \geq 0$의 해는 $x \leq -4$ 또는 $x \geq 7$임을 알 수 있다. 또 $x^2-3x-28<0$의 해는 $-4<x<7$임을 알 수 있다.

위의 경우를 일반화하면 다음 사실이 성립함을 알 수 있다.

정리 2.5

이차방정식 $ax^2+bx+c=0$ $(a>0)$이 서로 다른 두 실근 $\alpha, \beta\,(\alpha<\beta)$를 가질 때

(1) $ax^2+bx+c>0$의 해는 $x<\alpha$ 또는 $x>\beta$

(2) $ax^2+bx+c<0$의 해는 $\alpha<x<\beta$

예제 2.16_ 다음 부등식을 풀어라.

(1) $x^2+3x>4$　　　(2) $\dfrac{1+x}{1-x} \geq 1$

풀이 (1) 4를 좌변으로 이항하고 인수분해하면

$$(x+4)(x-1)>0$$

이므로 해는 $x<-4$ 또는 $x>1$이다.

(2) $(1-x)^2$을 양변에 곱하면

$$(1+x)(1-x) \geq (1-x)^2$$

이다. [$(1-x)$의 부호를 알 수 없으므로 $(1-x)$를 양변에 곱하면 부등호의 방향이 어떻게 될지 알 수 없다. 그래서 $(1-x)^2$을 양변에 곱했다.] 좌변으로 이항하여 인수분해하면

$$(1+x)(1-x)-(1-x)^2 \geq 0$$
$$(x-1)2x \leq 0$$

이므로 $0 \leq x \leq 1$이다. 하지만 $x=1$일 때는 분모가 0이므로 해는 $0 \leq x<1$이다.

문제 2.16 다음 부등식을 풀어라.

(1) $-2x^2+3x-1 \geq 0$ (2) $\dfrac{x-2}{x+1} \geq 1$ ◀

부등식의 증명에 자주 이용되는 성질로는 다음과 같은 것들이 있다. 쉽게 이해할 수 있으므로 증명은 생략한다.

a) $a > b \iff a-b>0$

b) $a>0,\, b>0$일 때 $a>b \iff a^2>b^2$

c) $|a|^2=a^2,\, |ab|=|a||b|$

미지수가 어떤 실수값을 갖더라도 항상 성립하는 부등식을 절대부등식이라 한다. 예를 들면, $x^2+1>0$은 절대부등식이다. 절대부등식 중 자주 이용되는 몇 가지에 대하여 알아보자.

1. 삼각부등식

모든 실수 a, b에 대하여

$$|a+b| \leq |a|+|b|$$

이다.

증명

양변을 제곱해서 빼면

$$\begin{aligned}(|a|+|b|^2)-|a+b|^2 &= a^2+2|a||b|+b^2-(a^2+2ab+b^2)\\ &= 2|a||b|-2ab \geq 0\end{aligned}$$

이므로 $|a+b|^2 \leq (|a|+|b|)^2$이다. 그런데 $|a+b| \geq 0,\, |a|+|b|>0$이므로

$$|a+b| \leq |a|+|b|$$

이다. ◀◀

2. 산술평균과 기하평균 관계

$a \geq 0,\, b \geq 0$일 때

$$\sqrt{ab} \le \frac{a+b}{2}$$

이다. 우변을 a와 b의 **산술평균**(arithmetic mean), 좌변을 **기하평균**(geometric mean)이라 한다.

증명

우변에서 좌변을 빼면

$$\begin{aligned}\frac{a+b}{2} - \sqrt{ab} &= \frac{a-2\sqrt{ab}+b}{2} \\ &= \frac{\sqrt{a}^2 - 2\sqrt{ab} + \sqrt{b}^2}{2} = \frac{(\sqrt{a}-\sqrt{b})^2}{2} \ge 0\end{aligned}$$

이므로 $\sqrt{ab} \le \dfrac{a+b}{2}$이다. ◀◀

3. 코시–슈바르츠(Cauchy–Schwarz) 부등식

모든 실수 a, b, c, d에 대하여

$$(ac+bd)^2 \le (a^2+b^2)(c^2+d^2)$$

이다.

증명

우변에서 좌변을 빼면

$$\begin{aligned}(a^2+b^2)(c^2+d^2) - (ac+bd)^2 &= a^2d^2 - 2abcd + b^2c^2 \\ &= (ad-bc)^2 \ge 0\end{aligned}$$

이므로 $(ac+bd)^2 \le (a^2+b^2)(c^2+d^2)$이다. ◀◀

코시–슈바르츠 부등식 양변에 제곱근을 취하여

$$|ac+bd| \le \sqrt{a^2+b^2}\sqrt{c^2+d^2}$$

이라 나타내기도 한다. 또 코시–슈바르츠 부등식을 확장하면

$$(a_1b_1 + \cdots + a_nb_n)^2 \le (a_1^2 + \cdots + a_n^2)(b_1^2 + \cdots + b_n^2)$$

이 성립한다.

예제 2.17_ 다음 부등식을 증명하여라.

(1) $|a|-|b| \le |a-b|$

(2) $a>0$일 때 $a+\dfrac{1}{a}\ge 2$

(3) $a>0,\ b>0$일 때 $(a+b)\left(\dfrac{1}{a}+\dfrac{1}{b}\right)\ge 4$

풀이 (1) $a=(a-b)+b$라 나타낼 수 있으므로 삼각부등식에 의해서

$$|a|=|(a-b)+b|\le|a-b|+|b|$$

이다. $|b|$를 좌변으로 이항하면 $|a|-|b|\le|a-b|$이다.

(2) 산술평균과 기하평균 관계식에 의해서

$$\sqrt{a\cdot\frac{1}{a}}\le\frac{a+1/a}{2}$$

인데 좌변이 1이므로 성립한다.

(3) 코시-슈바르츠 부등식에 의해서

$$\left(\sqrt{a}\cdot\frac{1}{\sqrt{a}}+\sqrt{b}\cdot\frac{1}{\sqrt{b}}\right)^2\le(\sqrt{a}^2+\sqrt{b}^2)\left(\left(\frac{1}{\sqrt{a}}\right)^2+\left(\frac{1}{\sqrt{b}}\right)^2\right)$$

이다. 따라서

$$2^2\le(a+b)\left(\frac{1}{a}+\frac{1}{b}\right)$$

이므로 성립한다.

문제 2.17 $a_1,\ \cdots,\ a_n>0$ 이고 $a_1+\cdots+a_n=1$일 때 $\dfrac{1}{a_1}+\cdots+\dfrac{1}{a_n}\ge n^2$임을 보여라. ◀

2.4 연습문제

1 다음 부등식을 풀어라.

(1) $\frac{1}{3}(x+2) \geq \frac{1}{4}x+4$

(2) $-\frac{1}{2} \leq \frac{2-3x}{4} < \frac{1}{4}$

(3) $|3-2x| \geq 4$

(4) $|2x-1| < |2-x|$

(5) $(x+2)(x-7) > 0$

(6) $x^2+5x+6 \leq 0$

(7) $x^2-2x-4 > 0$

(8) $5x^2+3x \geq 3x^2+2$

(9) $\frac{x+1}{x-3} > -2$

(10) $\frac{3x+1}{x-2} \leq x^2+x-6$

2 $\sqrt{2}$는 $\frac{x+2}{x}$와 $\frac{x+3}{x+1}$사이에 있다. 이때 정수 x를 모두 구하여라.

3 방정식 $4x^2-2kx+3=0$이 서로 다른 두 실수해를 갖도록 k값의 범위를 구하여라.

4 다음 부등식을 증명하여라.

(1) $\frac{b}{a}+\frac{a}{b} \geq 2$

(2) $a>0,\ b>0,\ c>0$일 때 $a^2+b^2+c^2 \geq ab+bc+ca$

5 부등식 $\frac{a}{x-1}-\frac{1}{x}<0$의 해는 $x<0$ 또는 $1<x<3$이다. 이때 a의 값을 구하여라.

6 부등식 $|x-1|+2|x+1| \leq 7$을 만족시키는 정수 x의 값들의 합을 구하여라.

7 양수 x, y에 대하여 $(x+4y)\left(\frac{2}{x}+\frac{8}{y}\right)$의 최솟값을 구하여라.

8 골키퍼가 지상 0m에서 공중으로 차올린 공은 t초 후에 지면으로부터 $-2.4t^2+18.8t$ m 높이에 도달한다고 한다. 공의 높이가 지면으로부터 6m 이상이 되는 시간의 범위를 구하여라.

9 어떤 자동차의 속도가 $v$km/h일 때 연비(휘발유 1l로 갈 수 있는 거리)는

$$s=-\frac{1}{300}v^2+\frac{2}{5}v+4$$

로 주어진다고 하자. 연비를 13km/l 이상으로 유지하려면 자동차의 속도는 얼마로 유지하여야 하는가?

수학카페

케이크 나누기

A는 생크림 케이크를 좋아한다. 그런데 절반은 생크림이고 나머지는 초코로 된 케이크를 B와 나누어 먹어야 하는데, A는 B가 어떤 케이크를 좋아하는지 모른다. 한 사람은 케이크를 같은 크기로 나누는 권리를 갖고 다른 사람은 나누어진 케이크 중에서 먼저 선택하는 권리를 갖는다고 하면, A가 좋아하는 생크림 케이크를 많이 먹으려면 어떤 권리를 선택하는 것이 유리할까?

자르는 권리를 A가 갖는 경우와 B에게 양보하는 경우를 각각 생각해 보자. A가 자를 경우는 B가 어떤 케이크를 좋아하는지 모르기 때문에 안전한 방법은 생크림과 초코가 반씩 섞이도록 자르는 것이다. 그리고 이때 A는 생크림을 절반만 먹을 수 있다. 물론 생크림과 초코로 나누어서 B가 초코를 선택하기를 기다리는 도박을 하는 것은 좋은 전략이라고 할 수 없다. 그러나 B가 자를 경우는 잘라진 것을 보고 생크림이 많은 조각을 선택하면 되므로 최소한 생크림을 절반은 먹을 수 있다. 따라서 A가 취할 수 있는 최선의 전략은 자르는 권리를 B에게 양보하는 것이다.

Chapter 03

도형

3.1 점과 좌표
3.2 직선의 방정식
3.3 두 직선의 위치 관계
3.4 원과 타원의 방정식

3.1 점과 좌표

수직선 위의 두 점 $A(x_1)$, $B(x_2)$ 사이의 거리는

$$AB = |x_2 - x_1|$$

이고, 좌표평면 위의 두 점 $A(x_1,\ y_1)$, $B(x_2,\ y_2)$ 사이의 거리는 피타고라스 정리에 의해

$$AB = \sqrt{(x_2 - x_1)^2 + (y_2 - y_1)^2}$$

이다.

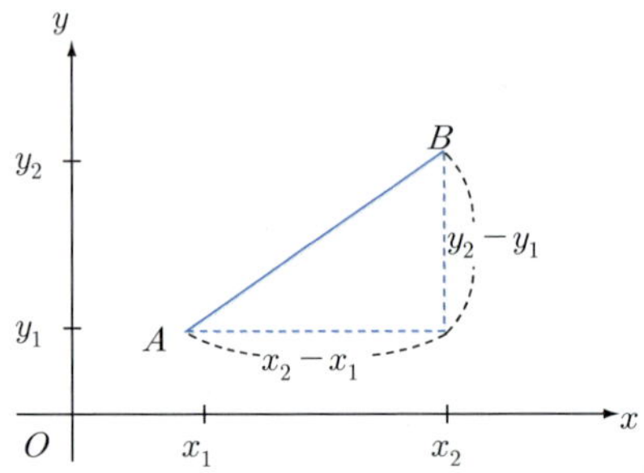

그림 3.1 두 점 사이의 거리

예제 3.1_ (1) 두 점 $A(-1,\ 2)$, $B(-3,\ 8)$ 사이의 거리를 구하여라.

(2) 세 점 $A(-1,\ 3)$, $B(2,\ 4)$, $C(1,\ 1)$로부터 같은 거리에 있는 점을 구하여라.

풀이 (1) 피타고라스 정리에 의하여

$$AB = \sqrt{(-3-(-1))^2 + (8-2)^2} = \sqrt{4+36} = \sqrt{40} = 2\sqrt{10}$$

(2) 구하려는 점을 $D(x,\ y)$라고 하면 $AD = BD$이고 $AD = CD$이어야 하므로

$$\sqrt{(x+1)^2 + (y-3)^2} = \sqrt{(x-2)^2 + (y-4)^2}$$
$$\sqrt{(x+1)^2 + (y-3)^2} = \sqrt{(x-1)^2 + (y-1)^2}$$

이어야 한다. 양변을 제곱하고 전개하여 정리하면

$$2x + 1 - 6y + 9 = -4x + 4 - 8y + 16$$
$$2x + 1 - 6y + 9 = -2x + 1 - 2y + 1$$

이고, 다시 정리하면

$$6x+2y=10$$
$$4x-4y=-8$$

이므로 연립하여 풀면 $x=\frac{3}{4}$, $y=\frac{11}{4}$이다. 따라서 $D=\left(\frac{3}{4}, \frac{11}{4}\right)$이다.

문제 3.1 (1) 두 점 $A(\sqrt{3}-1, 2)$, $B(\sqrt{3}, 4)$ 사이의 거리를 구하여라.
(2) 두 점 $A(x, 1)$, $B(1, -x)$ 사이의 거리가 $\sqrt{11}$일 때 x값을 구하여라. ◀

두 점 (x_1, y_1), (x_2, y_2)의 중점은

$$\left(\frac{x_1+x_2}{2}, \frac{y_1+y_2}{2}\right)$$

임을 아래 그림으로부터 쉽게 이해할 수 있다.

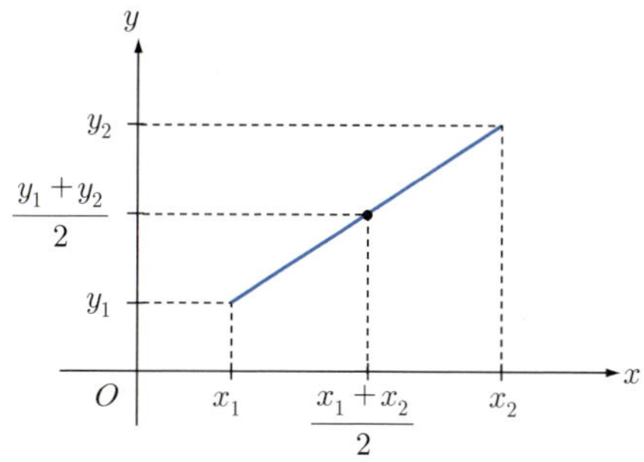

그림 3.2 두 점의 중점

예제 3.2_ (1) 두 점 $(-1, 3)$, $(-9, -5)$의 중점을 구하여라.

(2) 점 $(1, 2)$와 점 (x, y)가 점 $(-1, 4)$에 대하여 대칭이 되도록 (x, y)를 구하여라.

풀이 (1) $\left(\frac{-1+(-9)}{2}, \frac{3+(-5)}{2}\right)=(-5, -1)$

(2) 점 $(-1, 4)$가 점 $(1, 2)$와 (x, y)의 중점이므로

$$\left(\frac{1+x}{2}, \frac{2+y}{2}\right)=(-1, 4)$$

이다. 따라서 $x=-3$, $y=6$. 즉 $(x, y)=(-3, 6)$이다.

문제 3.2 (1) 두 점 $(\sqrt{5}-2,\ 3)$, $(-\sqrt{5},\ 5)$의 중점을 구하여라.
(2) 두 점 $A(-1,\ 2)$, $B(3,\ 1)$에 대하여 점 C가 x축 위의 점일 때 $AC+BC$의 최솟값을 구하여라. ◀

좌표평면 위의 세 점 $A(x_1,\ y_1)$, $B(x_2,\ y_2)$, $C(x_3,\ y_3)$을 꼭짓점으로 하는 삼각형 ABC의 무게중심은

$$\left(\frac{x_1+x_2+x_3}{3},\ \frac{y_1+y_2+y_3}{3}\right)$$

이다. 각 꼭짓점에서 무게중심에 이르는 거리와 무게중심에서 대변의 중심까지의 거리의 비는 항상 $2:1$이다. 아래 그림은 삼각형 ABC의 무게중심 G를 나타낸다.

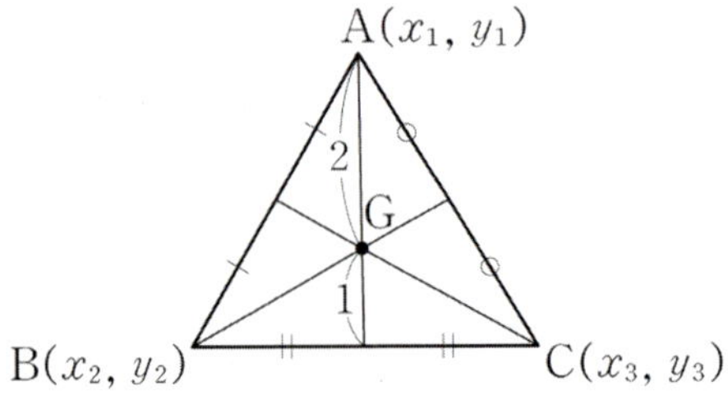

예제 3.3_ (1) 세 점 $A(-2,\ 0)$, $B(3,\ 0)$, $C(2,\ 9)$을 꼭짓점으로 하는 삼각형 ABC의 무게중심을 구하여라.
(2) 삼각형 ABC에서 두 꼭짓점의 좌표는 $A(-2,\ -1)$, $B(-1,\ 3)$이고, 삼각형 ABC의 무게중심은 $(1,\ 1)$이다. 이때 꼭짓점 C의 좌표를 구하여라.

풀이 (1) $\left(\frac{-2+3+2}{3},\ \frac{0+0+9}{3}\right)=(1,\ 3)$

(2) $C(x,y)$라 하면,

$$1=\frac{-2+3+x}{3},\quad 1=\frac{-1+4+y}{3}$$

이다. 따라서 $x=2$, $y=0$. 즉, C 의 좌표는 $(2,\ 0)$이다.

문제 3.3 (1) 세 점 $A(0,\ 4)$, $B(-2,\ 1)$, $C(5,\ -2)$를 꼭짓점으로 하는 삼각형 ABC의 무게중심의 좌표를 구하여라.
(2) 세 점 $A(3,\ 1)$, $B(-1,\ 3)$, $C(-2,\ -4)$을 꼭짓점으로 하는 삼각형 ABC의 무게중심과 세 점 $D(a,\ 1)$, $E(2,\ b)$, $F(-4,\ -5)$를 꼭짓점으로 하는 삼각형 DEF의 무게중심이 일치할 때 $a+b$의 값을 구하여라. ◀

수직선 위의 두 점 $A(x_1)$, $B(x_2)$을 잇는 선분 AB을 $m:n$으로 내분하는 점을 P라고 하자. (여기서 m과 n은 양의 실수이다.) 그러면 내분점 P는

$$P\left(\frac{mx_2+nx_1}{m+n}\right)$$

이다. 만약 좌표 평면 위에 두 점 $A(x_1, y_1)$, $B(x_2, y_2)$이 있다면, 선분 AB을 $m:n$으로 내분하는 점을 P는

$$P\left(\frac{mx_2+nx_1}{m+n}, \frac{my_2+ny_1}{m+n}\right)$$

이고, 아래 그림으로부터 쉽게 이해할 수 있다.

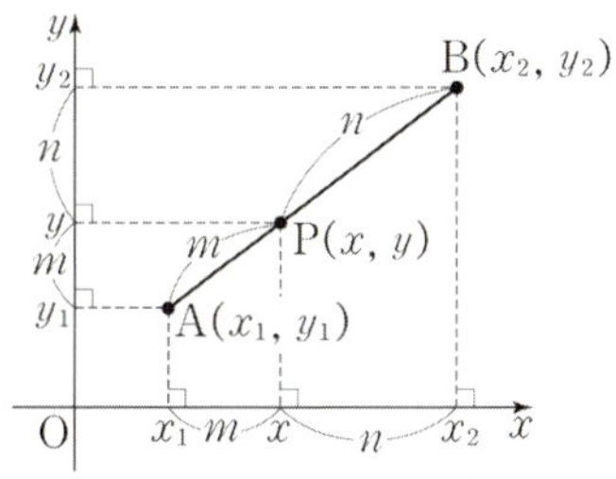

예제 3.4_ (1) 두 점 $A(-2, 1)$, $B(3, 6)$를 이은 선분 AB를 $3:2$로 내분하는 점 P의 좌표를 구하여라.

(2) 두 점 $A(-3, 4)$, $B(x, y)$를 이은 선분 AB를 $2:1$로 내분하는 점 P의 좌표가 $(3, 0)$일 때 점 B를 구하여라.

풀이 (1) 선분 AB를 3:2로 내분하는 점 P의 좌표를 (x, y)라고 하면,

$$x=\frac{3\cdot 3+2\cdot(-2)}{3+2}=1,\ y=\frac{3\cdot 6+2\cdot 1}{3+2}=4$$

이다. 즉, P의 좌표는 $(1, 4)$이다.

(2) $3=\dfrac{2\cdot x+1\cdot(-3)}{2+1}$, $0=\dfrac{2\cdot y+1\cdot 4}{2+1}$이므로, 점 B의 좌표는 $(6, -2)$이다.

문제 3.4 (1) 두 점 $A(2, -5)$, $B(-1, 4)$를 잇는 선분 AB를 $2:1$로 내분하는 점의 좌표를 구하여라.

(2) 두 점 $A(a, 2)$, $B(3, 4)$를 잇는 선분 AB가 y축에 의하여 $2:1$로 내분될 때, 실수 a의 값을 구하여라. ◀

수직선 위의 두 점 $A(x_1)$, $B(x_2)$을 잇는 선분 AB을 $m:n$으로 외분하는 점을 Q라고 하자. (여기서 m과 n은 양의 실수이다.) 그러면 외분점 Q는

$$Q\left(\frac{mx_2-nx_1}{m-n}\right)$$

이다. 만약 좌표 평면 위에 두 점 $A(x_1, y_1)$, $B(x_2, y_2)$이 있다면, 선분 AB을 $m:n$으로 외분하는 점을 Q는

$$Q\left(\frac{mx_2-nx_1}{m-n}, \frac{my_2-ny_1}{m-n}\right)$$

이고, 아래 그림으로부터 쉽게 이해할 수 있다.

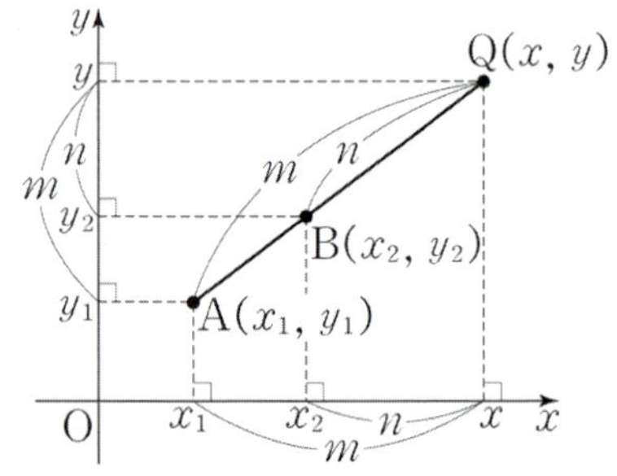

예제 3.5_ (1) 두 점 $A(-2, 1)$, $B(3, 6)$를 이은 선분 AB를 $3:2$로 외분하는 점 Q의 좌표를 구하여라.

(2) 두 점 $A(-3, 4)$, $B(x, y)$를 이은 선분 AB를 $2:1$로 내분하는 점 Q의 좌표가 $(3,0)$일 때 점 B를 구하여라.

풀이 (1) 선분 AB를 $3:2$로 외분하는 점 Q의 좌표를 (x, y)라고 하면,

$$x=\frac{9\cdot 3+2\cdot(-2)}{3-2}=13 \qquad y=\frac{3\cdot 6-2\cdot 1}{3-2}=16$$

이다. 즉, Q의 좌표는 $(13, 16)$이다.

(2) $3=\frac{2\cdot x-1\cdot(-3)}{2-1}$, $0=\frac{2\cdot y-1\cdot 4}{2-1}$ 이므로, 점 B의 좌표는 $(0, 2)$이다.

문제 3.5 (1) 두 점 $A(1, 1)$, $B(3, -2)$를 잇는 선분 AB를 $3: 2$로 외분하는 점 P의 좌표를 구하여라.

(2) 두 점 $A(-1, 1)$, $B(4, 3)$을 잇는 선분 AB를 $1: k$로 외분하는 점이 직선 $y=x+5$ 위에 있을 때, 양수 k의 값을 구하여라. ◀

3.1 연습문제

1 다음 두 점 사이의 거리를 구하여라.

(1) $(-1,\ 3),\ (2,\ 7)$ (2) $(2+\sqrt{2},\ -5),\ (2-\sqrt{2},\ 3)$

2 꼭지점이 $A(-1,\ 0),\ B(0,\ 4),\ C(1,\ -1)$인 삼각형 ABC의 넓이를 구하여라.

3 점 (a, b)의 x축, y축, 원점, 직선 $y=x$에 대칭인 점의 좌표를 각각 구하여라.

4 세 점 $A(0,\ 0),\ B(x,\ y),\ C(x+y,\ y-x)$일 때 각 $\angle BAC$은 몇 도인지 구하여라.

5 두 점 $A(-1,\ -2),\ B(3,\ 0)$에서 같은 거리에 있는 y축 위의 점의 좌표를 구하여라.

6 세 점 $A(-2,-1), B(-1,3), C(x,y)$ 을 꼭짓점으로 하는 삼각형 ABC의 무게중심은 $(1,\ 1)$이다. 이때 $x+y$를 구하여라.

7 수직선 위의 두 점 $A(-4),\ B(12)$을 잇는 선분 AB를 $5:3$으로 내분하는 점을 P, $7:11$로 외분하는 점을 Q라고 할 때 선분 PQ의 중점을 구하여라.

8 삼각형 ABC의 무게중심을 G라고 할 때 임의의 점 $P(x,\ y)$에 대하여 다음 등식이 성립하도록 정수 k값을 구하여라.

$$\overline{AP}^2+\overline{BP}^2+\overline{CP}^2=\overline{AG}^2+\overline{BG}^2+\overline{CG}^2+k\overline{PG}^2$$

9 좌표 평면 위의 점 $A\left(0,\ \frac{1}{4a}\right),\ B(a,\ 0)$을 잇는 선분 AB를 $1:2$로 내분하는 점을 $(x,\ y)$라고 할 때 xy를 구하여라. (단, $x>0,\ y>0,\ a>0$)

3.2 직선의 방정식

자동차의 속도가 일정할 때 이동거리는 시간에 비례한다. 예를 들어 속도가 60 km/h일 때 1시간 후에는 60km, 2시간 후에는 120km를 이동하게 된다. 이 관계를 그림으로 나타내면 직선이다. 일상생활에서 보게 되는 많은 관계식들이 직선의 방정식이다.

정의 3.1

두 점 (x_1, y_1), (x_2, y_2)를 지나는 수직이 아닌 직선의 **기울기**(slope) m은

$$m = \frac{y\text{의 변화량}}{x\text{의 변화량}} = \frac{y_2 - y_1}{x_2 - x_1}$$

이다. 수직인 직선의 기울기는 정의하지 않으며, 수평인 직선의 기울기는 $y_1 = y_2$이므로 $m = 0$이다.

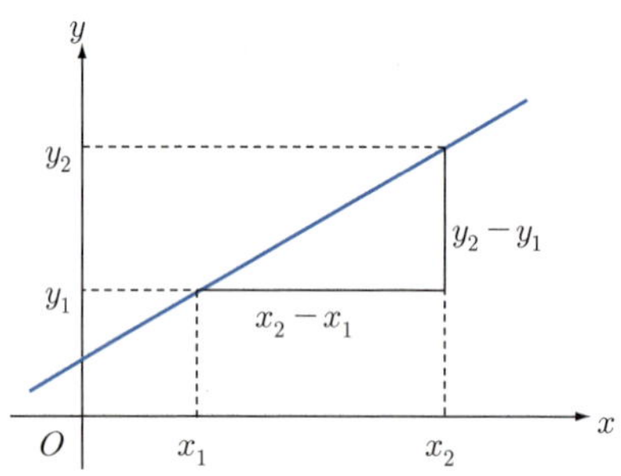

그림 3.3 직선의 기울기

위의 그림으로부터 직선의 모양은 기울기가 양수이면 오른쪽 위로 올라가고 기울기가 음수이면 오른쪽 아래로 내려감을 알 수 있다.

예제 3.6_ 두 점 $(2, 3)$, $(8, 5)$를 지나는 직선의 기울기를 구하여라.

풀이 $m = \frac{5-3}{8-2} = \frac{2}{6} = \frac{1}{3}$

문제 3.6 두 점 $(2, -1)$, $(4, -5)$ 를 지나는 직선의 기울기를 구하여라. ◀

기울기가 m이고 점 (x_1, y_1)을 지나는 직선의 방정식을 구해보자. 직선 위의 임의의 점의 좌표를 (x, y)라 하면

$$\frac{y-y_1}{x-x_1}=m$$

이므로

$$y-y_1=m(x-x_1)$$

이다. 이것이 구하는 **직선의 방정식**이다.

예제 3.7_ (1) 점 $(1, -3)$을 지나고 기울기가 3인 직선의 방정식을 구하여라.
(2) 두 점 $(-3, 10)$, $(6, -5)$를 지나는 직선의 방정식을 구하여라.

풀이 (1) $y-(-3)=3(x-1)$이므로 정리하면 $y=3x-6$이다.

(2) 기울기를 구하면

$$m=\frac{-5-10}{6-(-3)}=\frac{-15}{9}=-\frac{5}{3}$$

이다. 따라서 기울기가 $-\frac{5}{3}$이고 점 $(-3, 10)$을 지나는 직선의 방정식을 구하면

$$y-10=-\frac{5}{3}(x-(-3))$$

이므로 $y=-\frac{5}{3}x+5$이다.

문제 3.7 (1) 점 $(-2, 4)$을 지나고 기울기가 -3인 직선의 방정식을 구하여라.
(2) 두 점 $(-2, -5)$, $(3, 5)$를 지나는 직선의 방정식을 구하여라. ◀

기울기가 m이고 y절편이 b인 직선의 방정식을 구해보자. y절편이 b라는 것은 점 $(0, b)$를 지난다는 것과 같으므로 기울기가 m이고 점 $(0, b)$를 지나는 직선의 방정식을 구하면

$$y-b=m(x-0)$$

이다. 따라서

$$y=mx+b$$

가 구하는 직선의 방정식이다. 같은 방법으로, 기울기가 m이고 x절편이 a인 직선의 방정식은 기울기가 m이고 점 $(a,\ 0)$를 지나는 직선의 방정식을 구하면 되므로 구하는 직선의 방정식은

$$y = m(x-a)$$

이다.

예제 3.8_ (1) 기울기가 3이고 y절편이 -4인 직선의 방정식을 구하여라.
(2) 직선 $6x-3y=12$의 기울기와 y절편을 구하여라.

풀이 (1) $y=3x-4$
(2) y에 관해서 풀면

$$y=2x-4$$

이므로 기울기는 2, y절편은 -4이다.

문제 3.8 (1) 기울기가 -3이고 y절편이 8인 직선의 방정식을 구하여라.
(2) 직선 $2x+3y=6$의 기울기와 y절편을 구하여라. ◀

점 $(a,\ b)$를 지나고 x축에 평행한, 즉 수평인, 직선의 방정식은

$$y=b$$

이고 y축에 평행한, 즉 수직인, 직선의 방정식은

$$x=a$$

이다.

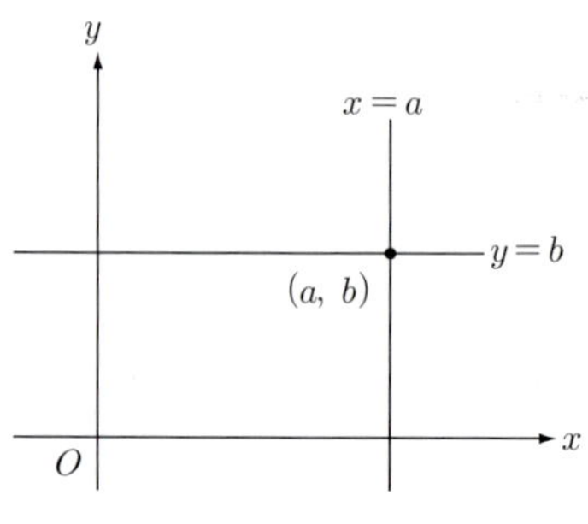

그림 3.4 직선 $x=a$와 $y=b$

예제 3.9_ 점 $(-2, 3)$을 지나고 x축에 평행한 직선과 y축에 평행한 직선의 방정식을 각각 구하여라.

풀이 x축에 평행한 직선은 $y=3$이고, y축에 평행한 직선은 $x=-2$이다.

문제 3.9 y축에 평행하고 x절편이 3인 직선의 방정식을 구하여라. ◀

지금까지 공부한 것을 종합하면 x와 y에 관한 일차방정식

$$ax+by+c=0$$

은 직선의 방정식임을 알 수 있다. 직선을 그릴 때는 기울기, x절편 또는 y절편을 알면 쉽게 그릴 수 있다.

예제 3.10_ 방정식 $2x-3y+6=0$의 그래프를 그려라.

풀이 x절편은 -3, y절편은 2이므로 그래프는 그림 3.5와 같다.

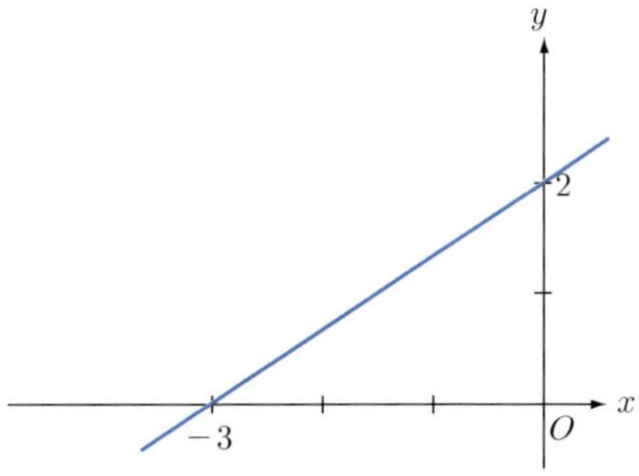

그림 3.5 $2x-3y+6=0$

문제 3.10 방정식 $2x+3y-12=0$의 그래프를 그려라. ◀

3.2 연습문제

1 다음 두 점을 지나는 직선의 기울기를 구하여라.

(1) $(4, -2)$, $(-6, 3)$ (2) $(5, 3)$, $(-3, 3)$

2 세 점 $(4, a)$, $(1, -1)$, $(-3, -2)$ 가 한 직선 위에 있도록 a를 구하여라.

3 다음 두 점을 지나는 직선의 방정식을 구하여라.

(1) $(5, 4)$, $(-5, 2)$

(2) (a, b), (b, a), $a \neq b$

4 다음 조건을 만족하는 직선의 방정식을 구하여라.

(1) 기울기가 -2이고 y절편이 4

(2) 기울기가 0이고 y절편이 2

(3) 점 $(-1, 3)$을 지나고 y축에 평행

(4) x절편이 4이고 y절편이 2

5 점 $(1, -2)$를 지나고, 직선 $2x-4y+3=0$과 같은 기울기를 갖는 직선의 방정식을 구하여라.

6 주어진 두 직선

$$x+ky-1=0,\ \ kx+(2k+3)y-3=0$$

의 기울기가 같을 때, k의 값을 구하여라.

7 두 직선 $mx-y+1=0$, $(2m-1)x+6y+3=0$의 기울기가 같을 때, m의 값을 구하여라.

8 주어진 두 직선

$$ax-2y+2=0,\ \ x+by+c=0$$

은 모두 점 $(2, 4)$를 지나고, 두 직선의 기울기들의 곱은 -1이다. 이때 $a+b+c$를 구하여라.

9 두 점 $A(-2, 0)$, $B(0, 7)$을 잇는 선분 AB를 직선 $y=-x+1$는 $m:n$으로 내분한다. 이때 $m+n$을 구하여라.

10 두 점 $A(2, 1)$, $B(4, 3)$을 잇는 선분 AB를 $k:1$로 내분하는 점이 직선 $3x+5y-15=0$ 위에 있을 때, k의 값을 구하여라.

3.3 두 직선의 위치 관계

평면 위의 두 직선은 평행하거나 일치하거나 한 점에서 만난다. 이 절에서 두 직선의 여러 위치 관계에 대하여 알아보자.

정리 3.2

두 직선이 평행하기 위한 필요충분조건은 두 직선의 기울기가 같거나 두 직선이 모두 x축에 수직인 것이다.

예제 3.11_ 두 점 $(-1, 2)$, $(2, -4)$를 지나는 직선과 평행하며 점 $(4, 1)$을 지나는 직선의 방정식을 구하여라.

풀이 직선의 기울기는

$$m=\frac{-4-2}{2-(-1)}=\frac{-6}{3}=-2$$

이다. 기울기가 -2이고 $(4, 1)$을 지나는 직선의 방정식을 구하면

$$y-1=-2(x-4)$$

이므로 정리하면 직선의 방정식은

$$y=-2x+9$$

이다.

문제 3.11 직선 $6x-3y+4=0$과 평행하고 $(5, 2)$를 지나는 직선의 방정식을 구하여라. ◀

원점을 지나는 두 직선 $y=m_1x$와 $y=m_2x$가 서로 수직이라 하자.

그림 3.6과 같이 두 직선 위의 점 $A(1, m_1)$, $B(1, m_2)$를 택하면 $\triangle OAB$는 직각삼각형이므로 피타고라스 정리에 의해서

$$OA^2+OB^2=AB^2$$

이다. 즉,

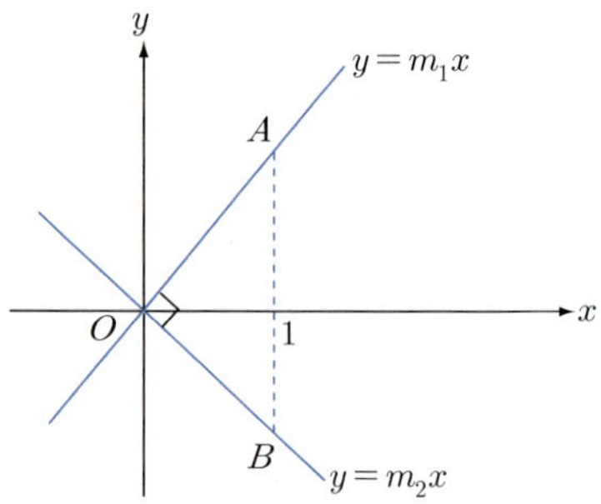

그림 3.6 두 직선의 수직

$$(1^2+m_1^2)+(1^2+m_2^2)=(1-1)^2+(m_2-m_1)^2$$

이다. 양변을 전개하여 정리하면

$$m_1m_2=-1$$

이다. 따라서 다음 정리를 얻는다.

정리 3.3

기울기가 각각 m_1, m_2인 두 직선이 수직일 필요충분조건은

$$m_1m_2=-1$$

이다. 또 y축에 평행한 직선과 x축에 평행한 직선은 서로 수직이다.

예제 3.12_ 두 점 $(-1,\ 2)$, $(2,\ -4)$를 지나는 직선과 수직이며 점 $(4,\ 1)$을 지나는 직선의 방정식을 구하여라.

풀이 주어진 두 점을 지나는 직선의 기울기는

$$m=\frac{-4-2}{2-(-1)}=\frac{-6}{3}=-2$$

이므로 구하는 직선의 기울기는 $\frac{1}{2}$이다. 따라서

$$y-1=\frac{1}{2}(x-4)$$

이므로 정리하면

$$y=\frac{1}{2}x-1$$

이다.

문제 3.12 직선 $y=3x+1$과 수직이고 점 $(3,\ -2)$를 지나는 직선의 방정식을 구하여라. ◀

예제 3.13_ 공기는 위로 올라가면 그 고도에 비례하여 부피는 커지고 온도는 내려간다.

(1) 지상의 온도가 20℃이고 1km 상공의 온도는 10℃일 때 온도 T와 고도 h의 관계식을 구하여라.

(2) 지상 1.5km에서의 온도를 구하여라.

풀이 (1) 온도는 고도에 비례하므로

$$T(h)=mh+b$$

형태이다. $h=0$일 때 $T=20$이므로

$$20=m\cdot 0+b,\ b=20$$

이고, $h=1$일 때 $T=10$이므로

$$10=m\cdot 1+20,\ m=-10$$

이다. 따라서

$$T(h)=-10h+20$$

이다.

(2) $h=1.5$이므로 $T=-10\cdot 1.5+20=5$℃이다.

문제 3.13 기상학자들에 의하면 지구 온난화 때문에 연평균기온이

$$T(t)=0.02t+8.5$$

로 변한다고 한다. 여기서 T는 섭씨온도이고 t는 1900년 이후의 햇수이다.

(1) 기울기와 방정식 T의 절편을 구하고, 그 의미를 설명하라.

(2) 2100년의 지구 평균기온을 구하여라. ◀

점 $P(x_0,\ y_0)$가 직선 $l:ax+by+c=0$ 위에 있지 않은 점이라 하고, 점 P에

서 직선 l에 내린 수선을 발을 $Q(x_1, y_1)$이라 하자.

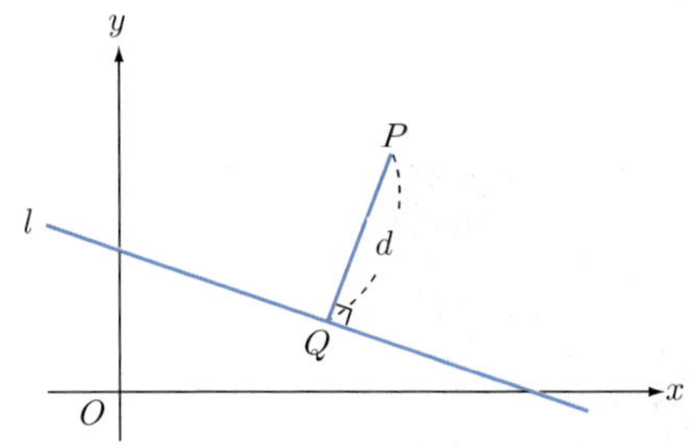

그림 3.7 점에서 직선까지의 거리

직선 l의 기울기가 $-\frac{a}{b}$이므로 직선 PQ의 기울기는 $\frac{b}{a}$이다. 따라서

$$\frac{y_1 - y_0}{x_1 - x_0} = \frac{b}{a} \qquad \cdots(1)$$

이다. 또 점 Q는 직선 l 위에 있으므로

$$ax_1 + by_1 + c = 0 \qquad \cdots(2)$$

이다. 이제 (1), (2)를 연립하여 풀면

$$x_1 = \frac{b^2x_0 - aby_0 - ac}{a^2 + b^2}, \quad y_1 = \frac{-abx_0 + a^2y_0 - bc}{a^2 + b^2}$$

이다. 점 P에서 직선 l까지의 거리 d는 선분 PQ의 길이와 같으므로

$$\begin{aligned} d &= \sqrt{(x_1 - x_0)^2 + (y_1 - y_0)^2} \\ &= \sqrt{\left(\frac{b^2x_0 - aby_0 - ac}{a^2 + b^2} - x_0\right)^2 + \left(\frac{-abx_0 + a^2y_0 - bc}{a^2 + b^2} - y_0\right)^2} \\ &= \sqrt{\frac{(a^2 + b^2)(ax_0 + by_0 + c)^2}{(a^2 + b^2)^2}} \\ &= \frac{|ax_0 + by_0 + c|}{\sqrt{a^2 + b^2}} \end{aligned}$$

이다. 따라서 다음 정리를 얻는다.

정리 3.4

점 (x_0, y_0)와 직선 $ax+by+c=0$ 사이의 거리 d는 다음과 같다.

$$d=\frac{|ax_0+by_0+c|}{\sqrt{a^2+b^2}}$$

예제 3.14_ (1) 점 $(-1, 1)$과 직선 $2x-3y=1$ 사이의 거리를 구하여라.

(2) 두 직선 $3x-4y+1=0$, $3x-4y+2=0$ 사이의 거리를 구하여라.

풀이 (1) 직선의 방정식이 $2x-3y-1=0$이므로

$$d=\frac{|2\cdot(-1)-3\cdot 1-1|}{\sqrt{2^2+(-3)^2}}=\frac{6}{\sqrt{13}}$$

이다.

(2) 직선 $3x-4y+1=0$위의 임의의 점에서 직선 $3x-4y+2=0$까지의 거리를 구하면 된다. 점 $(1, 1)$은 $3x-4y+1=0$ 위에 있으므로 $(1, 1)$에서 직선 $3x-4y+2=0$까지의 거리를 구하면

$$d=\frac{|3\cdot 1-4\cdot 1+2|}{\sqrt{3^2+(-4)^2}}=\frac{1}{5}$$

이다.

문제 3.14 (1) 점 $(a, 0)$과 직선 $y=ax+1$ 사이의 거리를 구하여라.

(2) 두 직선 $3x+2y+1=0$, $3x+2y-3=0$ 사이의 거리를 구하여라. ◀

3.3 연습문제

1 두 직선 $y=3x+9$, $y=mx-1$이 다음 조건을 만족하도록 m의 값을 정하여라.

(1) 점 $(-2, 3)$에서 만난다.

(2) 평행이다.

(3) 수직이다.

2 다음 직선의 방정식을 구하여라.

(1) 점 $(1, 2)$를 지나고 직선 $y=-2x+5$에 평행한 직선

(2) 점 $(2, 3)$를 지나고 직선 $y=-2x+5$에 수직인 직선

(3) 두 점 $(1, -1)$, $(4, 5)$ 를 지나는 직선과 평행하며 $(2, 1)$을 지나는 직선

(4) 두 점 $(1, -1)$, $(5, 1)$ 를 지나는 직선과 수직이며 $(2, 1)$을 지나는 직선

3 다음 점과 직선 사이의 거리를 구하여라.

(1) $(-2, 3)$, $4x+3y+2=0$ (2) $(5, 3)$, $y=3x-2$

4 점 $(2, 3)$을 지나고, 점 $(3, 4)$에서의 거리가 $\frac{1}{\sqrt{5}}$인 직선의 방정식을 구하여라.

5 원점과 직선 $2x-y+a=0$ 사이의 거리가 1일 때 $|a|$의 값을 구하여라.

6 점 $(1, -1)$에서 직선 $ax+by=0$까지 거리가 $\sqrt{2}$일 때 $a+b$를 구하여라.

7 다음과 같이 세 직선이 있다.

$$l_1: x+ay+1=0,\ l_2: 2x-by+1=0,\ l_3: x-(b-3)y-1=0$$

여기서 l_1, l_2는 서로 수직이고, l_1, l_3은 서로 평행하다. 이때 $(a-b)^2$을 구하여라.

8 두 직선 $l_1: 3x+4y-4=0$, $l_2: 3x+4y-24=0$ 사이의 거리를 구하여라.

9 평행한 두 직선 $2x+ay+b=0, 2x-3y-2=0$의 거리가 $\sqrt{13}$일 때 두 정수 a, b를 구하여라.

10 두 직선 l_1, l_2가 점 $(3, 0)$에서 서로 수직으로 만나고, 직선 l_1의 y절편이 4일 때 직선 l_2의 y절편을 구하여라.

3.4 원과 타원의 방정식

평면에서 한 점으로부터 같은 거리에 있는 점들의 모임을 **원**(circle)이라 한다. 점 (a, b)로부터 거리가 r인 점들의 모임을 구해보자. 점 (x, y)가 이 조건을 만족한다면

$$(x-a)^2+(y-b)^2=r^2$$

이다. 이 방정식을 중심이 (a, b)이고 반지름의 길이가 r인 원의 방정식이라 한다.

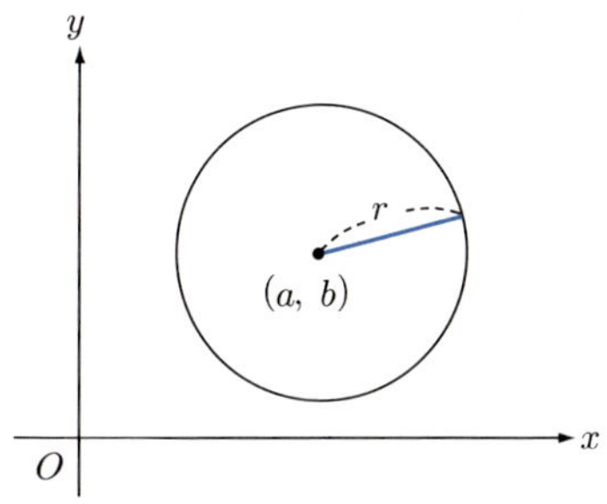

그림 3.8 원

예제 3.15_ 중심이 $(-1, 2)$이고 반지름의 길이가 6인 원의 방정식을 구하여라.

풀이 $(x-(-1))^2+(y-2)^2=6^2$이므로

$$(x+1)^2+(y-2)^2=36$$

이다.

문제 3.15 중심이 $(2, -1)$이고 반지름의 길이가 $\sqrt{7}$인 원의 방정식을 구하여라. ◀

예제 3.16_ $x^2+y^2-12x-4y-9=0$은 원의 방정식이다. 이 원의 중심과 반지름의 길이를 구하여라.

풀이 x와 y에 대하여 각각 완전제곱을 만들면

$$(x-6)^2+(y-2)^2=49$$

이므로 중심은 $(6, 2)$, 반지름의 길이는 7이다.

문제 3.16 $x^2+y^2+4x-6y-3=0$은 원의 방정식이다. 이 원의 중심과 반지름의 길이를 구하여라. ◀

일반적으로

$$x^2+y^2+Ax+By+C=0$$

은 원의 방정식이다. 따라서 이 방정식을 원의 방정식의 일반형이라 한다.

예제 3.17_ 중심이 $(-1, 1)$이고 점 $(1, 2)$를 지나는 원의 방정식을 구하여라.

풀이 점 $(-1, 1)$, $(1, 2)$ 사이의 거리가 반지름의 길이이므로

$$r=\sqrt{(1-(-1))^2+(2-1)^2}=\sqrt{5}$$

이다. 따라서 원의 방정식은

$$(x+1)^2+(y-1)^2=5$$

이다.

문제 3.17 두 점 $(-2, -5)$와 $(4, 3)$을 연결하면 지름이 되는 원의 방정식을 구하여라. ◀

예제 3.18_ 세 점 $(1, 1)$, $(0, 1)$, $(1, 2)$를 지나는 원의 방정식을 구하여라.

풀이 원의 중심 (a,b)에서 세 점은 모두 같은 거리에 있으므로

$$(a-1)^2+(b-1)^2=a^2+(b-1)^2$$
$$(a-1)^2+(b-1)^2=(a-1)^2+(b-2)^2$$

이다. 첫 번째 방정식을 풀면 $a=\frac{1}{2}$, 두 번째 방정식을 풀면 $b=\frac{3}{2}$임을 알 수 있다. 따라서 원의 중심은 $\left(\frac{1}{2}, \frac{3}{2}\right)$이다. 반지름은 중심에서 $(0, 1)$까지의 거리이므로

$$\sqrt{\left(\frac{1}{2}-0\right)^2+\left(\frac{3}{2}-1\right)^2}=\frac{\sqrt{2}}{2}$$

이다. 따라서 원의 방정식은

$$\left(x-\frac{1}{2}\right)^2+\left(y-\frac{3}{2}\right)^2=\frac{1}{2}$$

이다.

문제 3.18 중심이 $(3, 4)$이고 직선 $x-2y+3=0$에 접하는 원의 방정식을 구하여라. ◀

예제 3.19_ 영역 $(x-1)^2+y^2 \le 4$를 그려라.

풀이 좌변의 제곱근은 점 $(1, 0)$과 (x, y) 사이의 거리이다. 따라서 (x, y)는 점 $(1, 0)$과의 거리가 2보다 작거나 같은 점을 의미하므로 중심이 $(1, 0)$이고 반지름의 길이가 2인 원의 내부와 경계선이다.

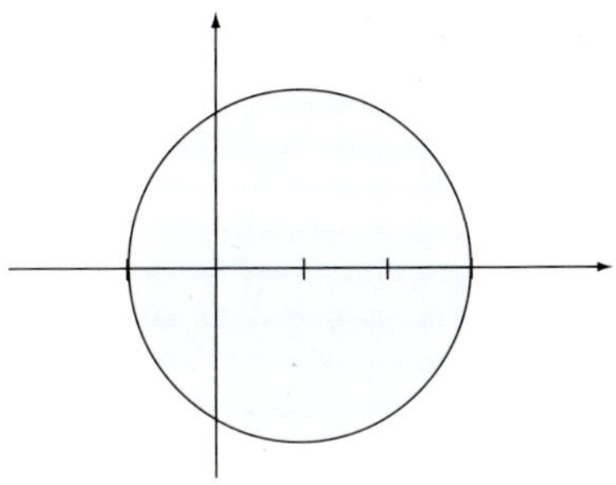

그림 3.9 영역 $(x-1)^2+y^2 \le 4$

문제 3.19 영역 $x^2+y^2+2x-2y<0$을 그려라. ◀

때로는 방정식이 원의 전체가 아니라 원의 일부분만 나타낼 때도 있다. 아래 예제에서와 같이 주어진 방정식을 제곱하여 계산할 때에는 원래 방정식에서의 변수의 범위에 유의하여야 한다.

예제 3.20_ 다음 방정식의 그래프를 그려라.

(1) $y=\sqrt{4-x^2}$ (2) $x=1-\sqrt{8-2y-y^2}$

풀이 (1) 양변을 제곱하면 $y^2=4-x^2$이므로

$$x^2+y^2=4$$

이다. 이것은 중심이 $(0, 0)$, 반지름의 길이가 2인 원이다. 그런데 $y=\sqrt{4-x^2}$에서 $y \ge 0$이어야 하므로 원의 윗부분이다(그림 3.10).

(2) 1을 좌변으로 이항하고 양변을 제곱하면

$$(x-1)^2 = 8-2y-y^2$$

이다. 우변을 완전제곱으로 만들고 좌변으로 이항하면

$$(x-1)^2 + (y+1)^2 = 9$$

이다. 그런데 $x = 1-\sqrt{8-2y-y^2} \le 1$이므로 중심이 $(1,\ -1)$이고 반지름의 길이가 3인 원에서 $x \le 1$인 부분이다(그림 3.11).

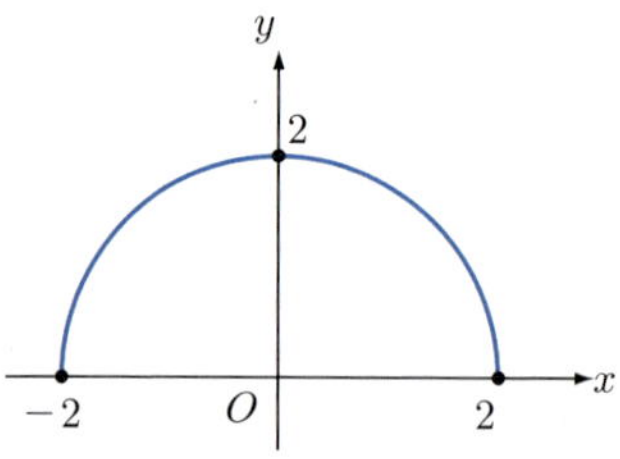

그림 3.10 $y = \sqrt{4-x^2}$

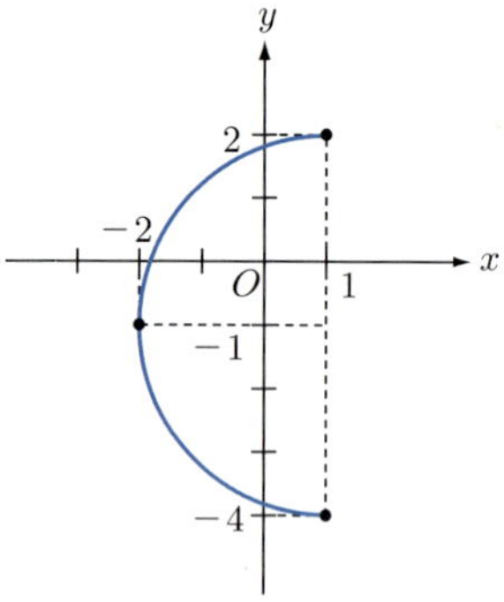

그림 3.11 $x = 1-\sqrt{8-2y-y^2}$

문제 3.20 다음 방정식의 그래프를 그려라.

(1) $y = -\sqrt{4-x^2}$　　　　(2) $x = \sqrt{4-y^2}$ ◀

평면 위에서 두 개의 점을 고정한 후 두 점을 실로 느슨하게 연결하고 연필 끝으로 실을 당기면서 그리면 어떤 곡선이 그려질지 생각해보자.

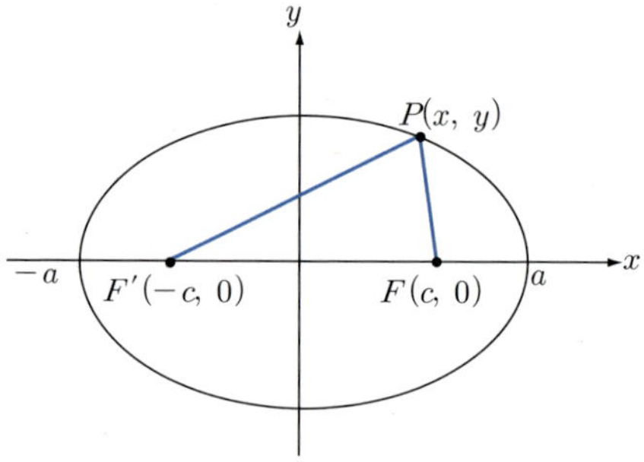

그림 3.12 타원

위의 그림 3.12와 같이 두 점 $F(c, 0)$, $F'(-c, 0)$을 고정하고 길이가 $2a$인 실

로 연결했다. 실을 당긴 점 $P(x, y)$를 이동시키면 그려지는 곡선을 **타원**(ellipse)이라 한다. 즉, 두 점으로부터의 거리의 합이 일정한 점들의 자취가 타원이다. 타원의 방정식을 구해보자. 타원의 정의로부터

$$PF + PF' = 2a$$

이므로

$$\sqrt{(x-c)^2 + y^2} + \sqrt{(x+c)^2 + y^2} = 2a$$
$$\sqrt{(x-c)^2 + y^2} = 2a - \sqrt{(x+c)^2 + y^2}$$

이다. 양변을 제곱하여 정리하면

$$(a^2 - c^2)x^2 + a^2y^2 = a^2(a^2 - c^2)$$

이다. $a > c$이므로 $a^2 - c^2 > 0$이다. $b^2 = a^2 - c^2$이라 놓고 양변을 a^2b^2으로 나누면

$$\frac{x^2}{a^2} + \frac{y^2}{b^2} = 1$$

을 얻게 되고, 이것이 타원의 방정식이다. 이 타원의 x절편은 $\pm a$이고 y절편은 $\pm b$임을 쉽게 알 수 있다. 또 F와 F'을 **타원의 초점**(focus)이라 한다.

예제 3.21_ 곡선 $9x^2 + 4y^2 = 36$이 타원의 방정식임을 보이고 그래프를 그려라.

풀이 양변을 36으로 나누면 $\frac{x^2}{2^2} + \frac{y^2}{3^2} = 1$이므로 타원이다(그림 3.13).

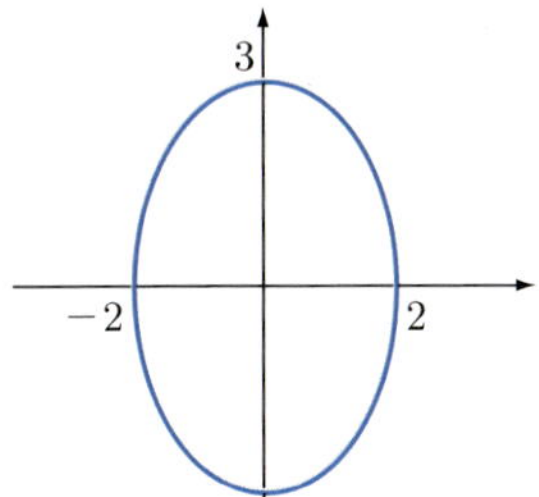

그림 3.13 $9x^2 + 4y^2 = 36$

문제 3.21 타원 $\frac{x^2}{25} + \frac{y^2}{16} = 1$의 그래프를 그려라. ◀

3.4 연습문제

1 다음 원의 중심과 반지름의 길이를 구하여라.

(1) $x^2+4x+y^2-2y=5$ (2) $2x^2-8x+2y^2-16=0$

2 중심이 $(2,-1)$이고, 점 $(-3,4)$를 지나는 원의 방정식을 구하여라.

3 세 점 $(4,2)$, $(1,3)$, $(-4,-2)$를 지나는 원의 방정식을 구하여라.

4 점 $A(-5,0)$에서 원 $x^2+y^2-2x+4y=4$에 그은 접선의 접점을 B라 할 때 선분 AB의 길이를 구하여라.

5 두 초점이 $F(\sqrt{2},0)$, $F'(-\sqrt{2},0)$이고 점 $(2,0)$을 지나는 타원의 방정식을 구하여라.

6 타원 $2x^2+15y^2=30$의 두 초점 사이의 거리는?

7 두 점 $F(0,3)$, $F'(0,-3)$으로부터의 거리의 합이 8로 일정한 점들의 자취가 $\dfrac{x^2}{a^2}+\dfrac{y^2}{b^2}=1$일 때 b^2-a^2을 구하여라.

8 타원 $\dfrac{x^2}{25}+\dfrac{y^2}{16}=1$의 두 초점을 F, F'라고 하자. 타원 위의 임의의 점 P에 대해 삼각형 FPF'의 둘레의 길이를 구하여라.

9 다음 곡선의 그래프를 그려라.

(1) $y=-\sqrt{25-x^2}$ (2) $x=1-\sqrt{-y^2-4y+21}$

10 곡선 $4x^2=36-9y^2$의 그래프를 그려라.

Chapter 04
집합과 함수

4.1 집 합
4.2 함 수
4.3 함수의 연산
4.4 역함수
4.5 함수의 그래프
4.6 이차함수
4.7 유리함수와 무리함수

4.1 집 합

집합(set)이란 어떤 대상들의 모임이고, 이 대상들을 그 집합의 **원소**(element)라 한다. A가 집합이고 a가 A의 원소일 때 $a \in A$라 나타내고, b가 A의 원소가 아닐 때 $b \notin A$라 나타낸다. 또 원소가 하나도 없는 집합을 **공집합**(empty set)이라 하고 $\varnothing$ 또는 $\{\ \}$이라 나타낸다.

예를 들어, 5 이하의 자연수의 집합을 A라 하면 A를 나타내는 방법은 다음 두 가지가 있다.

$$A = \{1, 2, 3, 4, 5\}$$
$$A = \{x : x\text{는 자연수이고 } x \le 5\}$$

첫 번째 방법으로 집합을 나타내는 것을 **원소나열법**이라 하고, 두 번째 방법으로 나타내는 것을 **조건제시법**이라 한다.

자주 쓰이는 수 집합에는 다음과 같은 것들이 있다.

$\mathbb{N} = \{1, 2, 3, \cdots\}$	: 자연수(natural number)의 집합
$\mathbb{Z} = \{\cdots, -2, -1, 0, 1, 2, \cdots\}$	: 정수(integer)의 집합
$\mathbb{Q} = \left\{\dfrac{q}{p} : p, q\text{는 정수}, p \ne 0\right\}$	: 유리수(rational number)의 집합
$\mathbb{Q}^c$	: 무리수(irrational number)의 집합
$\mathbb{R} = \mathbb{Q} \cup \mathbb{Q}^c$	: 실수(real number)의 집합
$\mathbb{C}$	: 복소수(complex number)의 집합

정의 4.1

두 집합 A, B에 대하여 A의 모든 원소가 B에도 속할 때 A는 B의 **부분집합**(subset) 또는 A는 B에 포함된다고 하고 $A \subset B$라 나타낸다. 또 $A \subset B$이고 $B \subset A$일 때 A와 B는 같다고 하고 $A = B$라 나타낸다.

모든 집합 A에 대하여 $\varnothing \subset A$이고 $A \subset A$이다.

예제 4.1_ (1) A를 $x^2 = 4$를 만족하는 정수들의 집합이라 할 때 A를 원소나열법과 조건제시법으로 나타내어라.

(2) 집합 $\mathbb{N}, \mathbb{Z}, \mathbb{Q}, \mathbb{R}, \mathbb{C}$ 의 포함관계를 나타내어라.

풀이 (1) $A=\{-2, 2\}$, $A=\{x\in \mathbb{Z} : x^2=4\}$

(2) $\mathbb{N} \subset \mathbb{Z} \subset \mathbb{Q} \subset \mathbb{R} \subset \mathbb{C}$

문제 4.1 (1) 0보다 크고 20보다 작으면서 12와는 1 이외의 공통인수를 갖지 않는 수의 집합을 구하시오.

(2) $A=\{1, 2\}$, $B=\{1, 2, 3, 4\}$일 때 $A \subset X \subset B$를 만족하는 집합 X를 모두 구하시오. ◀

두 실수 $a, b\,(a<b)$에 대하여 a와 b 사이의 모든 실수로 이루어진 집합을 **구간**(interval)이라 한다. 특히 a와 b가 포함되지 않을 때는 (a, b)라 나타내고 **열린구간**(open interval)이라 하며, a와 b를 포함할 경우는 $[a, b]$라 나타내고 **닫힌구간**(closed interval)이라 한다. 즉,

$$(a, b)=\{x\in \mathbb{R} : a<x<b\}$$
$$[a, b]=\{x\in \mathbb{R} : a\le x\le b\}$$

이다. 이밖에도 구간에는 다음과 같은 형태가 있다.

$$[a, b)=\{x\in \mathbb{R} : a\le x<b\}$$
$$(a, b]=\{x\in \mathbb{R} : a<x\le b\}$$
$$(a, \infty)=\{x\in \mathbb{R} : x>a\}$$
$$[a, \infty)=\{x\in \mathbb{R} : x\ge a\}$$
$$(-\infty, b)=\{x\in \mathbb{R} : x<b\}$$
$$(-\infty, b]=\{x\in \mathbb{R} : x\le b\}$$
$$(-\infty, \infty)=\mathbb{R}$$

구간 중 몇 가지를 수직선에 표시하면 다음 그림과 같다.

그림 4.1 구간 (a, b)

그림 4.2 구간 $[a, b]$

그림 4.3 구간 $[a, b)$

열린구간 (a, b)와 순서쌍 (a, b)의 표현이 같기는 하지만 앞뒤의 문맥을 살피면 구분할 수 있으므로 혼동될 염려는 없다.

예제 4.2_ 다음 구간을 조건제시법으로 나타내어라.

(1) $(-1, 8]$　　　　(2) $(-\infty, 9)$

풀이 (1) $\{x \in \mathbb{R} : -1 < x \le 8\}$

(2) $\{x \in \mathbb{R} : x < 9\}$

문제 4.2 다음 구간을 조건제시법으로 나타내어라.

(1) $[1, 4]$　　　　(2) $[-1, \infty)$ ◀

집합들 사이의 연산은 다음과 같이 정의된다.

정의 4.2

두 집합 A, B에 대하여

$A \cup B = \{x : x \in A$ 또는 $x \in B\}$: **합집합**(union)

$A \cap B = \{x : x \in A$ 이고 $x \in B\}$: **교집합**(intersection)

$A - B = \{x : x \in A$ 이고 $x \notin B\}$: **차집합**(difference)

두 집합의 합집합, 교집합, 차집합을 그림(**벤 다이어그램**이라 한다)으로 나타내면 다음과 같다.

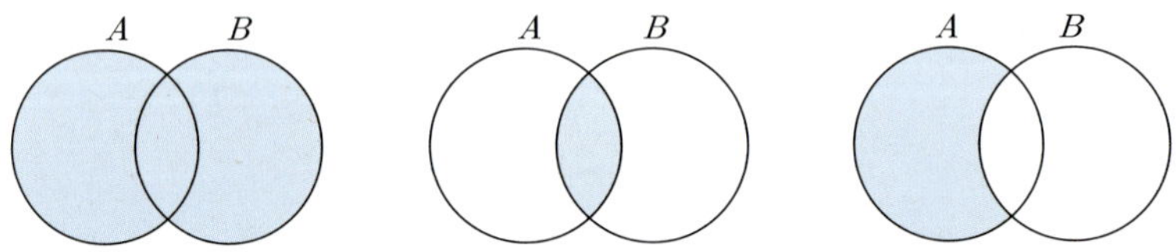

그림 4.4 $A \cup B$　　그림 4.5 $A \cap B$　　그림 4.6 $A - B$

예제 4.3_ $A = \{1, 2, 3, 4, 5, 6\}$, $B = \{1, 3, 5, 7, 9\}$일 때 $A \cup B$, $A \cap B$, $A - B$, $B - A$를 구하여라.

풀이 $A \cup B = \{1, 2, 3, 4, 5, 6, 7, 9\}$

$A \cap B = \{1, 3, 5\}$

$A - B = \{2, 4, 6\}$

$B - A = \{7, 9\}$

문제 4.3 $A=[-10,2]$, $B=(-\infty,1)$일 때 $A\cup B$, $A\cap B$, $A-B$, $B-A$를 구하여라. ◀

정의 4.3

두 집합 A, B에 대하여 A의 원소와 B의 원소의 순서쌍들의 집합을 A와 B의 카테시안 곱(Cartesian product)이라 하고 $A\times B$라 나타낸다. 즉,

$$A\times B=\{(a,b):a\in A,\ b\in B\}$$

이다.

예제 4.4_ $A=\{1,2\}$, $B=\{3,4\}$일 때 $A\times B$와 $B\times A$를 구하여라.

풀이 $A\times B=\{(1,3),(1,4),(2,3),(2,4)\}$
$B\times A=\{(3,1),(3,2),(4,1),(4,2)\}$

문제 4.4 $A=\{1,2\}$, $B=\{3,4,5\}$일 때 $A\times B$와 $B\times A$를 구하여라. ◀

$\mathbb{R}\times\mathbb{R}$을 간단히 $\mathbb{R}^2$이라 나타낸다. 따라서 $\mathbb{R}^2$은 평면 위의 모든 점들의 집합이다. 마찬가지로 $\mathbb{R}^3$은 $\mathbb{R}\times\mathbb{R}\times\mathbb{R}$, 즉 공간의 모든 점들의 집합이다.

4.1 연습문제

01 다음 집합을 원소나열법으로 나타내어라.

(1) $\{x\in\mathbb{R}:x^3=8\}$

(2) $\{x\in\mathbb{R}:|x|^3=8\}$

(3) $\{x\in\mathbb{Z}:|x|<1\}$

(4) $\{x\in\mathbb{Z}:x^4<0\}$

(5) $\{x\in\mathbb{Z}:-13\le x\le 15,\ x\text{는 3으로 나누어지는 수}\}$

2 $A=\{a,b,c,d,e,f\}$, $B=\{a,e,i,o,u\}$일 때 $A\cup B$, $A\cap B$, $A-B$, $B-A$

를 구하여라.

3 $A=(-5, 5)$, $B=(-1, \infty)$일 때 $A\cup B$, $A\cap B$, $A-B$, $B-A$를 구하여라.

4 40명 중 28명은 축구를 좋아하고, 16명은 야구를 좋아하며 10명은 둘 다 좋아한다. 축구나 야구를 좋아하지 않는 사람은 몇 명인가?

5 두 집합 $A=\{1,\ 2,\ 3,\ 4,\ 5\}$, $B=\{1,\ 3,\ 5\}$에 대하여 $(A\cup B)-X=B$이고 $X\subset A$일 때 집합 X의 원소의 개수를 구하여라.

6 자연수의 부분집합 A에 대하여, $n\in A$이면 $6-n\in A$를 만족하는 집합 A의 개수를 구하여라.

7 어느 학급의 50명의 학생 중, 보충수업에 사회과목을 신청한 학생이 28명, 과학과목을 신청한 학생이 37명이다. 사회와 과학 과목을 동시에 신청한 학생수를 k라 할 때 k의 최댓값과 최솟값의 합은?

8 각각 7개의 원소를 가진 세 집합 A, B, C가 있다. $A\cup B\cup C$의 원소의 개수가 14개, $A\cap B\cap C$의 원소의 개수가 6개일 때 위의 세 집합 중 두 집합에 동시에 속하는 원소의 개수를 구하여라.

4.2 함 수

수학에서는 두 집합 사이의 관계를 다룰 때가 많다. 예를 들면, 여름에 기온이 올라가면 에어컨을 사용하므로 전기 사용량이 늘어나게 되는데 이것은 기온과 전기 사용량의 관계이다. 이렇게 두 집합 사이의 관계를 나타내는 수학적 표현이 함수이다.

정의 4.4

두 집합 X, Y가 있을 때 X의 각 원소 x에 대하여 Y의 단 하나의 원소 y를 대응시키는 규칙을 **함수**(function)라 하고

$$f : X \to Y$$
$$x \mapsto y = f(x)$$

라 나타낸다. 이때

X를 **정의역**(domain),
Y를 **공역**(codomain),
$f(x)$를 $x \in X$의 **함수값**(image),
$f(X) = \{f(x) : x \in X\}$를 **치역**(range)

이라 하며 함수 f의 정의역을 $D(f)$로 나타내기도 한다. 함수를 그림 4.7처럼 나타낼 수 있다.

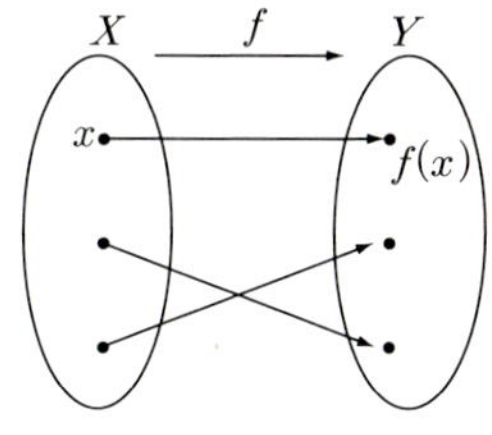

그림 4.7 함수

쉽게 설명하면 함수란 각각의 입력에 대해서 단 하나씩의 출력이 나오는 규칙이다. 예를 들면, 동전을 넣으면 물건이 반드시 하나씩 나오는 자동판매기와 같은 것이다.

예제 4.5_ $f(x) = x^2 - 2$일 때 다음을 구하여라.

(1) $f(1)$　　(2) $f(6)$

(3) $f\left(-\frac{1}{2}\right)$　　(4) $f(f(3))$

풀이 (1) $f(1) = 1^2 - 2 = -1$

(2) $f(6) = 6^2 - 2 = 34$

(3) $f\left(-\frac{1}{2}\right) = \left(-\frac{1}{2}\right)^2 - 2 = -\frac{7}{4}$

(4) $f(f(3)) = f(3^2 - 2) = f(7) = 7^2 - 2 = 47$

문제 4.5 $f(x) = \begin{cases} x^2, & x < 1 \\ 2 - x, & x \geq 1 \end{cases}$ 일 때 다음을 구하여라.

(1) $f(-2)$　　(2) $f(1)$

(3) $f(2)$　　(4) $f(f(-\sqrt{5}))$ ◀

함수를 나타낼 때는 정의역, 공역, 대응규칙을 모두 나타내 주어야 하는 것이 원칙이지만, 간단히 대응규칙 $y = f(x)$만으로 함수를 나타내기도 한다. 이때 정의역은 $f(x)$를 나타내는 식이나 문장이 의미를 갖는 모든 x들의 집합으로 약속하고, 공역은 $f(x)$ 값들의 집합으로 약속한다. 함수 $y = f(x)$에서 x를 **독립변수**(independent variable), y를 **종속변수**(dependent variable)라 한다.

예제 4.6_ 다음 함수의 정의역을 구하여라.

(1) $f(x) = x + 1$　　(2) $f(x) = \frac{1}{x - 3}$

(3) $f(x) = \frac{1}{x^2 - 2x}$　　(4) $f(x) = \frac{1}{\sqrt{9 - x^2}}$

풀이 (1) 모든 실수 x에 대하여 정의되므로 정의역은 $\mathbb{R}$

(2) $x = 3$에서 정의되지 않으므로 정의역은 $\mathbb{R} - \{3\}$

(3) $x^2 - 2x \neq 0$이어야 하므로 $x \neq 0, 2$이다. 따라서 정의역은 $\mathbb{R} - \{0, 2\}$

(4) $9 - x^2 > 0$이어야 하므로 $-3 < x < 3$이다.

문제 4.6 다음 함수의 정의역을 구하여라.

(1) $f(x) = \frac{1}{x^2 + 1}$　　(2) $f(x) = \sqrt{x - 2}$

(3) $f(x)=\dfrac{2}{4-|x|}$

(4) $f(x)=\sqrt{1-x}+\dfrac{1}{\sqrt{1+x}}$ ◀

예제 4.7_ $f(x)=2x^2+x-1$일 때 다음을 구하여라.

(1) $f(a)$

(2) $f(-a)$

(3) $f(a+h)$

(4) $\dfrac{f(a+h)-f(a)}{h}$

풀이 (1) $f(a)=2a^2+a-1$

(2) $f(-a)=2(-a)^2+(-a)-1=2a^2-a-1$

(3) $f(a+h)=2(a+h)^2+(a+h)-1=2a^2+4ah+2h^2+a+h-1$

(4) $\dfrac{f(a+h)-f(a)}{h}=\dfrac{(2a^2+4ah+2h^2+a+h-1)-(2a^2+a-1)}{h}$

$$=\frac{4ah+2h^2+h}{h}=4a+2h+1$$

문제 4.7 $f(x)=\dfrac{1}{x+1}$이고, $a\neq\pm1$, $a+h\neq-1$일 때 다음을 구하여라.

(1) $f(a)$

(2) $f(-a)$

(3) $f(a+h)$

(4) $\dfrac{f(a+h)-f(a)}{h}$ ◀

예제 4.8_ 함수 f가 $f(1-x)=2x$를 만족할 때 $f(3x)$를 구하여라.

풀이 $f(1-x)=2x$에서 독립변수 x를 s로 바꾸면

$$f(1-s)=2s$$

이다. $1-s=3x$라 하면 $s=1-3x$이므로

$$f(3x)=f(1-s)=2s=2(1-3x)=-6x+2$$

이다.

문제 4.8 함수 f가 $f(x+1)=x^2$를 만족할 때 $f(x-2)$를 구하여라. ◀

정의역의 모든 원소가 공역의 하나의 원소에 대응하는 함수를 **상수함수**(constant function)라 한다. 예를 들면

$$f(x)=3,\quad g(x)=0$$

은 상수함수이다. 또 정의역과 치역이 같고 $f(x)=x$인 함수를 **항등함수**(identity function)라 하고 I라 나타낸다. 즉, $I(x)=x$이다.

4.2 연습문제

1 다음 함수의 정의역을 구하여라.

(1) $f(x)=x+1$

(2) $f(x)=\dfrac{(x+1)^2}{x+1}$

(3) $f(x)=\dfrac{1}{x^2-x-6}$

(4) $f(x)=\sqrt{x^2-x-6}$

(5) $f(x)=\dfrac{1}{\sqrt{x+3}}$

(6) $f(x)=\dfrac{1}{|x-1|+|x+1|}$

2 $f(x)=\dfrac{1-x}{1+x}$일 때 다음을 구하여라.

(1) $f(2)$

(2) $f\left(\dfrac{1}{2}\right)$

(3) $f(a+1)$

(4) $f\left(\dfrac{1}{a}\right)$

3 다음 함수에 대하여 $\dfrac{f(a+h)-f(a)}{h}$를 구하여라.

(1) $f(x)=3$

(2) $f(x)=2x+3$

(3) $f(x)=3x^2-2x+2$

(4) $f(x)=\dfrac{1}{x+2}$

4 함수 $f:\mathbb{R}\to\mathbb{R}$가 $f(3)=2$와 $f(x+3)=f(3)f(x)$를 만족할 때 $f(-3)$을 구하여라.

5 $(1-x^2+x^4)^{2005}=a_0+a_1x+a_2x^2+\cdots+a_{8020}x^{8020}$라 할 때 다음을 구하여라.

(1) a_0

(2) $a_0+a_1+a_2+\cdots+a_{8020}$

(3) $a_0-a_1+a_2-a_3+\cdots-a_{8019}+a_{8020}$

6 $f(x)=2x^2-3x+1$일 때 $f(4x)$를 구하여라.

7 $f(x+1)=x^2+3x+5$일 때 $f(x)$를 구하여라.

수학카페

스도쿠

오일러(L.Euler, 1707-1783)가 만든 퍼즐 게임에서 유래했으며, 1970년대 미국에서 '넘버 플레이스'란 게임으로 소개되기도 했다. 스도쿠라는 이름은 1980년대 일본의 한 출판사가 도입한 이름으로 게임 방법은 다음과 같다.

가로와 세로 9칸씩 총 81칸 정사각형 안에 다음과 같은 세 가지 규칙으로 숫자를 채워 넣는다.

1. 9칸의 가로에 1~9를 한번씩만 채워 넣는다.
2. 9칸의 세로에 1~9를 한번씩만 채워 넣는다.
3. 가로, 세로 3줄로 이루어진 작은 사각형 안에 1~9를 한번씩만 채워 넣는다.

이 규칙을 따라서 다음 빈칸에 숫자를 채워 넣어보자.

		4			8	1		9
	1			9	2			5
9		8				4	2	
4	9		1		5			6
	7			4		9		
8		5	7		9		4	1
	6					5	1	
		2	9	3			7	8
7	8		6		4	2		

4.3 함수의 연산

기존의 함수를 연산하여 새로운 함수를 만드는 방법에는 몇 가지가 있다. 먼저 두 함수의 합, 차, 곱, 몫에 대하여 알아보자.

정의 4.5

두 함수 f, g에 대하여 합 $f+g$, 차 $f-g$, 곱 fg, 몫 $\dfrac{f}{g}$는 다음과 같이 정의된다.

$$(f+g)(x)=f(x)+g(x)$$
$$(f-g)(x)=f(x)-g(x)$$
$$(fg)(x)=f(x)g(x)$$
$$\left(\frac{f}{g}\right)(x)=\frac{f(x)}{g(x)}$$

이 함수들의 정의역은 f의 정의역과 g의 정의역의 교집합이고, 특히 $\dfrac{f}{g}$의 정의역은 $g(x)=0$인 x는 제외하여야 한다.

예제 4.9_ $f(x)=2x+1$, $g(x)=\sqrt{x}$일 때 다음을 구하여라.

(1) $(f+g)(4)$, $(f-g)(4)$, $(fg)(2)$, $\left(\dfrac{f}{g}\right)(2)$

(2) 함수 $f+g$, $f-g$, fg, $\dfrac{f}{g}$와 정의역

풀이 (1) $(f+g)(4)=f(4)+g(4)=9+2=11$

$(f-g)(4)=f(4)-g(4)=9-2=7$

$(fg)(2)=f(2)g(2)=5\sqrt{2}$

$\left(\dfrac{f}{g}\right)(2)=\dfrac{f(2)}{g(2)}=\dfrac{5}{\sqrt{2}}$

(2) f의 정의역은 $\mathbb{R}$ 이고 g의 정의역은 $x\geq 0$이다. 따라서

$$(f+g)(x)=f(x)+g(x)=2x+\sqrt{x}+1,\ x\geq 0$$
$$(f-g)(x)=f(x)-g(x)=2x-\sqrt{x}+1,\ x\geq 0$$
$$(fg)(x)=f(x)g(x)=(2x+1)\sqrt{x},\ x\geq 0$$
$$\left(\frac{f}{g}\right)(x)=\frac{f(x)}{g(x)}=\frac{2x+1}{\sqrt{x}},\ x>0$$

문제 4.9 $f(x)=\sqrt{x}$, $g(x)=\sqrt{25-x^2}$ 일 때 다음을 구하여라.

(1) $(f+g)(4)$, $(f-g)(4)$, $(fg)(3)$, $\left(\frac{f}{g}\right)(3)$

(2) 함수 $f+g$, $f-g$, fg, $\frac{f}{g}$와 정의역 ◀

앞 절에서 함수란 자동판매기와 같은 것이라고 했다. 때로는 먼저 지폐를 동전으로 바꾸는 교환기를 이용한 후 동전으로 자동판매기를 이용하는 경우도 있다. 이와 같이 두 관계를 연속으로 적용하는 것을 합성이라 한다.

정의 4.6

두 함수 f와 g의 **합성함수**(composite function) $g \circ f$는 다음과 같이 정의된다.

$$(g \circ f)(x)=g(f(x))$$

합성함수의 정의역은 f의 정의역의 원소 중에서 $f(x)$가 g의 정의역에 속하는 x들의 집합이다. 즉,

$$D(g \circ f)=\{x \in D(f) : f(x) \in D(g)\}$$

이다.

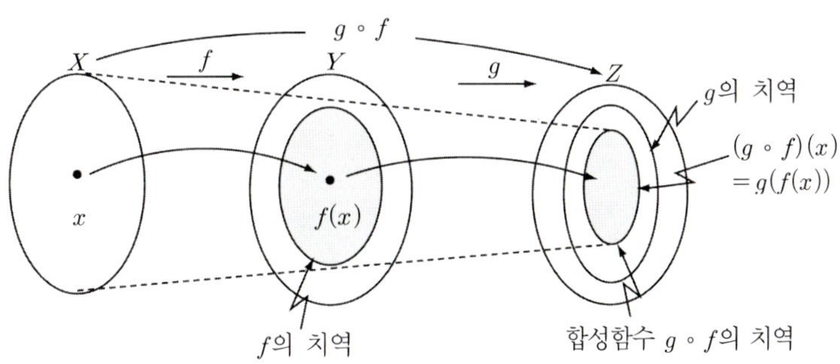

그림 4.8

예제 4.10_ $f(x)=\sqrt{x}$, $g(x)=x-3$일 때 다음을 구하여라.

(1) $(f \circ g)(4)$와 $(g \circ f)(4)$

(2) 함수 $f \circ g$, $g \circ f$와 정의역

풀이 (1) $(f\circ g)(4)=f(g(4))=f(1)=1$, $(g\circ f)(4)=g(f(4))=g(2)=-1$

(2) f의 정의역은 $x\geq 0$이고 g의 정의역은 $\mathbb{R}$이다.

$$(f\circ g)(x)=f(g(x))=f(x-3)=\sqrt{x-3}$$

이고 정의역은

$$\begin{aligned}D(f\circ g)&=\{x\in D(g):g(x)\in D(f)\}\\&=\{x\in\mathbb{R}:g(x)=x-3\geq 0\}=[3,\infty)\end{aligned}$$

이다. 또

$$(g\circ f)(x)=g(f(x))=g(\sqrt{x})=\sqrt{x}-3$$

이고 정의역은

$$\begin{aligned}D(g\circ f)&=\{x\in D(f):f(x)\in D(g)\}\\&=\{x\geq 0:f(x)=\sqrt{x}\in\mathbb{R}\}=[0,\infty)\end{aligned}$$

이다.

위 예제에서 알 수 있듯이 일반적으로

$$(f\circ g)(x)\neq(g\circ f)(x)$$

로 함수의 합성은 교환법칙이 성립하지 않는다. 하지만

$$\begin{aligned}(f\circ(g\circ h))(x)&=f((g\circ h)(x))=f(g(h(x)))\\&=(f\circ g)(h(x))=((f\circ g)\circ h)(x)\end{aligned}$$

이므로 함수의 합성에 대하여 결합법칙은 성립한다.

문제 4.10 $f(x)=\dfrac{2x}{x-1}$, $g(x)=\sqrt{4-x}$ 일 때 다음을 구하여라.

(1) $(f\circ g)(0)$와 $(g\circ f)(2)$

(2) 함수 $f\circ g$와 $g\circ f$의 정의역 ◀

예제 4.11_ A는 길이가 100m인 직선 주로를 9m/sec의 속도로 뛰고, B는 결승점으로부터 주로와 수직 10m 지점에서 이 광경을 보고 있다.

(1) A와 결승점까지의 거리를 d라 하고, A와 B 사이의 거리를 l이라 할 때 l을 d의 함수, 즉 $l=f(d)$로 나타내어라.

(2) A가 출발한 지 t초 후 d를 t의 함수, 즉 $d=g(t)$로 나타내어라.

(3) $(f \circ g)(t)$를 구하고, 이 함수가 의미하는 바를 설명하여라.

풀이 (1) 피타고라스 정리에 의해 $l=\sqrt{d^2+100}$

(2) $d=100-9t$

(3) $(f \circ g)(t)=f(g(t))=f(100-9t)=\sqrt{81t^2-1800t+10100}$
이다. 이 함수는 A가 출발한 지 t초 후 A와 B 사이의 거리를 나타낸다.

문제 4.11 어떤 공장의 하루 생산량 q는 노동자의 인원수 n에 따라

$$q=g(n)=n^2+n+3$$

으로 주어지고, 총 매출액은 $r=f(q)=500q$라 하자. $(f \circ g)(n)$를 구하고 이 합성함수가 의미하는 바를 설명하여라. ◀

4.3 연습문제

1 $f(x)=\dfrac{1}{x+1}$, $g(x)=\dfrac{x}{x+1}$일 때 함수 $f+g$, $f-g$, fg, $\dfrac{f}{g}$와 정의역을 구하여라.

2 $f(x)=\sqrt{x-2}$, $g(x)=\sqrt{4-x^2}$일 때 다음을 구하여라.

(1) 함수 $f \circ g$와 정의역

(2) 함수 $g \circ f$와 정의역

3 $f(x)=x-a$일 때 $(f \circ f)(2)=a$가 되는 a를 구하여라.

4 다음 함수 h에 대하여 $h(x)=(f \circ g)(x)$로 나타낼 수 있는 함수 f와 g를 구하여라.

(1) $h(x)=(2x+3)^4$

(2) $h(x)=(x+2)^3-(x+2)+1$

5 세 함수 $f(x)=x-2$, $g(x)=x^2-1$, $h(x)=3x+1$에 대하여 합성함수

$h \circ (g \circ f)$와 $(h \circ g) \circ f$를 각각 구하여라.

6 $f(x) = ax + 6$, $g(x) = -x - a$에 대하여 $f \circ g = g \circ f$가 되도록 상수 a의 값을 구하여라.

7 $f\left(\dfrac{2x-1}{3}\right) = 4 - 2x$일 때 $(f \circ f)(1)$의 값을 구하여라.

8 $f(x) = ax$이고 $f \circ f$가 항등함수라고 한다. 함수 $f(x)$를 구하여라. (단, f의 정의역은 실수 전체의 집합)

수학카페

여성 수학자 히파티아(Hypatia, 370-415)

히파티아는 수학자였던 아버지로부터 수학교육을 받았고 수학과 천문학을 좋아하였으며 알렉산드리아의 철학 교수가 되었다. 그녀는 폭넓은 지식과 미모를 갖춘 최고의 학자로 많은 제자를 배출하였다.

그러나 이 여성 학자에게 어려움이 닥쳤다. 그 당시 기독교의 교세는 날로 확장되었는데 히파티아는 기독교 사상을 받아들이지 않았다. 415년 알렉산드리아의 기독교 교구장이던 키릴로스는 이교도들에 대해 증오심을 가지고 있었는데, 그가 선동한 폭도들이 히파티아를 마차에서 끌어내어 교회에서 참살하였다. 마르자 드스지엘그카의 《히파티아》라는 책은 그녀의 일생을 다룬 전기다.

4.4 역함수

a가 임의의 실수일 때

$$a+(-a)=(-a)+a=0$$

이다. 이때 $-a$를 a의 덧셈에 대한 **역원**이라 한다. 또 a가 0 아닌 실수일 때

$$aa^{-1}=a^{-1}a=1$$

이고, a^{-1}를 a의 곱셈에 대한 역원이라 한다. f가 적당한 조건을 만족하는 함수이면 f에 대해서도 역원과 비슷한 관계를 만족하는 함수가 있다. 이 절에서는 이러한 함수가 존재하기 위한 조건과 그 성질에 대해서 알아보자.

정의 4.7

함수 f가 모든 $a,b\in D(f)$에 대하여

$$f(a)=f(b) \quad \Rightarrow \quad a=b$$

또는

$$a\neq b \quad \Rightarrow \quad f(a)\neq f(b)$$

를 만족하면 **일대일 함수**(one to one function)라 한다.

예제 4.12_ 함수 $f(x)=\dfrac{x+1}{x-1}$은 일대일 함수임을 보여라.

풀이 $f(a)=f(b)$라 하면 $\dfrac{a+1}{a-1}=\dfrac{b+1}{b-1}$이므로

$$(a+1)(b-1)=(a-1)(b+1)$$

이고, 양변을 전개하면

$$ab-a+b-1=ab+a-b-1$$
$$2a=2b$$

이다. 따라서 $a=b$이므로 일대일 함수이다.

문제 4.12 함수 $f(x)=2x+1$은 일대일 함수임을 보여라. ◀

몇 개의 함수를 다음 그림에서 살펴보자.

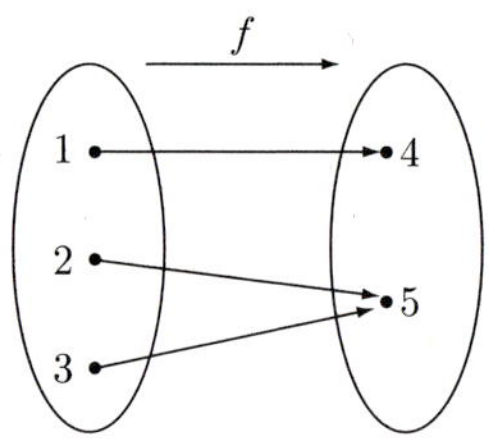

그림 4.9

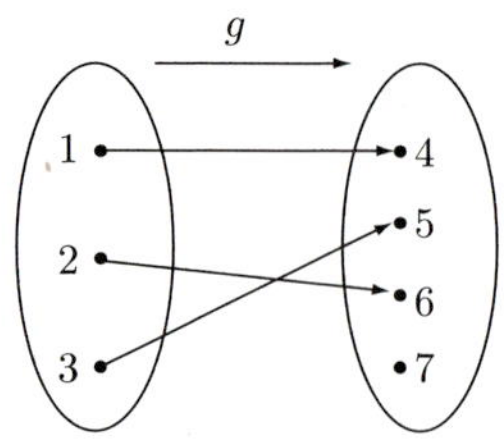

그림 4.10

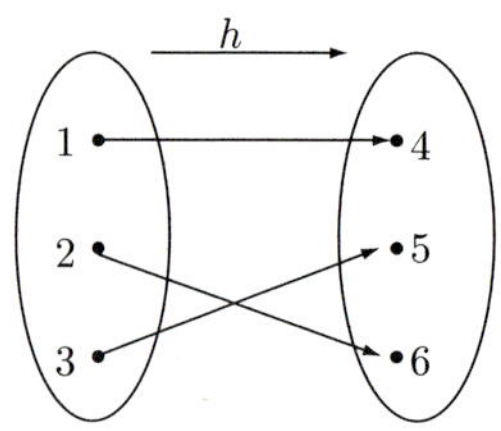

그림 4.11

함수 f는 $f(2)=f(3)$이므로 일대일 함수가 아니다. 함수 g는 공역과 치역이 같지 않다. 마지막으로 함수 h는 일대일 함수이고 공역과 치역이 같다. 각 함수에서 화살표의 방향을 반대로 해보자. 그러면 f와 g의 경우는 함수가 되지 않고 h의 경우는 함수가 됨을 쉽게 알 수 있다. 이렇게 대응관계를 역으로 한 함수를 원래 함수의 역함수라 한다.

정의 4.8

f가 정의역이 X이고 치역이 Y인 함수라 하자. f의 **역함수**(inverse function) f^{-1}은 정의역이 Y이고 치역이 X인 함수로서 다음과 같이 정의된다.

$$f^{-1}(y)=x \quad \Leftrightarrow \quad f(x)=y$$

f^{-1}은 f의 역함수를 의미하고 $(f(x))^{-1}$은 $\dfrac{1}{f(x)}$를 의미한다. 즉, -1이 함수를 표현하는 문자의 지수처럼 쓰일 때는 역함수를 의미하고, 숫자의 지수로 쓰일 때는 역수를 의미한다.

예제 4.13_ $f(1)=3$, $f(2)=-8$일 때 $f^{-1}(3)$, $f^{-1}(-8)$의 값을 구하여라.

풀이 $f(1)=3$이므로 $f^{-1}(3)=1$이고, $f(2)=-8$이므로 $f^{-1}(-8)=2$이다.

문제 4.13 함수 $f(x)=2x-1$에 대하여 $f^{-1}(5)$의 값을 구하여라. ◀

함수 f가 x를 y에 대응시켜주는 관계라면 f^{-1}는 y를 x에 대응시켜주는 관계이다. 즉, x와 y의 역할이 뒤바뀌었다고 생각할 수 있다. 따라서 역함수를 구할 때는 다음 순서대로 하면 편리하다.

1. 함수를 $y=f(x)$ 형태로 쓴다.
2. 이 식을 x에 대해 풀어서 $x=g(y)$ 형태로 나타낸다.
3. x와 y를 바꾸면 $y=g(x)$가 $f(x)$의 역함수이다. 즉 $g(x)=f^{-1}(x)$이다.

예제 4.14_ 다음 함수의 역함수를 구하여라.

(1) $f(x)=3x-2$ (2) $f(x)=\dfrac{x}{x+2}$

풀이 (1) $y=3x-2$라 하고 x에 대해서 풀면

$$x=\frac{1}{3}(y+2)$$

이고, x와 y를 바꾸면

$$y=\frac{1}{3}(x+2)$$

이다. 따라서 $f^{-1}(x)=\dfrac{1}{3}(x+2)$이다.

(2) $y=\dfrac{x}{x+2}$라 하고 x에 대해서 풀면

$$x=\frac{2y}{1-y}$$

이고, x와 y를 바꾸면

$$y=\frac{2x}{1-x}$$

이다. 따라서 $f^{-1}(x)=\dfrac{2x}{1-x}$이다.

문제 4.14 다음 함수의 역함수를 구하여라.

(1) $f(x)=2x+1$ (2) $f(x)=\dfrac{x^3-2}{3}$ ◀

역함수는 다음과 같은 성질을 가짐을 쉽게 알 수 있다.

정리 4.9

함수 $f: X \to Y$의 역함수가 f^{-1}일 때 다음 관계를 만족한다.

모든 $x \in X$에 대하여 $(f^{-1} \circ f)(x) = x$, 즉 $f^{-1} \circ f = I$

모든 $y \in Y$에 대하여 $(f \circ f^{-1})(y) = y$, 즉 $f \circ f^{-1} = I$

역으로 위의 관계식을 만족하는 함수 f^{-1}은 f의 역함수이다. 즉,

$$g \circ f = I, \quad f \circ g = I$$

를 만족하면 $g = f^{-1}$이다.

예제 4.15_ 두 함수 f, g의 역함수가 존재할 때 $(f \circ g)^{-1} = g^{-1} \circ f^{-1}$임을 보여라.

풀이 함수의 합성은 결합법칙이 성립하므로

$$\begin{aligned}(g^{-1} \circ f^{-1}) \circ (f \circ g) &= g^{-1} \circ (f^{-1} \circ f) \circ g = g^{-1} \circ I \circ g \\ &= g^{-1} \circ g = I\end{aligned}$$

이고

$$\begin{aligned}(f \circ g) \circ (g^{-1} \circ f^{-1}) &= f \circ (g \circ g^{-1}) \circ f^{-1} = f \circ I \circ f^{-1} \\ &= f \circ f^{-1} = I\end{aligned}$$

이다. 따라서 정리 4.9에 의해서 $(f \circ g)^{-1} = g^{-1} \circ f^{-1}$이다.

문제 4.15 함수 f의 역함수가 존재할 때 $(f^{-1})^{-1} = f$임을 보여라. ◀

4.4 연습문제

1 다음 함수가 일대일 함수인지 아닌지 판별하여라.

(1) $f(x) = \sqrt{x} + 2$

(2) $f(x) = (x+2)^2$

2 다음 함수의 역함수를 구하여라.

(1) $f(x)=\dfrac{2x+1}{x-2}$ (2) $f(x)=\sqrt{2+5x}$

3 섭씨온도를 C, 화씨온도를 F라 할 때

$$F=\frac{9}{5}C+32$$

는 섭씨온도를 화씨온도로 바꾸는 함수이다.

(1) 이 함수의 역함수를 구하여라.

(2) 이 함수의 역함수는 어떤 의미를 갖는가?

4 $f(x)=\begin{cases} x-3, & x \le 0 \\ (4-k^2)x-3, & x>0 \end{cases}$의 역함수가 존재하도록 하는 정수 k의 개수를 구하여라.

5 두 함수 $f(x)=3x+1$, $g(x)=-x+2$에 대하여 $(f\circ g^{-1})(a)=1$을 만족하는 상수 a의 값을 구하여라.

6 $f(x)=x+1$, $g(x)=3x-2$에 대하여 $(f\circ(g\circ f)^{-1}\circ f)(2)$의 값을 구하여라.

7 함수 $f:R\rightarrow R$(R은 실수 전체의 집합)의 역함수 f^{-1}가 존재할 때 0이 아닌 상수 k에 대해 $y=f^{-1}(kx)$의 역함수를 $f(x)$를 이용하여 표현하여라.

4.5 함수의 그래프

함수를 집합이나 그림으로 나타내면 편리할 때가 많은데 이 집합이나 그림을 그래프라 한다.

정의 4.9

함수 f의 정의역이 X일 때

$$\{(x,\ f(x)) : x \in X\}$$

를 f의 **그래프**(graph)라 한다.

예를 들어 함수 $f : \{1,\ 2,\ 3\} \to \{0,\ 1,\ 2\}$, $f(x) = x - 1$의 그래프는

$$\{(1,\ 0),\ (2,\ 1),\ (3,\ 2)\}$$

이다. 하지만 함수의 그래프를 이렇게 집합으로 표현하기보다는 평면 위에 그림으로 다음과 같이 나타내는 것이 편리하다.

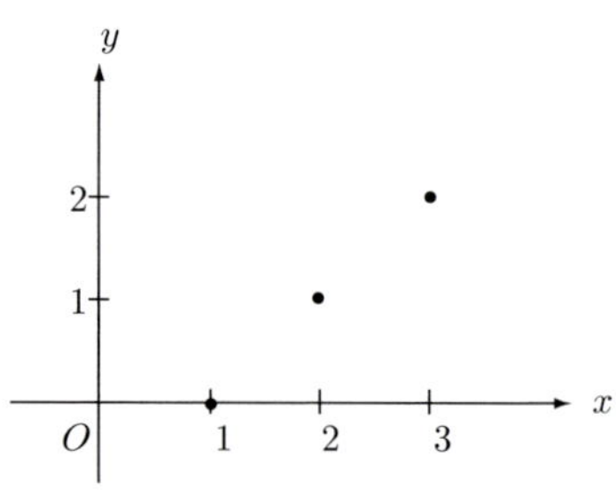

그림 4.12 함수의 그래프

우리가 다루는 대부분의 함수는 정의역이 유한개의 원소로 이루어진 집합이 아니라 정의역이 실수 전체이거나 구간의 형태로 주어진 함수이다. 따라서 이러한 함수의 그래프는 평면 위에서 점들이 연결된 직선이나 곡선으로 나타나게 된다. 함수의 그래프는 다음 방법으로 그릴 수 있다.

1. $y = f(x)$에서 x에 몇 개의 값을 대입하여 얻은 $(x,\ f(x))$를 평면 위에 표시한다.

2. 표시된 점을 x좌표가 정의역에 포함된 영역에서 연결한다.

예제 4.16_ 다음 함수의 그래프를 그려라.

(1) $y=x-1$ (2) $y=x^2$

풀이 (1) x에 0, 1, 2, 3을 대입하면

$$f(0)=-1,\ f(1)=0,\ f(2)=1,\ f(3)=2$$

이므로 $(0,-1)$, $(1,0)$, $(2,1)$, $(3,2)$를 지난다. 이 점들을 연결하면 아래 그림 4.13과 같은 직선이 된다.

(2) x에 -2, -1, 0, 1, 2를 대입하면

$$f(-2)=4,\ f(-1)=1,\ f(0)=0,\ f(1)=1,\ f(2)=4$$

이므로 $(-2,4), (-1,1), (0,0), (1,1), (2,4)$를 지난다. 이 점들을 연결하면 아래 그림 4.14와 같은 포물선이다.

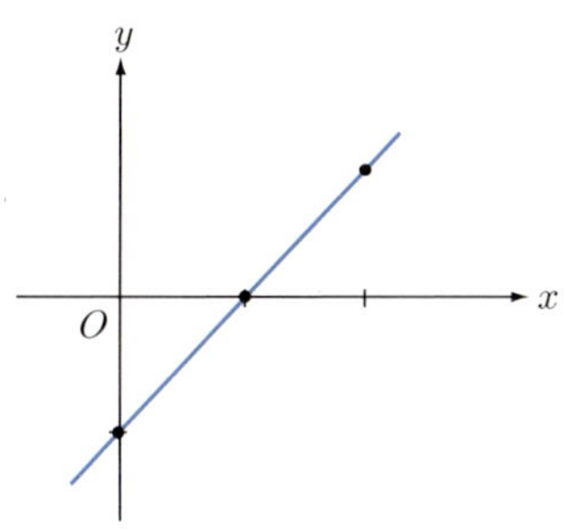

그림 4.13 $y=x-1$

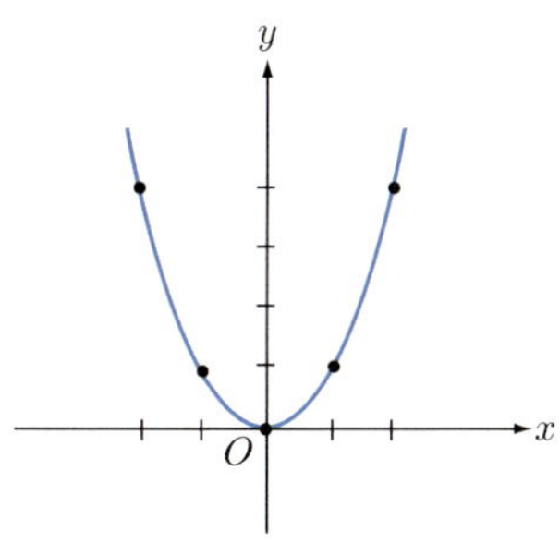

그림 4.14 $y=x^2$

문제 4.16 다음 함수의 그래프를 그려라.

(1) $y=x^3$ (2) $y=\sqrt{x}$ ◀

가우스 함수는 다음과 같이 정의되는 함수이다.

$$[x]=x\text{를 넘지 않는 최대정수}$$

예를 들면 $[3]=3$, $[3.2]=3$, $[1.99]=1$, $[-2,35]=-3$ 이다.

예제 4.17_ 가우스 함수 $y=[x]$의 그래프를 그려라.

풀이

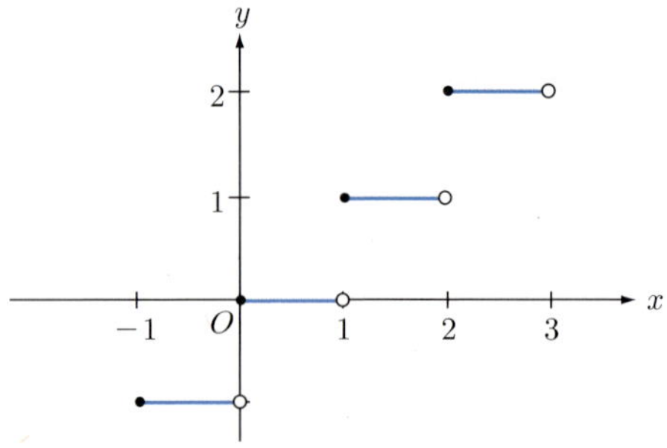

그림 4.15 $y=[x]$

문제 4.17 절댓값 함수 $y=|x|$의 그래프를 그려라. ◀

그래프가 x축과 만나는 점을 x절편이라 하고, y축과 만나는 점을 y절편이라 한다. 즉, $y=f(x)$에서 $y=0$일 때의 x값이 x절편이고, $x=0$일 때의 y값이 y절편이다. 절편을 알면 그래프를 그릴 때 매우 편리하다.

예제 4.18_ 곡선 $y=x^2+2x-3$의 x절편과 y절편을 구하여라.

풀이 $y=0$이라 하면

$$x^2+2x-3=0$$

이므로

$$x=-3,\ 1$$

이다. 따라서 x절편은 $-3, 1$이다. $x=0$이라 하면 $y=-3$이므로 y절편은 -3이다.

문제 4.18 $y=3x-2$의 x절편과 y절편을 구하여라. ◀

$y=x^2$의 그래프(그림 4.15)를 이용하여 $y=(x-1)^2$의 그래프를 그려보자. $y=x^2$의 $x=a$에서의 함수값은 $y=(x-1)^2$의 $x=a+1$에서의 함수값과 같다. 따라서 $y=x^2$의 그래프를 x축 방향으로 1만큼 평행 이동하면 $y=(x-1)^2$의 그래프가 됨을 알 수 있다(그림 4.16). 또 $y=x^2+2$의 그래프를 생각해보자. $x=a$에서 $y=x^2$의 함수값은 a^2이고, $y=x^2+2$의 함수값은 a^2+2이다. 즉,

$y=x^2+2$의 함수값은 $y=x^2$의 함수값보다 항상 2만큼 크다. 따라서 $y=x^2+2$의 그래프는 $y=x^2$의 그래프를 y축 방향으로 2만큼 평행 이동한 것이다(그림 4.17).

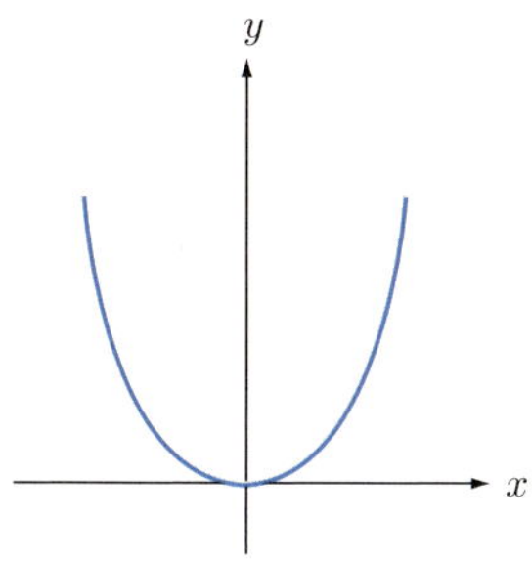

그림 4.16 $y=x^2$

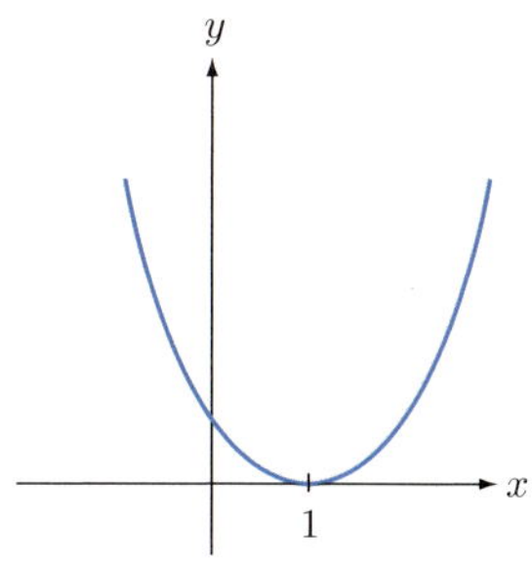

그림 4.17 $y=(x-1)^2$

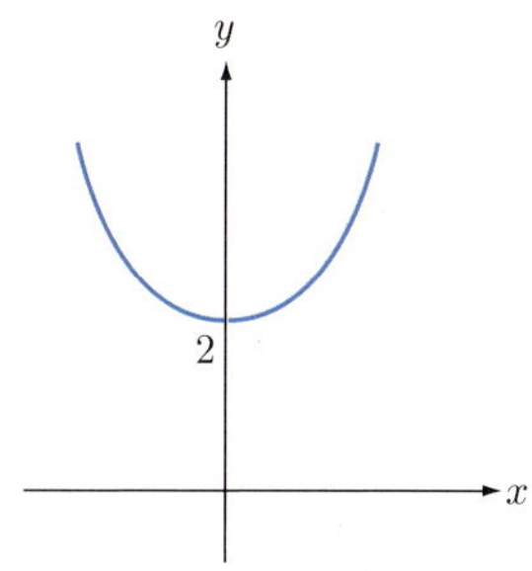

그림 4.18 $y=x^2+2$

위의 두 가지를 한꺼번에 생각하면 $y=(x-1)^2+2$의 그래프는 $y=x^2$의 그래프를 x축 방향으로 1만큼, y축 방향으로 2만큼 평행 이동한 것임을 알 수 있다. 일반적으로 다음 사실이 성립한다.

정리 4.10

함수 $y=f(x-a)+b$의 그래프는 $y=f(x)$의 그래프를 x축 방향으로 a만큼, y축 방향으로 b만큼 평행 이동한 것이다.

예제 4.19_ 다음 그래프를 그려라.

(1) $y=x^2-2x-1$　　　(2) $y=\sqrt{x-1}+1$

풀이 (1) 완전제곱으로 만들면 $y=(x-1)^2-2$이므로 $y=x^2$의 그래프를 x축 방향으로 만큼, y축 방향으로 -2만큼 평행 이동한 것이다(그림 4.19).

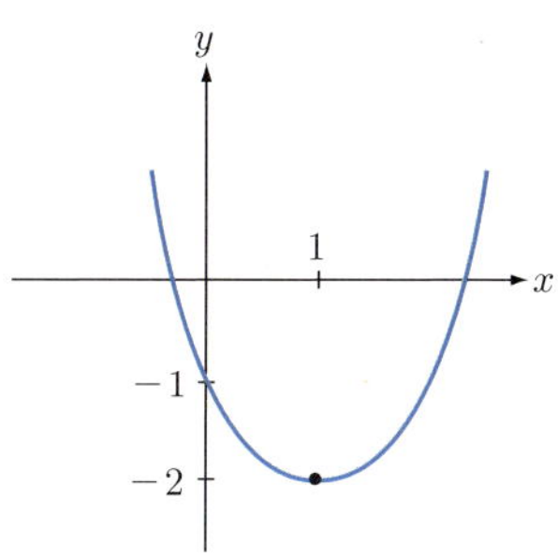

그림 4.19 $y=x^2-2x-1$

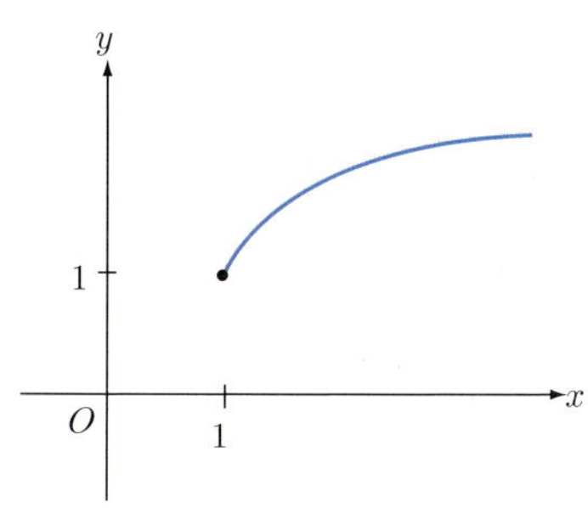

그림 4.20 $y=\sqrt{x-1}+1$

(2) $y=\sqrt{x}$ 의 그래프를 x축 방향으로 1만큼, y축 방향으로 1만큼 평행 이동한 것이다(그림 4.20).

문제 4.19 다음 그래프를 그려라.

(1) $y=|x+1|-2$　　(2) $y=x^2+2x+3$ ◀

정의 4.11

함수 f가 정의역의 모든 x에 대하여

$f(-x)=f(x)$이면 **우함수**(even function)

$f(-x)=-f(x)$이면 **기함수**(odd function)

라 한다.

우함수는 x에서의 함수값과 $-x$에서의 함수값이 항상 같으므로 우함수의 그래프는 y축에 대칭이 됨을 알 수 있다. 또 기함수는 $-x$에서의 함수값은 x에서의 함수값의 부호를 바꾼 것이므로 기함수의 그래프는 원점에 대칭이다.

예제 4.20_ 다음 함수가 우함수인지 기함수인지 판별하여라.

(1) $f(x)=|x|-1$　　(2) $f(x)=x^3+x$

풀이 (1) $f(-x)=|-x|-1=|x|-1=f(x)$이므로 우함수이다.

(2) $f(-x)=(-x)^3+(-x)=-x^3-x=-(x^3+x)=-f(x)$ 이므로 기함수이다.

문제 4.20 다음 함수가 우함수인지 기함수인지 판별하여라.

(1) $f(x)=x^4-x^2+3$　　(2) $f(x)=\dfrac{1}{x}$ ◀

예제 4.21_ f가 우함수이고 g가 기함수이면 fg는 기함수임을 보여라.

풀이 $(fg)(-x)=f(-x)g(-x)=f(x)(-g(x))=-f(x)g(x)=-(fg)(x)$ 이므로 기함수이다.

문제 4.21 f와 g가 기함수이면 $f+g$는 기함수이고 fg는 우함수임을 보여라. ◀

$y=x-1$의 그래프와 $y=|x|-1$의 그래프를 비교해보자. $x \geq 0$일 때는 두 함수가 같으므로 그래프는 같다. 또 $|-x|-1=|x|-1$이므로 $y=|x|-1$의 그래프는 y축에 대칭이다. 따라서 그래프는 그림 4.22와 같다.

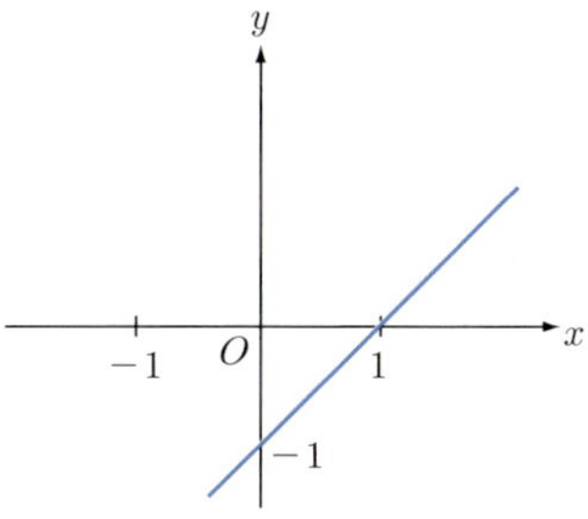

그림 4.21 $y=x-1$

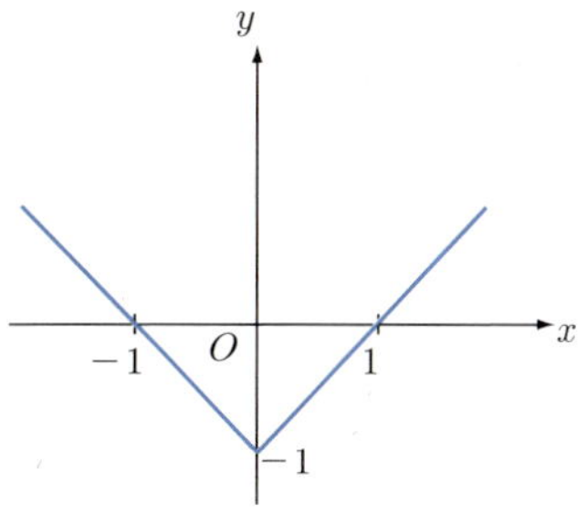

그림 4.22 $y=|x|-1$

이번에는 $y=|x-1|$의 그래프를 생각해보자. $|x-1|$은 $x-1$의 값을 부호만 양수로 바꾼 것이므로 그림 4.23과 같다. 또 $|y|=x-1$의 그래프는 $y \geq 0$일 때는 $y=x-1$의 그래프와 같고, $|-y|=|y|$이므로 x축에 대칭임을 알 수 있다. 따라서 그래프는 그림 4.24와 같다. 마지막으로 $|y|=|x|-1$의 그래프는 $x \geq 0$, $y \geq 0$일 때는 $y=x-1$의 그래프와 같고 x축과 y축에 대칭이므로 그림 4.25와 같음을 알 수 있다.

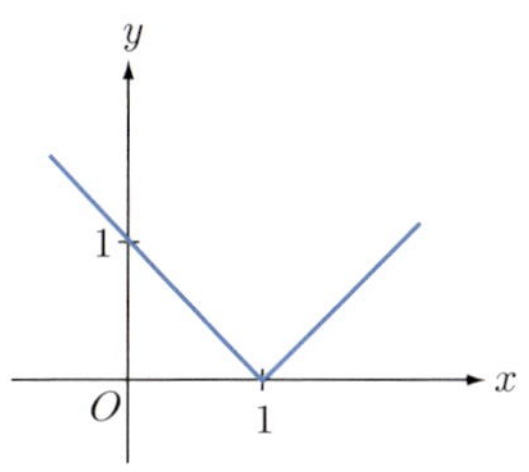

그림 4.23 $y=|x-1|$

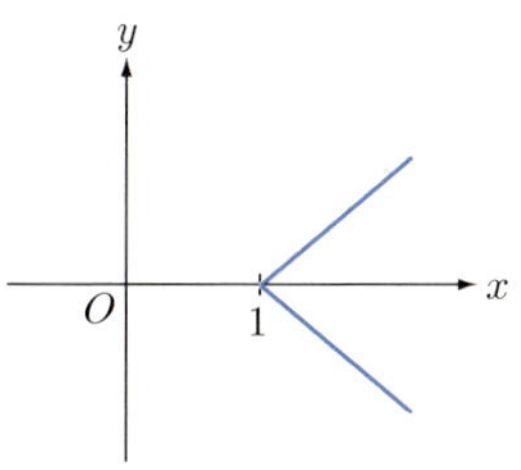

그림 4.24 $|y|=x-1$

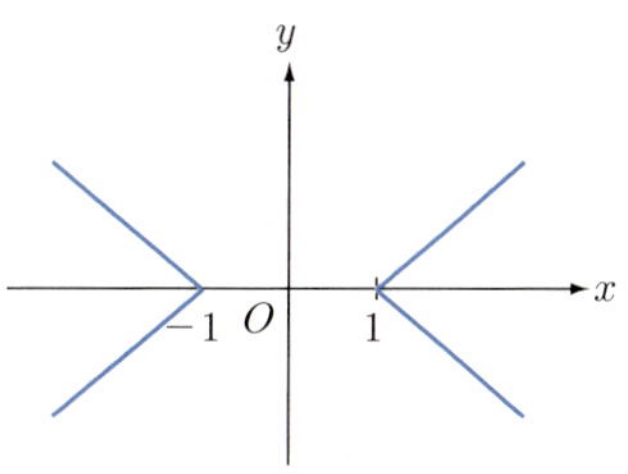

그림 4.25 $|y|=|x|-1$

위의 결과를 일반화하면 다음과 같이 정리할 수 있다.

1. $y=f(|x|)$의 그래프는 $x \geq 0$에서 $y=f(x)$의 그래프를 그리고, $x<0$에서는 이 그래프를 y축에 대하여 대칭이동시킨다.
2. $y=|f(x)|$의 그래프는 $y=f(x)$의 그래프를 그리고, $y<0$인 부분은 원래의 그래프를 x축에 대하여 대칭이동시킨다.
3. $|y|=f(x)$의 그래프는 $y \geq 0$에서 $y=f(x)$의 그래프를 그리고, $y<0$에서

는 이 그래프를 x축에 대하여 대칭이동시킨다.

4. $|y| = f(|x|)$의 그래프는 $x \geq 0,\ y \geq 0$에서 $y = f(x)$의 그래프를 그리고, 다른 영역에서는 이 그래프를 x축, y축과 원점에 대하여 대칭이동시킨다.

예제 4.22_ 다음 식의 그래프를 그려라.

(1) $y = -x + 1$

(2) $y = -|x| + 1$

(3) $y = |-x + 1|$

풀이

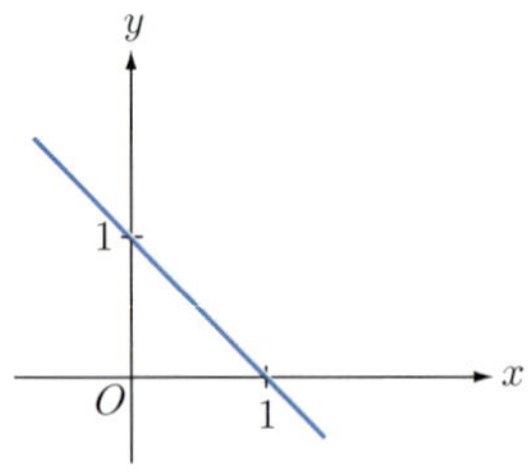

그림 4.26 $y = -x + 1$

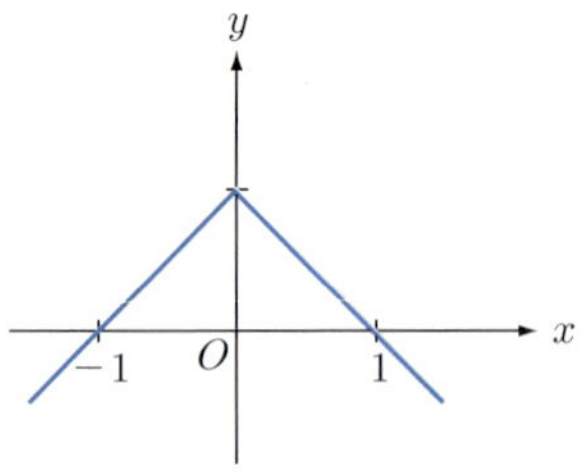

그림 4.27 $y = -|x| + 1$

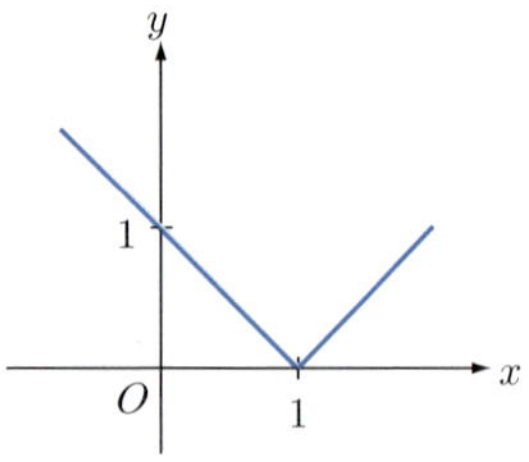

그림 4.28 $y = |-x + 1|$

문제 4.22 다음 식의 그래프를 그려라.

(1) $|y| = -x + 1$ (2) $|y| = -|x| + 1$ ◀

함수 $y = f(x)$의 역함수 $y = f^{-1}(x)$는 $y = f(x)$에서 x와 y를 뒤바꾸어 얻을 수 있음을 앞 절에서 알았다. 또 평면에서 점 $(x_0,\ y_0)$와 점 $(y_0,\ x_0)$는 직선 $y = x$에 대칭이다.

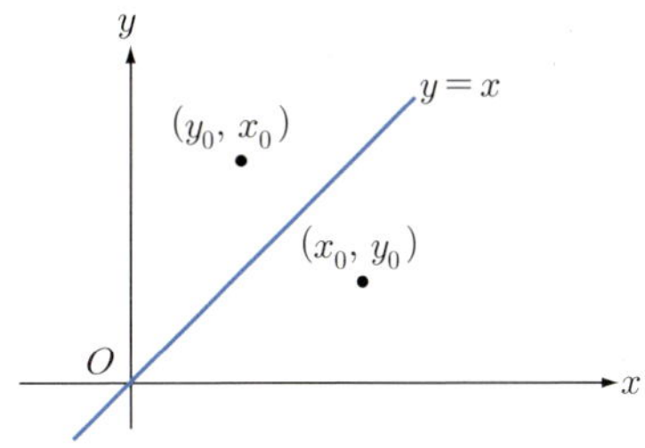

그림 4.29 직선 $y=x$에 대칭

따라서 $y=f^{-1}(x)$의 그래프는 $y=f(x)$의 그래프와 직선 $y=x$에 대칭이 됨을 알 수 있다.

예제 4.23_ 함수 $y=\sqrt{x}$와 역함수의 그래프를 그려라.

풀이

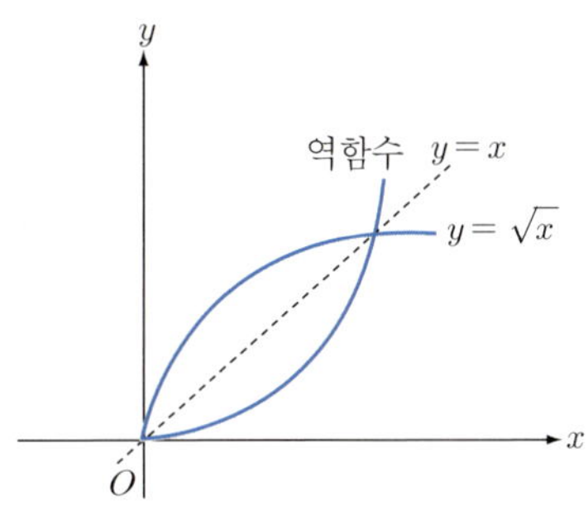

그림 4.30 $y=\sqrt{x}$의 역함수의 그래프

문제 4.23 함수 $y=2x+1$와 역함수의 그래프를 그려라. ◀

4.5 연습문제

1 다음 함수의 그래프를 그려라.

(1) $y=2x-1$ (2) $y=-x^2+3$

(3) $y=2(x-1)^3+2$ (4) $y=\sqrt{x-2}-1$

2 다음 곡선의 x절편과 y절편을 구하여라.

(1) $y=1-x^4$ (2) $4x^2+9y^2=36$

3 f와 g가 우함수이면 $f+g$와 fg는 우함수임을 보여라.

4 다음 곡선의 그래프를 그려라.

(1) $y=(x-1)^2-1$ (2) $y=(|x|-1)^2-1$

(3) $y=|(x-1)^2-1|$ (4) $|y|=(x-1)^2-1$

(5) $|y|=(|x|-1)^2-1$

5 실수의 집합 $\mathbb{R}$에서 정의된 임의의 함수 $f(x)$에 대하여, 다음의 함수가 우함수인지 기함수인지 판별하여라.

(1) $f(x)+f(-x)$ (2) $f(x)-f(-x)$

6 가우스 함수 $[x]$에 대하여, 다음의 값을 구하여라.

(1) $[x]+[-x]$ (2) $[x]-2[x/2]$

7 $\{x\}=x-[x]$를 x의 소수부라고 하자. $z=\dfrac{\{\sqrt{3}\}^2-2\{\sqrt{2}\}^2}{\{\sqrt{3}\}-2\{\sqrt{2}\}}$일 때 $[z]$를 구하여라.

4.6 이차함수

앞 절에서 간단한 이차함수의 그래프에 대해 알아보았다. 이 절에서는 좀더 다양한 이차함수의 그래프와 성질에 대하여 알아보자.

$y = ax^2$, $a > 0$의 그래프는 **위로 오목**하고, $y = ax^2$, $a < 0$의 그래프는 **아래로 오목**한 포물선이라는 것을 쉽게 알 수 있다.

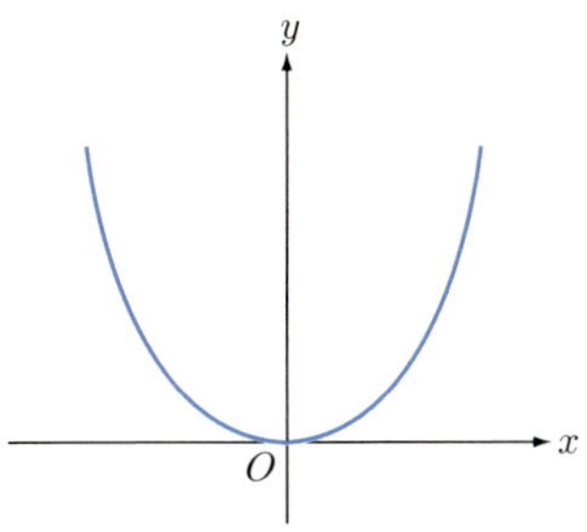

그림 4.31 $y = ax^2$, $a > 0$

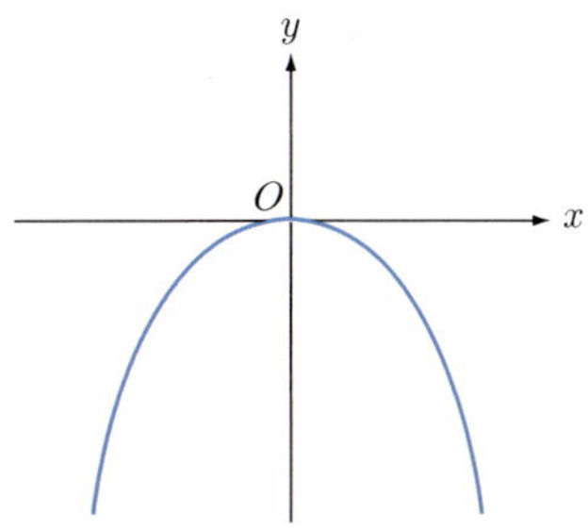

그림 4.32 $y = ax^2$, $a < 0$

또 $y = a(x-m)^2 + n$의 그래프는 $y = ax^2$의 그래프를 x축으로 m만큼, y축으로 n만큼 평행 이동한 것임을 알고 있다. 이때 점 (m, n)을 이 포물선의 꼭지점이라 하고 직선 $x = m$을 축이라 한다.

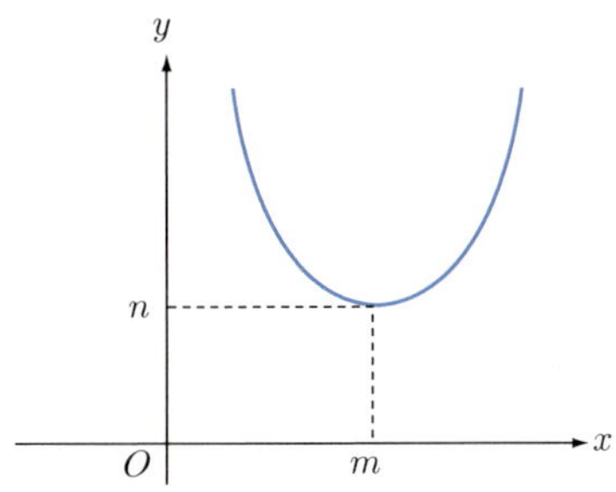

그림 4.33 $y = a(x-m)^2 + n$

따라서 이차함수의 그래프는 x에 관해 완전제곱을 만들거나, 인수분해하여 x절편을 알면 쉽게 그릴 수 있다.

예제 4.24_ 다음 이차함수의 그래프를 그려라.

(1) $y=2x^2+4x+1$ (2) $y=-3x^2+3x+6$

풀이 (1) x에 관해 완전제곱을 만들면

$$y=2(x^2+2x+1-1)+1=2(x+1)^2-1$$

이므로 꼭지점이 $(-1,-1)$이고 축이 $x=-1$인 위로 오목한 포물선이다(그림 4.34).

(2) $y=-3(x-2)(x+1)$이므로 x절편이 $-1, 2$이고 아래로 오목한 포물선이다(그림 4.35).

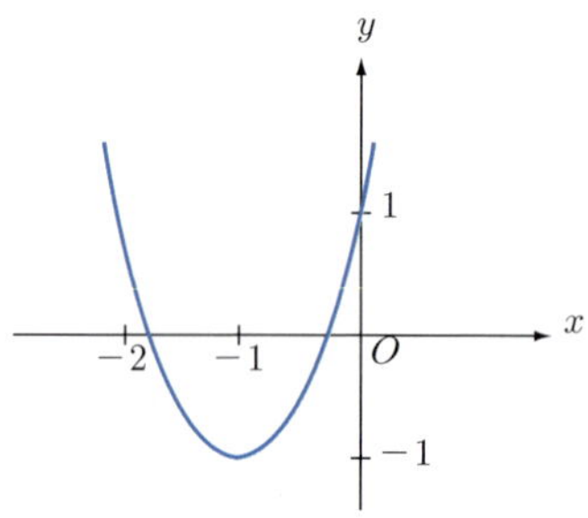

그림 4.34 $y=2x^2+4x+1$

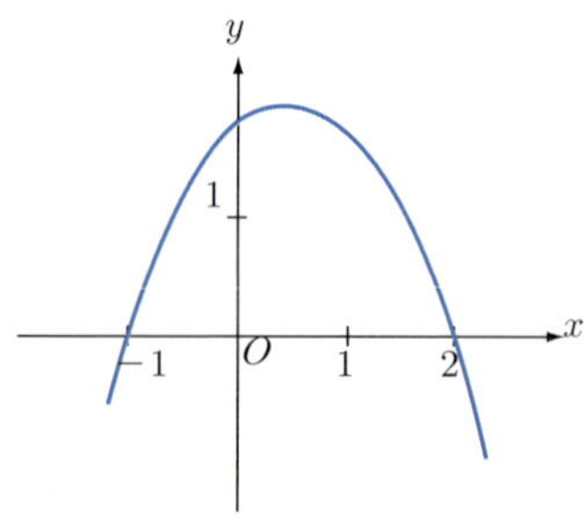

그림 4.35 $y=-3x^2+3x+6$

문제 4.24 다음 이차함수의 그래프를 그려라.

(1) $y=-x^2-2x+3$ (2) $y=x^2-6x+5$ ◀

이차방정식 $ax^2+bx+c=0$에서 $D=b^2-4ac$라 할 때

$D>0$이면 서로 다른 두 실근
$D=0$이면 중근
$D<0$이면 허근

을 가짐을 알고 있다. 이것을 그래프의 관점에서는 다음과 같이 말할 수 있다. 이차함수 $y=ax^2+bx+c$의 그래프에서

$D>0$이면 x축과 서로 다른 두 점에서 만나고
$D=0$이면 x축과 접하고
$D<0$이면 x축과 만나지 않는다.

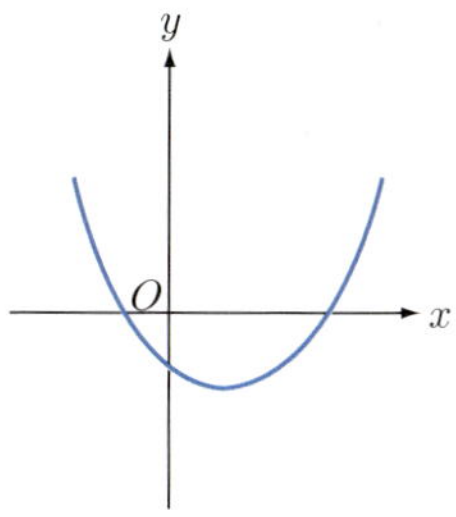

그림 4.36 $D>0$

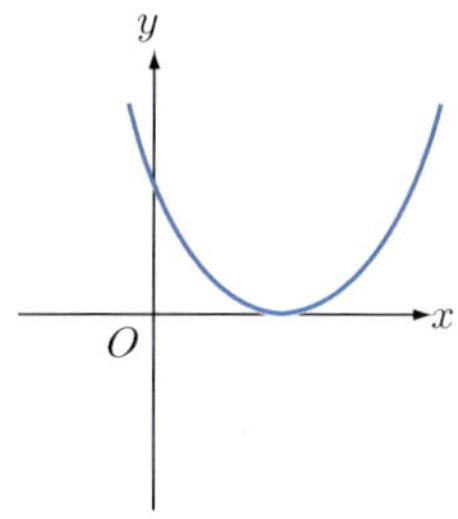

그림 4.37 $D=0$

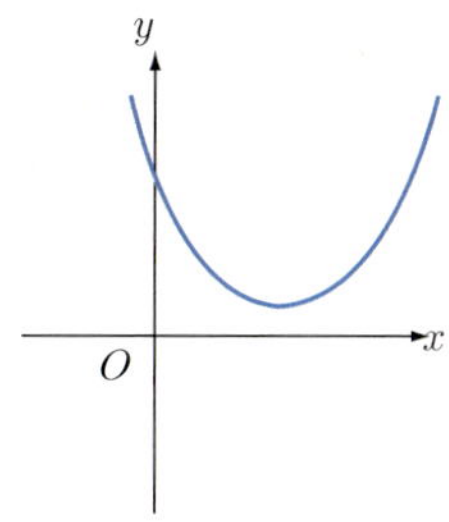

그림 4.38 $D<0$

또 이차함수 $y=ax^2+bx+c$와 직선 $y=mx+n$에 대하여 두 식을 연립하면

$$ax^2+bx+c=mx+n$$

$$\text{즉, } ax^2+(b-m)x+c-n=0$$

의 판별식을 D라 할 때

$D>0$이면 포물선과 직선은 서로 다른 두 점에서 만나고
$D=0$이면 포물선과 직선은 접하고
$D<0$이면 포물선과 직선은 만나지 않는다.

예제 4.25_ 포물선 $y=x^2+3x-5$와 직선 $y=x+b$가 서로 다른 두 점에서 만나기 위한 b의 값의 범위를 구하여라.

풀이 $x^2+3x-5=x+b$라 하면

$$x^2+2x-5-b=0$$

이므로

$$D=4-4(-5-b)>0$$

이어야 한다. 따라서 $b>-6$이다.

문제 4.25 포물선 $y=x^2+4x+2$와 직선 $y=ax+1$이 접할 때 a의 값을 구하여라. ◀

삼차 이상의 함수의 그래프를 정확히 그리기 위해서는 미분의 개념을 알아야 한다. 따라서 여기에서는 미분을 이용하지 않고 몇 가지 간단한 형태의 그래프만 그려 보기로 하자.

삼차함수 $y=x^3$과 $y=-x^3$의 x에 몇 개의 값을 대입하여 그래프의 개형을 그려보면 그림 4.39, 4.40과 같음을 알 수 있다.

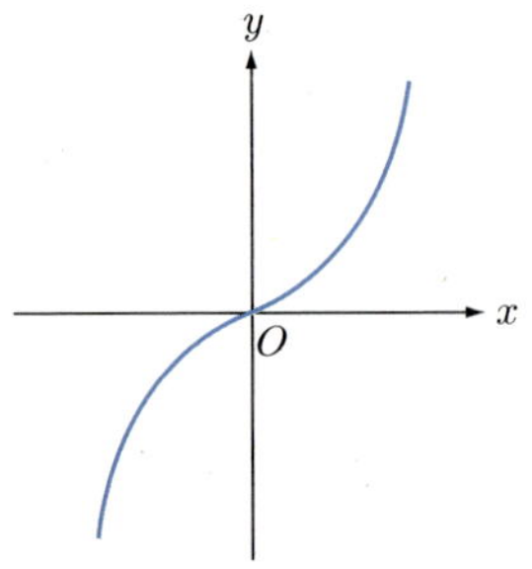

그림 4.39 $y=x^3$

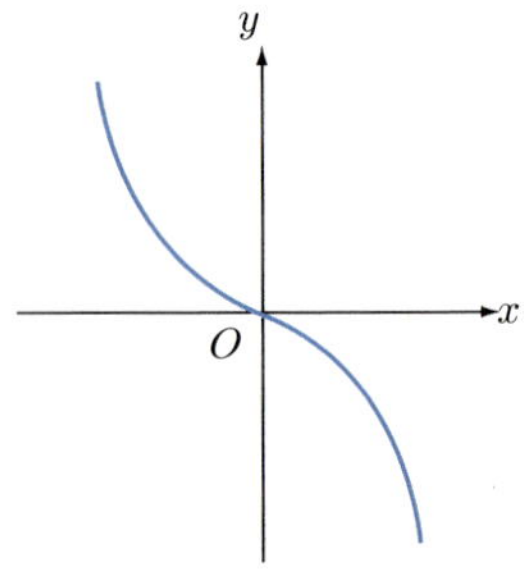

그림 4.40 $y=-x^3$

일반적으로 삼차함수 $y=ax^3+bx^2+cx+d$의 그래프는 $a>0$일 때는 오른쪽 위로 올라가는 모양이고, $a<0$일 때는 오른쪽 아래로 내려가는 모양이다. 삼차함수는 이차함수처럼 완전제곱을 만들 수는 없으므로 인수분해하면 그래프를 그릴 수 있다.

예제 4.26_ 다음 삼차함수의 그래프를 그려라.

(1) $y=-x^3+5x^2-6x$ (2) $y=x^3-2x^2-4x+8$

풀이 (1) 인수분해하면

$$y=-x(x^2-5x+6)=-x(x-2)(x-3)$$

이므로 x절편은 0, 2, 3이다. 또 x^3의 계수가 음수이므로 오른쪽 아래로 내려가는 그래프이다. 따라서 그래프는 그림 4.41과 같다.

(2) 인수분해하면

$$y=x^2(x-2)-4(x-2)=(x-2)^2(x+2)$$

이므로 x절편은 2, -2이며 특히 2에서 접한다. x^3의 계수가 양수이므로 오른쪽 위로 올라가는 그래프이다. 따라서 그래프는 그림 4.42와 같다.

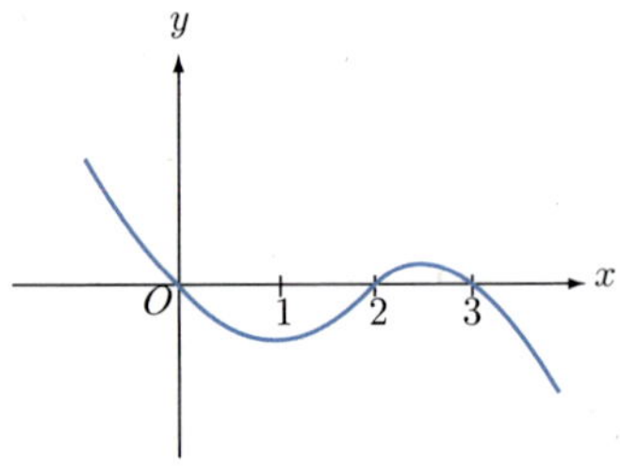

그림 4.41 $y=-x^3+5x^2-6x$

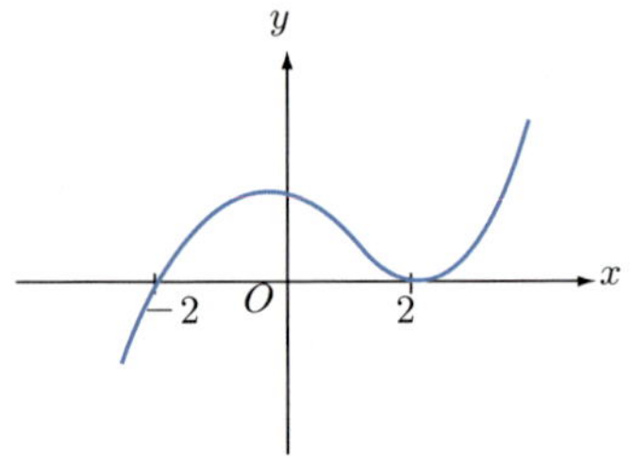

그림 4.42 $y=x^3-2x^2-4x+8$

문제 4.26 다음 삼차함수의 그래프를 그려라.

(1) $y = 2x^3 + x^2 - 3x$ (2) $y = x^3 - 3x + 2$ ◀

부등식의 해를 구할 때 그래프를 이용하면 편리하다.

예제 4.27_ 다음 부등식의 해를 구하여라.

(1) $x^3 - x^2 - 2x > 0$ (2) $-x^3 + 10x^2 - 25x \geq 0$

풀이 (1) 인수분해하면

$$y = x^3 - x^2 - 2x = x(x-2)(x+1)$$

이므로 그래프는 그림 4.43과 같다. 그래프에서 $y > 0$인 범위를 찾으면 $-1 < x < 0$ 또는 $x > 2$이다.

(2) 인수분해하면

$$y = -x^3 + 10x^2 - 25x = -x(x-5)^2$$

이므로 그래프는 그림 4.44와 같다. 그래프에서 $y \geq 0$인 범위를 찾으면 $x \leq 0$ 또는 $x = 5$이다.

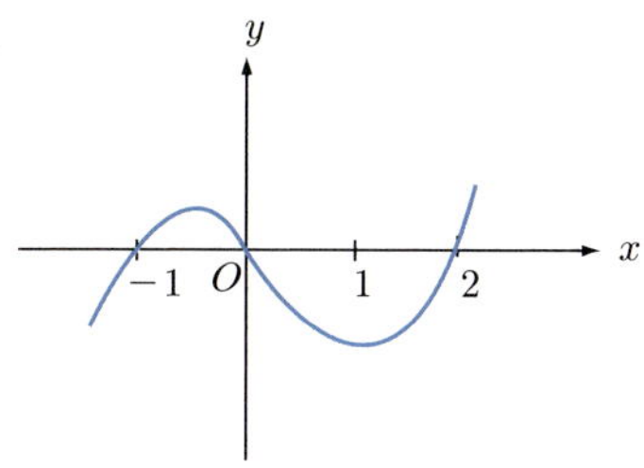

그림 4.43 $x^3 - x^2 - 2x > 0$

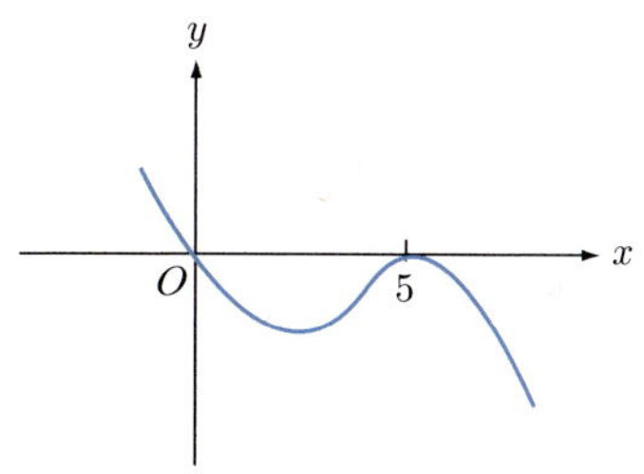

그림 4.44 $-x^3 + 10x^2 - 25x \geq 0$

문제 4.27 다음 부등식의 해를 구하여라.

(1) $-x^2 + 2x + 15 > 0$ (2) $x^3 - 3x^2 - x + 3 \leq 0$ ◀

4.6 연습문제

1 다음 함수의 그래프를 그려라.

(1) $y = -x^2 - x + 1$

(2) $y = x^2 - 8x + 16$

(3) $y = x^3 + 2x^2 - 8x$

(4) $y = -x^3 - x^2 + x + 1$

2 모든 실수 x에 대하여 $x^2 - 2x + a$가 항상 0보다 크도록 a값의 범위를 구하여라.

3 포물선 $y = x^2 + 2x + 11$과 직선 $y = 4x + b$가 만나지 않기 위한 b값의 범위를 구하여라.

4 다음 부등식의 해를 구하여라.

(1) $x^2 - 2x - 3 \le 0$

(2) $2x^3 - x^2 - 18x + 9 \ge 0$

(3) $x^3 - 3x^2 + 3x - 1 > 0$

(4) $-2x^3 - x^2 + x < 0$

5 $f(x) = \begin{cases} ax^2, & x \ge 0 \\ x, & x < 0 \end{cases}$ 인 함수 f의 역함수 f^{-1}가 존재하도록 상수 a의 범위를 구하여라.

6 집합 $A = \{x \mid x \ge a\}$에 대해 함수 $f: A \to A$, $f(x) = x^2 - 3x$가 일대일대응이 되도록 상수 a를 구하여라.

7 $y = ax^2 + bx + c$의 그래프가 아래와 같을 때, 옳지 않은 것은?

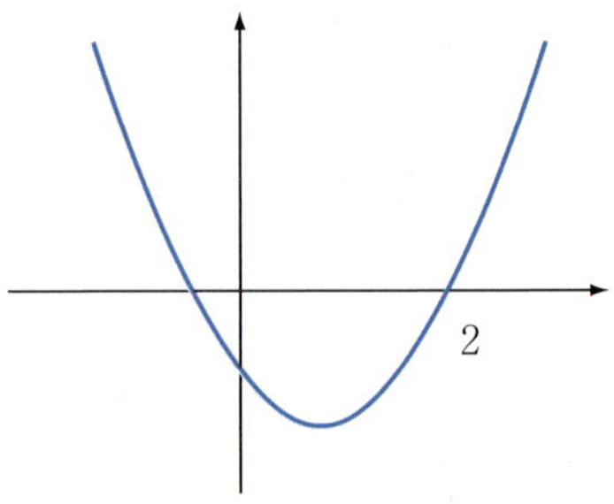

① $b^2 - 4ac > 0$ ② $a > 0$ ③ $c < 0$

④ $4a+2b+c=0$　　　　⑤ $b>0$

8 부등식 $ax^2+bx+c<ma+n$을 만족하는 실수 x의 범위를 구하여라.

9 부등식 $ax^2+(b-m)x+c-n\geq 0$을 만족하는 x의 범위를 구하여라.

10 실수 전체의 집합 $\mathbb{R}$에서 $\mathbb{R}$로의 함수 f는 다음과 같이 정의된다.

$f(x)=\begin{cases} 2x-1, & x<1 \\ x^2+ax+b, & x\geq 1 \end{cases}$ 일 때 f가 일대일 대응이 되도록 하는 두 상수 a, b 사이의 관계는?

수학카페

굿 윌 헌팅(Good Will Hunting)

1997년 개봉된 구스 반 산트 감독의 영화로 맷 데이먼과 로빈 윌리엄스가 주연을 맡았다. 윌 헌팅은 보스톤 남쪽의 빈민 거주 지역에서 어렵게 살고 있다. 윌은 MIT공대에서 교실바닥 청소 일을 할 때 말고는 대학교 근처에도 가본 적이 없다. 그러나 노벨상을 수상한 교수들조차 혀를 내두를 만큼 어려운 문제들을 싱거울 정도로 간단하게 풀어버린다.

그러나 윌은 불같은 성질의 사나운 카리스마를 가졌고 자신조차 제어하지 못할 정도로 반항적이다. 폭행죄로 재판을 받게 된 윌은 수감될 위기에서 벗어날 수가 없었다. 윌의 유일한 희망인 심리학 교수 숀 맥과이어는 윌이 가진 내면의 아픔에 깊은 애정을 갖고 관찰하면서 윌에게 인생과 투쟁하기 위해 필요한 지혜를 가르쳐 준다.

4.7 유리함수와 무리함수

지금까지는 다항함수의 성질과 그래프에 관하여 공부하였다. 이 절에서는 유리함수와 무리함수의 성질과 그래프에 관하여 알아보자.

두 함수 $y=\frac{1}{x}$과 $y=-\frac{1}{x}$의 그래프를 그려보자. 두 함수 모두 $x=0$에서는 정의되지 않는다. 몇 개의 값을 대입하여 그래프를 그려보면 다음과 같다.

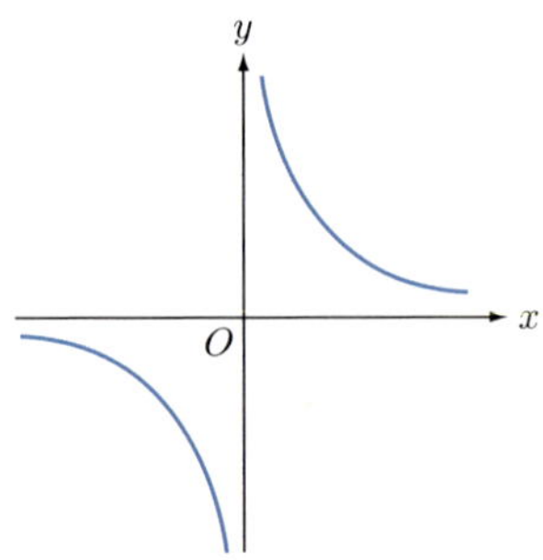

그림 4.45 $y=\frac{1}{x}$

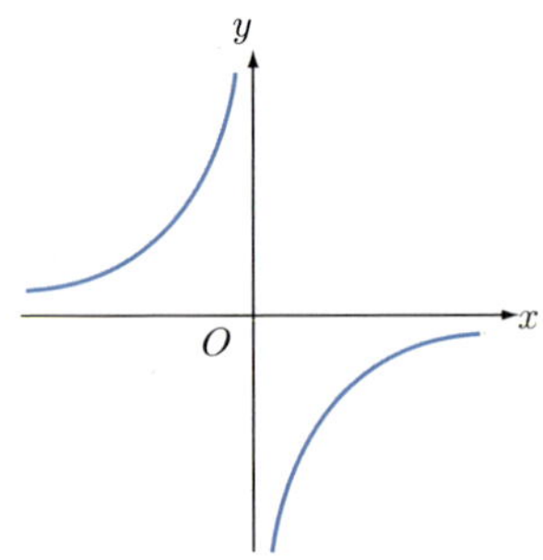

그림 4.46 $y=-\frac{1}{x}$

일반적으로 함수 $y=\frac{k}{x}$에서 $k>0$이면 그림 4.45와 같이 1사분면과 3사분면을 지나고, $k<0$이면 그림 4.46과 같이 2사분면과 4사분면을 지나는 직각 **쌍곡선**(hyperbola)이다. 이때 직선 $y=0$을 이 쌍곡선의 **수평점근선**(horizontal asymptote)이라 하고, 직선 $x=0$을 **수직점근선**(vertical asymptote)이라 한다. 또 $y=\frac{k}{x-p}+q$의 그래프는 $y=\frac{k}{x}$의 그래프를 x축으로 p만큼, y축으로 q만큼 평행 이동시킨 것이다(그림 4.47, 4.48). 이때는 직선 $y=q$와 $x=p$가 각각 수평점근선과 수직점근선이다.

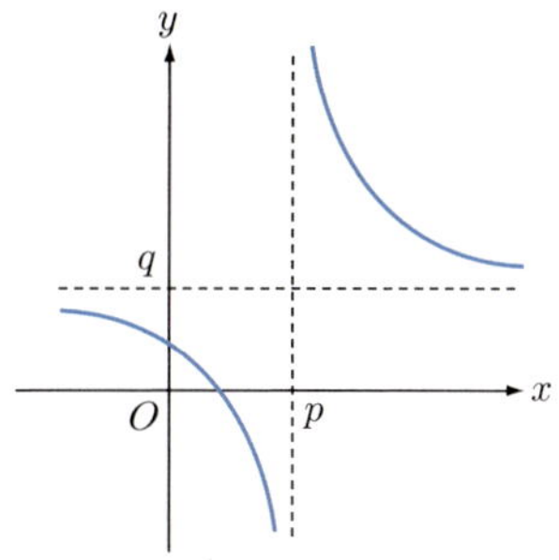

그림 4.47 $y=\dfrac{k}{x-p}+q,\ k>0$

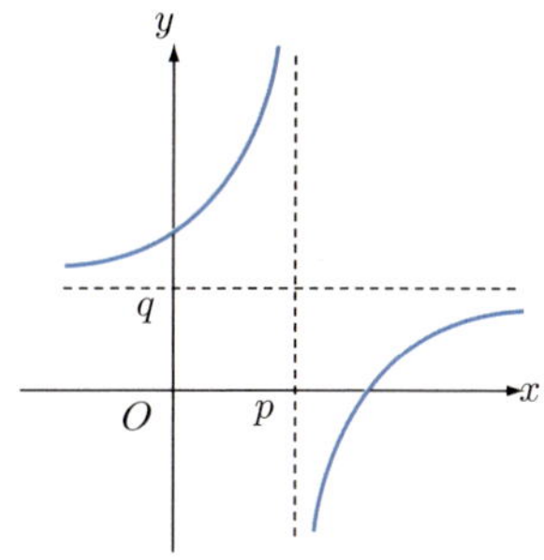

그림 4.48 $y=\dfrac{k}{x-p}+q,\ k<0$

예제 4.28_ 다음 함수의 수평, 수직점근선을 구하고 그래프를 그려라.

(1) $y=\dfrac{x+1}{x}$　　　(2) $y=\dfrac{2x+1}{x+1}$

풀이 (1) $y=\dfrac{1}{x}+1$이므로 수평점근선은 $y=1$, 수직점근선은 $x=0$이고 그래프는 그림 4.49와 같다.

(2) 식을 변형하면

$$y=\frac{2(x+1)-1}{x+1}=-\frac{1}{x+1}+2$$

이므로 수평점근선은 $y=2$, 수직점근선은 $x=-1$이고 그래프는 그림 4.50과 같다.

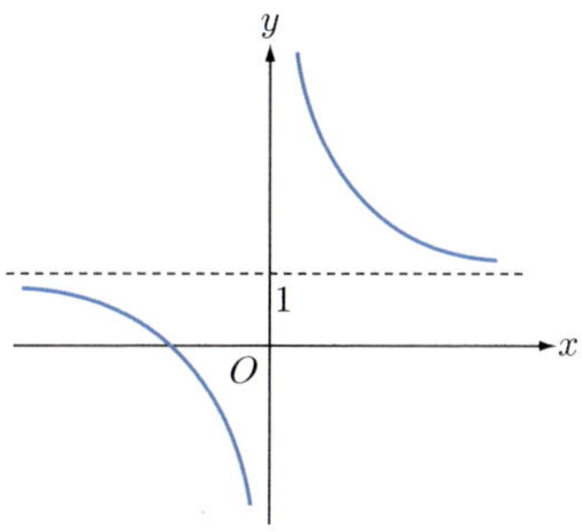

그림 4.49 $y=\dfrac{x+1}{x}$

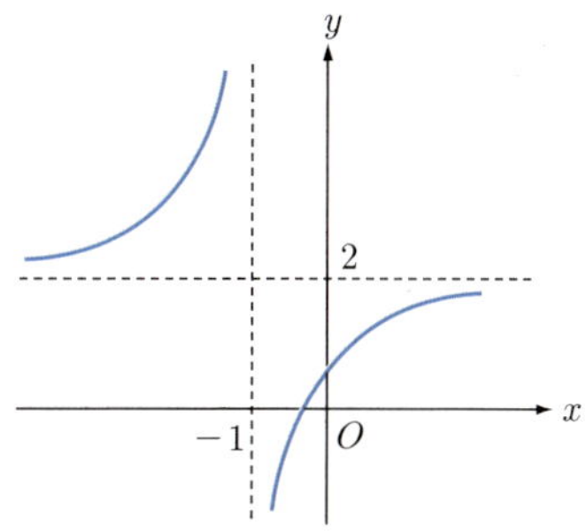

그림 4.50 $y=\dfrac{2x+1}{x+1}$

문제 4.28 다음 함수의 수평, 수직점근선을 구하고 그래프를 그려라.

(1) $y=\dfrac{2-x}{x-1}$　　　(2) $y=\dfrac{4x-3}{2x-1}$

함수 $y=\sqrt{x}$ 와 $y=-\sqrt{x}$ 의 그래프를 그려보자. 두 함수의 정의역은 $x \geq 0$ 이고, 두 그래프는 서로 x축에 대하여 대칭이다. 몇 개의 값을 대입하여 그래프를 그려보면 다음과 같다.

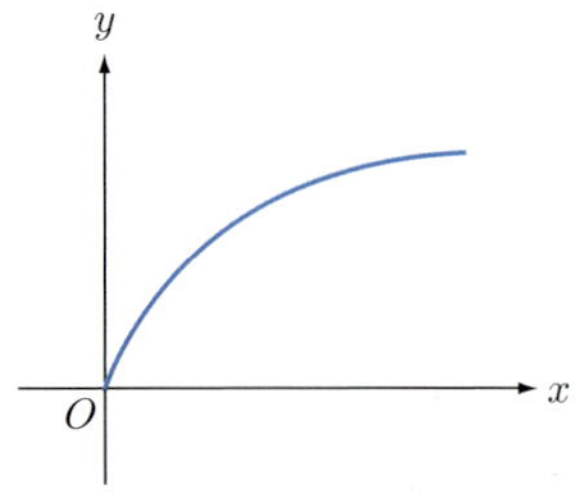

그림 4.51 $y=\sqrt{x}$

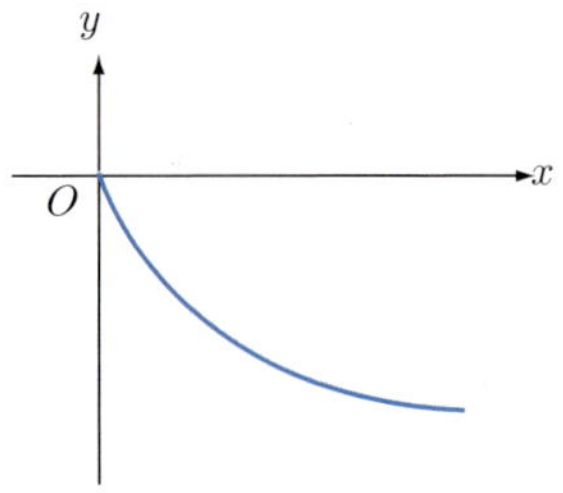

그림 4.52 $y=-\sqrt{x}$

이번에는 함수 $y=\sqrt{-x}$ 와 $y=-\sqrt{-x}$ 의 그래프를 그려보자. 두 함수의 정의역은 $x \leq 0$이고, 두 그래프는 서로 x축에 대하여 대칭이다. 몇 개의 값을 대입하여 그래프를 그려보면 다음과 같다.

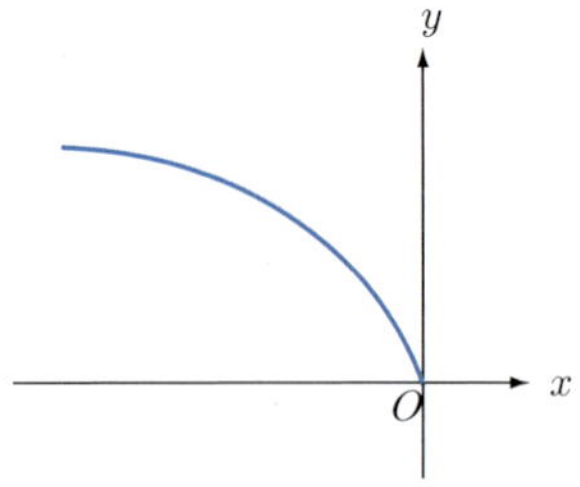

그림 4.53 $y=\sqrt{-x}$

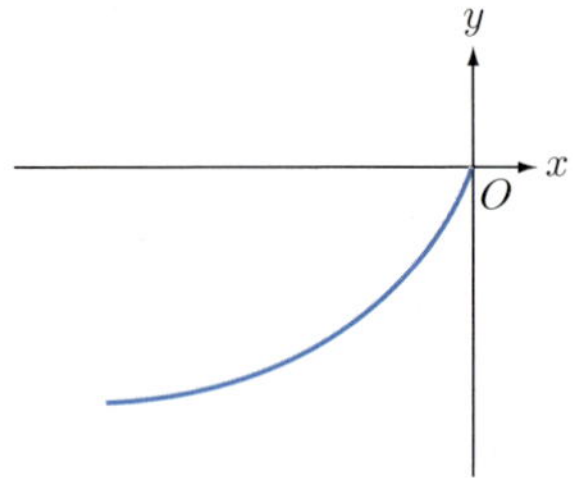

그림 4.54 $y=-\sqrt{-x}$

일반적으로 함수 $y=k\sqrt{ax}$ 의 그래프는 다음 그림 4.55와 같이 k와 a의 부호에 따라 각 사분면에 그려지는 곡선이다.

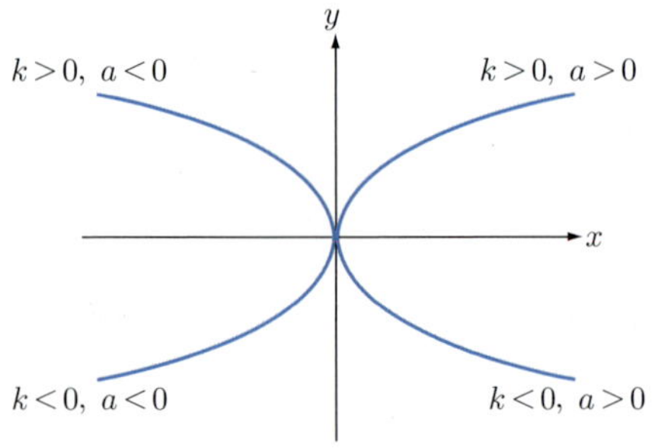

그림 4.55 $y=k\sqrt{ax}$

또 $y=k\sqrt{a(x-p)}+q$의 그래프는 $y=k\sqrt{ax}$ 의 그래프를 x축으로 p만큼, y축으로 q만큼 평행 이동시킨 것이다.

예제 4.29_ 다음 함수의 그래프를 그려라.

(1) $y=\sqrt{2x-4}$ (2) $y=-\sqrt{-2x+4}+1$

풀이 (1) $y=\sqrt{2(x-2)}$ 이므로 $y=\sqrt{2x}$ 의 그래프를 x축으로 2만큼 평행 이동한 것이다(그림 4.56).

(2) $y=-\sqrt{-2(x-2)}+1$이므로 $y=-\sqrt{-2x}$ 의 그래프를 x축으로 2만큼, y축으로 1만큼 평행 이동한 것이다(그림 4.57).

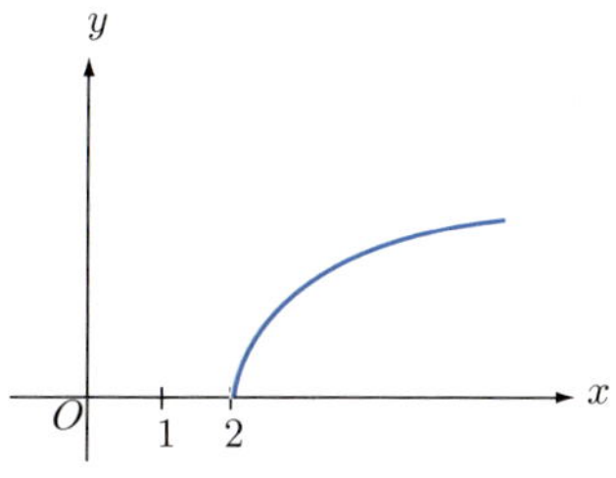

그림 4.56 $y=\sqrt{2x-4}$

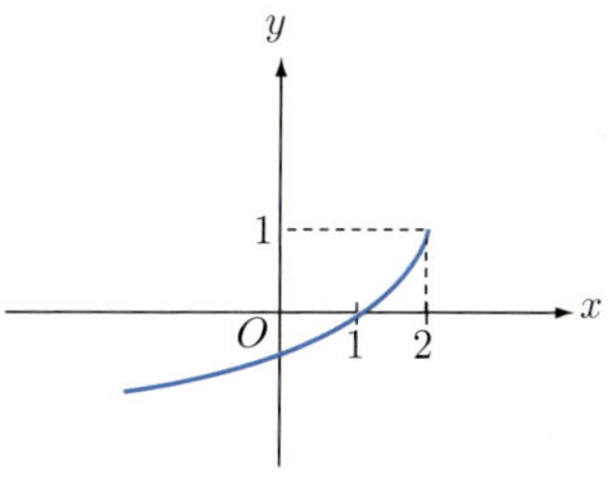

그림 4.57 $y=-\sqrt{-2x+4}+1$

문제 4.29 다음 함수의 그래프를 그려라.

(1) $y=-\sqrt{x+3}+1$ (2) $y=\sqrt{3-2x}-1$ ◀

4.7 연습문제

1 다음 함수의 그래프를 그려라.

(1) $y=\dfrac{2x-1}{x+1}$ (2) $y=\dfrac{1-2x}{x-1}$

(3) $y=-\sqrt{x-2}+1$ (4) $y=\sqrt{4-2x}-1$

2 함수 $y=\dfrac{-4x+2}{2x-3}$ 의 수평, 수직점근선을 구하여라.

3 함수 $y=\dfrac{bx+3}{x+a}$의 수평, 수직점근선이 각각 $y=2$, $x=1$일 때 a,b의 값을 구하여라.

4 $y=\dfrac{2x+2a}{x}$의 그래프를 평행 이동하여 $y=\dfrac{x+a}{x+3}$의 그래프와 일치할 때 정수 a를 구하여라.

5 $y=\sqrt{|x+1|}$과 직선 $y=ax$가 서로 다른 세 점에서 만나도록 a의 범위를 구하여라.

6 x에 관한 방정식 $\sqrt{x+3}+1+|\sqrt{x+3}-1|=k$의 근의 개수가 무한개가 되도록 하는 상수 k를 구하여라.

7 $0 \le x \le 2$일 때 두 함수 $f(x)=\sqrt{2x-x^2}$와 $g(x)=x-2$의 그래프에 의해 직선 $x=a(0 \le x \le 2)$이 잘려 생긴 선분의 길이의 최댓값을 구하여라.

8 $f(x)=\dfrac{x}{x+1}(x \ne -1)$, $f^2=f \circ f$, $f^3=f \circ f^2$, $\cdots$, $f^{n+1}=f \circ f^n$(n은 자연수)라고 할 때 $f^{350}(x)=1$인 x를 구하여라.

9 임의의 함수 $g: X \to X$에 대해 $g^1(x)=g(x)$, n이 자연수일 때 $g^{n+1}(x)=(g \circ g^n)(x)$라고 하자. $f(x)=\dfrac{x-1}{x}(x \ne 0,1)$일 때 $f^{1996}(3)$을 구하여라.

10 두 함수 $y=\dfrac{x+1}{x-1}$, $y=\sqrt{x+k}$의 그래프가 서로 다른 두 점에서 만나도록 하는 상수 k의 범위를 구하여라.

Chapter 05

수열과 급수

5.1 등차수열과 등비수열

5.2 합의 기호 Σ

5.3 수열의 극한

5.4 무한급수

5.1 등차수열과 등비수열

어떤 종류의 토끼는 태어난 지 두 달 후부터 매달 한 쌍의 새끼를 낳는다고 하자. 기르는 동안 죽는 토끼가 없다고 할 때 1월 1일에 태어난 한 쌍의 토끼가 번식하여 매달 몇 쌍이 되는지 알아보자.

(1) 1월 1일에는 1쌍

(2) 2월 1일에도 1쌍

(3) 3월 1일에는 새끼를 1쌍 낳으므로 모두 2쌍

(4) 4월 1일에는 다시 새끼를 1쌍 낳으므로 모두 3쌍

(5) 5월 1일에는 어미가 새끼를 1쌍 낳고 3월 1일에 태어난 토끼도 새끼를 1쌍 낳는다. 즉, 3월 1일에 있었던 2쌍의 토끼가 각각 1쌍씩 낳는다. 따라서 모두 5쌍

(6) 6월 1일에는 4월 1일에 있었던 3쌍의 토끼가 각각 1쌍씩 낳으므로 모두 8쌍이다. 7월 1일에는 토끼가 몇 쌍이 되겠는가? 매월 1일의 토끼의 쌍 수를 나열하면

$$1, 1, 2, 3, 5, 8, 13, \cdots$$

이므로 7월 1일에는 모두 13쌍의 토끼가 있다.

이와 같이 수를 나열한 것을 **수열**(sequence)이라 한다. 수열을 이루는 각 수를 그 수열의 항이라 하고

$$a_1, a_2, a_3, \cdots, a_n, \cdots$$

이라 나타내며, 간단히

$$\langle a_n \rangle \text{ 또는 } \{a_n\}$$

이라 한다. 또 a_n을 **일반항**이라 한다. 예를 들어, 짝수들의 수열에서

$$a_1 = 2, a_2 = 4, a_3 = 6, \cdots, a_n = 2n, \cdots$$

이다.

예제 5.1_ 다음 수열의 처음 네 항을 나열하여라.

(1) $a_n = 3n - 2$ (2) $a_n = \frac{(-1)^n}{2n-1}$

풀이 (1) $a_1 = 3 \cdot 1 - 2 = 1$, $a_2 = 3 \cdot 2 - 2 = 4$

$a_3 = 3 \cdot 3 - 2 = 7$, $a_4 = 3 \cdot 4 - 2 = 10$

(2) $a_1 = \frac{(-1)^1}{2 \cdot 1 - 1} = -1$, $a_2 = \frac{(-1)^2}{2 \cdot 2 - 1} = \frac{1}{3}$

$a_3 = \frac{(-1)^3}{2 \cdot 3 - 1} = -\frac{1}{5}$, $a_4 = \frac{(-1)^4}{2 \cdot 4 - 1} = \frac{1}{7}$

문제 5.1 다음 수열의 처음 네 항을 나열하여라.

(1) $a_n = \frac{n}{n+1}$ (2) $a_n = 3^n + (-1)^n$ ◀

앞의 항에 일정한 수를 더하여 다음 항이 얻어지는 수열, 즉

$$a_{n+1} = a_n + d, \ \ n = 1, 2, \cdots$$

인 수열을 **등차수열**(arithmetic sequence)이라 하고, 더하는 일정한 수 d를 **공차**라 한다.

예제 5.2_ 수열 7, 11, x, 19, $\cdots$가 등차수열이 되도록 공차와 x값을 구하여라.

풀이 $d = a_2 - a_1 = 11 - 7 = 4$이고 $x = a_2 + d = 11 + 4 = 15$

문제 5.2 수열 7, 4, x, -2, $\cdots$ 가 등차수열이 되도록 공차와 x값을 구하여라. ◀

첫째항이 a이고 공차가 d인 등차수열의 각 항을 계산해보자.

$$\begin{aligned}
a_1 &= a \\
a_2 &= a_1 + d = a + d \\
a_3 &= a_2 + d = (a+d) + d = a + 2d \\
a_4 &= a_3 + d = (a+2d) + d = a + 3d \\
&\vdots
\end{aligned}$$

이므로 일반항은

$$a_n = a + (n-1)d$$

이다.

예제 5.3_ 다음을 구하여라.

(1) 첫째항이 -5이고 공차가 3인 등차수열의 제10항

(2) 제4항이 20이고 제13항이 65인 등차수열의 공차와 일반항

풀이 (1) $a_{10} = a + 9d = -5 + 9 \cdot 3 = 22$

(2) $a_4 = 20$, $a_{13} = 65$이다. 그런데 $a_{13} = a_4 + 9d$이므로

$$65 = 20 + 9d, \quad d = 5$$

이다. 또 $a_4 = a_1 + 3d$이므로

$$20 = a_1 + 3 \cdot 5, \quad a_1 = 5$$

이다. 따라서 일반항은

$$a_n = 5 + (n-1) \cdot 5 = 5n$$

이다.

문제 5.3 다음을 구하여라.

(1) 첫째항이 8이고 공차가 -2인 등차수열의 제20항

(2) 첫째항이 -3이고 제19항이 33인 등차수열의 공차와 일반항 ◀

첫째항이 a이고 공차가 d인 등차수열에서 첫째항부터 제n항까지의 합을 구하는 공식을 알아보자. 첫째항부터 제n항까지의 합을 S_n이라 하면

$$S_n = a + (a+d) + \cdots + (a_n - d) + a_n$$

이고 S_n의 우변을 역순으로 쓰면

$$S_n = a_n + (a_n - d) + \cdots + (a+d) + a$$

이다. 두 식을 더하면

$$2S_n = (a + a_n) + (a + a_n) + \cdots + (a + a_n) + (a + a_n) = n(a + a_n)$$

이므로

$$S_n = \frac{n(a+a_n)}{2}$$

이다. 그런데 $a_n = a_1 + (n-1)d$이므로

$$S_n = \frac{n[2a+(n-1)d]}{2}$$

이다. 이상을 정리하면 다음과 같다.

정리 5.1

첫째항이 a이고 공차가 d인 등차수열에서 첫째항부터 제n항까지의 합 S_n은 다음과 같다.

$$S_n = \frac{n(a+a_n)}{2}$$

또는

$$S_n = \frac{n[2a+(n-1)d]}{2}$$

예제 5.4_ 다음을 구하여라.

(1) 첫째항이 3이고 공차가 4인 등차수열에서 S_8

(2) 1에서 100까지의 자연수의 합

풀이 (1) $S_8 = \frac{8[2\cdot 3+(8-1)\cdot 4]}{2} = \frac{8(6+28)}{2} = 136$

(2) 첫째항이 1이고 제100항이 100인 등차수열이므로

$$S_{100} = \frac{100(1+100)}{2} = 50\cdot 101 = 5050$$

문제 5.4 다음을 구하여라.

(1) 첫째항이 -8이고 공차가 3인 등차수열에서 S_6

(2) 두 자리 홀수 전체의 합 ◀

앞의 항에 일정한 수를 곱하여 다음 항이 얻어지는 수열, 즉

$$a_{n+1} = ra_n, \ n = 1, 2, \cdots$$

인 수열을 **등비수열**(geometric sequence)이라 하고, 곱하는 일정한 수 r을 **공비**라 한다.

예제 5.5_ 수열 $-\frac{1}{3}, \frac{1}{9}, x, \frac{1}{81}, \cdots$ 이 등비수열이 되도록 공비와 x값을 구하여라.

풀이 $a_2 = ra_1$이므로 $\frac{1}{9} = -\frac{1}{3}r$이다. 따라서 $r = -\frac{1}{3}$이고

$$x = r \cdot \frac{1}{9} = -\frac{1}{3} \cdot \frac{1}{9} = -\frac{1}{27}$$

이다.

문제 5.5 등비수열 $4, 2\sqrt{2}, 2, \sqrt{2}, \cdots$의 공비를 구하여라. ◀

첫째항이 a이고 공비가 r인 등비수열의 각 항을 계산해보자.

$$a_1 = a$$
$$a_2 = a_1 r = ra$$
$$a_3 = a_2 r = (ar)r = ar^2$$
$$a_4 = a_3 r = (ar^2)r = ar^3$$
$$\vdots$$

이므로 일반항은

$$a_n = ar^{n-1}$$

이다.

예제 5.6_ 다음을 구하여라.

(1) 첫째항이 3이고 공비가 2인 등비수열의 제10항

(2) 제4항이 125, 제10항이 $\frac{125}{64}$인 등비수열의 공비와 일반항(단, 공비는 양수)

풀이 (1) $a_{10} = ar^9 = 3 \cdot 2^9 = 1536$

(2) $a_4 = ar^3 = 125$이고 $a_{10} = ar^9 = \frac{125}{64}$이므로

$$125r^6 = \frac{125}{64}$$

이다. $r=\pm\frac{1}{2}$이다. 따라서 공비 r은 $\frac{1}{2}$이다. 첫째항을 구하면

$$a_4 = a\left(\frac{1}{2}\right)^3 = 125$$

이므로

$$\frac{a}{8} = 125, \quad a = 8 \cdot 125 = 1000$$

이고, 일반항은

$$a_n = 1000\left(\frac{1}{2}\right)^{n-1} = \frac{1000}{2^{n-1}} = \frac{2^3 \cdot 125}{2^{n-1}} = \frac{125}{2^{n-4}}$$

이다.

문제 5.6 다음을 구하여라.

(1) 첫째항이 3이고 공비가 $-\sqrt{2}$인 등비수열의 제9항

(2) 제4항이 $4\sqrt{2}$이고 제11항이 64인 등비수열의 공비와 일반항 ◀

첫째항이 a이고 공비가 r인 등비수열에서 첫째항부터 제n항까지의 합을 구하는 공식을 알아보자. 첫째항부터 제n항까지의 합을 S_n이라 하면

$$S_n = a + ar + ar^2 + \cdots + ar^{n-2} + ar^{n-1}$$

이고, 양변에 r을 곱하면

$$rS_n = ar + ar^2 + ar^3 + \cdots + ar^{n-1} + ar^n$$

이다. 두 식을 빼면

$$(1-r)S_n = a - ar^n$$

이므로 $r \neq 1$일 때는

$$S_n = \frac{a(1-r^n)}{1-r}$$

이고, $r=1$일 때는

$$S_n = a + a + \cdots + a = na$$

이다. 이상을 정리하면 다음과 같다.

정리 5.2

첫째항이 a이고 공비가 r인 등비수열에서 첫째항부터 제n항까지의 합 S_n은 다음과 같다.

$$r \neq 1\text{일 때 } S_n = \frac{a(1-r^n)}{1-r} = \frac{a(r^n-1)}{r-1}$$

$$r = 1\text{일 때 } S_n = na$$

예제 5.7_ 첫째항이 9이고 공비가 $-\frac{2}{3}$인 등비수열의 처음 4개 항의 합을 구하여라.

풀이 $$S_4 = \frac{9\left[1-\left(-\frac{2}{3}\right)^4\right]}{1-\left(-\frac{2}{3}\right)} = \frac{9\left(1-\frac{16}{81}\right)}{\frac{5}{3}} = \frac{13}{3}$$

문제 5.7 첫째항이 3이고 공비가 2인 등비수열의 처음 10개 항의 합을 구하여라. ◀

예제 5.8_ 연이율이 r이고 1년마다 복리로 매년 초에 a원을 적립할 때 n년째 연말의 원리합계를 구하여라.

풀이 a원을 저금하여 1년 후에는

$$\text{원금}+1\text{년간의 이자} = a + ar = a(1+r)$$

이고, 2년 후에는

$$1\text{년 후의 원리합계}+1\text{년간의 이자} = a(1+r) + a(1+r)r = a(1+r)^2$$

이며, 3년 후에는

$$2\text{년 후의 원리합계}+1\text{년간의 이자} = a(1+r)^2 + a(1+r)^2 r = a(1+r)^3$$

이다. 따라서 첫해에 저금한 a원은 n년째 연말에는

$$a(1+r)^n$$

이 된다. 마찬가지 방법으로 두 번째 해에 저금한 a원은 $n-1$년 동안 저금한 것이므로

$$a(1+r)^{n-1}$$

이 되며 마지막 해 초에 저금한 a원은 1년 동안 저금한 것이므로

$$a(1+r)$$

이 된다. 따라서 원리합계는

$$S_n = a(1+r) + a(1+r)^2 + \cdots + a(1+r)^{n-1} + a(1+r)^n$$

이다. 이것은 첫째항이 $a(1+r)$이고 공비가 $1+r$인 등비수열의 첫째항부터 제n항까지의 합이므로

$$S_n = \frac{a(1+r)[(1+r)^n - 1]}{(1+r)-1} = \frac{a(1+r)[(1+r)^n - 1]}{r}$$

이다.

문제 5.8 연이율이 3.6%이고 매달 복리로 10만 원씩 3년간 정기적금할 때 원리합계를 구하여라. (단, $1.003^{36} \fallingdotseq 1.114$로 계산한다.) ◀

5.1 연습문제

1 다음 등차수열의 일반항과 10항까지의 합을 구하여라.

(1) $-12, -8, -4, 0, \cdots$

(2) 첫째항 3, 공차 $\sqrt{2}$

2 다음 등비수열의 일반항과 10항까지의 합을 구하여라.

(1) $\frac{1}{4}, \frac{1}{2}, 1, 2, \cdots$

(2) 첫째항 2, 공비 $\sqrt{2}$

3 세 수 a, x, b가 등차수열을 이룰 때 x를 a와 b로 표현하여라. (x를 **등차중항**이라 한다.)

4 세 수 a, x, b가 등비수열을 이룰 때 x를 a와 b로 표현하여라. (x를 **등비중항**이라 한다.)

5 부채꼴 모양의 극장의 제일 앞줄은 좌석이 20개이고 두 번째 줄은 22개, 세 번째 줄은 24개로 2개씩 늘어나며 모두 20개의 줄이 있다고 하자. 극장의 전체 좌석 수를 구하여라.

6 $5+8+11+\cdots+305$를 계산하여라.

7 $a_n=\dfrac{3}{2}\times 2^n$인 수열의 10항부터 100항까지의 합을 구하여라.

수학카페

프루프(proof)

데이비드 어번의 퓰리처상 수상 원작을 영화로 만든 것으로 기네스 펠트로와 안소니 홉킨스가 주연을 맡았다. 정신분열증에 시달리는 천재 수학자 로버트는 죽음에 쫓기듯 자신만의 노트를 채워나가고 딸 캐서린은 그런 그를 홀로 돌보다 아버지의 죽음을 맡게 된다. 그 노트에 관심을 보이는 아버지의 제자 할과 아버지를 나 몰라라 한 언니 사이에서 캐서린은 차츰 민감해지고 '증명(proof)'이 담긴 노트에 얽힌 오해와 비밀이 밝혀지면서 자신의 미래에 대한 걱정으로 괴로워한다.

딸 캐서린 역을 맡은 기네스 펠트로는 이 작품에서 정신 분열증으로 고생하던 아버지의 간병을 위해서 학업까지 포기하고 아버지를 돌보는 한편 자신도 아버지의 정신병을 이어 받을까 극도의 두려움을 보여주는 치밀한 연기를 보여준다. 또 천재 수학자인 아버지 역을 맡은 안소니 홉킨스는 화산이 폭발하는 것 같은 강한 느낌과 부드럽고 예민한 느낌을 동시에 표현하며 천재 수학자의 내면을 깊이 있게 보여준다.

프루프는 연극으로도 만들어져 국내에서 몇 번 공연되었다.

5.2 합의 기호 Σ

일정한 규칙을 가진 수를 여러 개 더할 때 기호 $\sum$를 이용하여 다음과 같이 나타내면 편리하다.

$$a_1 + a_2 + \cdots + a_n = \sum_{k=1}^{n} a_k$$

즉, $\sum_{k=1}^{n} a_k$는 a_k의 k에 1, 2, ⋯, n 을 대입하여 얻은 항 $a_1, a_2, \cdots, a_n$ 의 합을 의미한다. 따라서 k 대신 다른 문자를 써도 된다. 예를 들면

$$\sum_{k=1}^{n} a_k = \sum_{i=1}^{n} a_i = \sum_{j=1}^{n} a_j$$

이다.

$\sum$는 '합'을 뜻하는 영어 'Summation'의 S에 해당하는 그리스 문자의 대문자로 시그마(Sigma)라고 읽는다. 합을 나타내는 기호로는 $\sum$ 외에 적분을 나타내는 $\int$ 도 있다. $\int$ 기호는 영어 S를 아래위로 길게 늘인 것으로 이 책의 제10장에서 공부하기로 하자. 두 기호의 차이는 $\sum$는 이산적인(discrete) 양을 더할 때 이용되고, $\int$ 는 주로 연속적인(continuous) 양을 더할 때 이용된다는 것이다.

예제 5.9_ 다음 합을 $\sum$ 기호를 이용하여 나타내어라.

(1) $1+3+5+\cdots+(2n-1)$ (2) $1^2+2^2+3^2+\cdots+100^2$

풀이 (1) $1+3+5+\cdots+(2n-1) = \sum_{k=1}^{n}(2k-1)$

(2) $1^2+2^2+3^2+\cdots+100^2 = \sum_{k=1}^{100} k^2$

문제 5.9 다음 합을 $\sum$ 기호를 이용하여 나타내어라.

(1) $\frac{1}{3}+\frac{1}{4}+\frac{1}{5}+\cdots+\frac{1}{100}$

(2) $(1+10)+(2+10^2)+\cdots+(7+10^7)$ ◀

합의 기호 $\sum$의 성질을 알아보자.

$$\begin{aligned}\sum_{k=1}^{n}(a_k+b_k)&=(a_1+b_1)+(a_2+b_2)+\cdots+(a_n+b_n)\\&=(a_1+a_2+\cdots+a_n)+(b_1+b_2+\cdots+b_n)\\&=\sum_{k=1}^{n}a_k+\sum_{k=1}^{n}b_k\end{aligned}$$

이다. 아래 정리의 다른 성질들도 비슷한 방법으로 쉽게 보일 수 있다.

정리 5.3

(1) $\sum_{k=1}^{n}(a_k+b_k)=\sum_{k=1}^{n}a_k+\sum_{k=1}^{n}b_k$　　(2) $\sum_{k=1}^{n}(a_k-b_k)=\sum_{k=1}^{n}a_k-\sum_{k=1}^{n}b_k$

(3) $\sum_{k=1}^{n}ca_k=c\sum_{k=1}^{n}a_k$, c는 상수　　(4) $\sum_{k=1}^{n}c=cn$, c는 상수

예제 5.10_ $\sum_{k=1}^{10}a_k=22$, $\sum_{k=1}^{10}b_k=8$일 때 다음 값을 구하여라.

(1) $\sum_{k=1}^{10}(2a_k+b_k)$　　(2) $\sum_{k=1}^{10}(5b_k-2)$

풀이 (1) $\sum_{k=1}^{10}(2a_k+b_k)=2\sum_{k=1}^{10}a_k+\sum_{k=1}^{10}b_k=2\cdot22+8=52$

(2) $\sum_{k=1}^{10}(5b_k-2)=5\sum_{k=1}^{10}b_k-\sum_{k=1}^{10}2=5\cdot8-2\cdot10=20$

문제 5.10 $\sum_{k=1}^{10}a_k=15$, $\sum_{k=1}^{10}b_k=-8$일 때 다음 값을 구하여라.

(1) $\sum_{k=1}^{10}(2a_k+3b_k)$　　(2) $\sum_{k=1}^{10}(a_k-2b_k-3)$

자연수의 거듭제곱의 합을 구해보자. 먼저

$$\sum_{k=1}^{n}k=1+2+3+\cdots+n$$

은 첫째항이 1이고 공차가 1인 등차수열의 합이므로

$$\sum_{k=1}^{n} k = \frac{n(n+1)}{2}$$

이다. 다음에는

$$\sum_{k=1}^{n} k^2 = 1^2 + 2^2 + 3^2 + \cdots + n^2$$

을 구하는 방법을 생각해보자. 항등식 $(x+1)^3 - x^3 = 3x^2 + 3x + 1$의 x에 $1, 2, \cdots, n$ 을 각각 대입하면

$$\begin{aligned} 2^3 - 1^3 &= 3 \cdot 1^2 + 3 \cdot 1 + 1 \\ 3^3 - 2^3 &= 3 \cdot 2^2 + 3 \cdot 2 + 1 \\ &\vdots \\ (n+1)^3 - n^3 &= 3 \cdot n^2 + 3 \cdot n + 1 \end{aligned}$$

이다. 이 n개의 식을 더하면

$$(n+1)^3 - 1^3 = 3\sum_{k=1}^{n} k^2 + 3\sum_{k=1}^{n} k + \sum_{k=1}^{n} 1$$

이다. 그런데 $\displaystyle\sum_{k=1}^{n} k = \frac{n(n+1)}{2}$이고 $\displaystyle\sum_{k=1}^{n} 1 = n$이므로

$$3\sum_{k=1}^{n} k^2 = (n+1)^3 - 1 - \frac{3n(n+1)}{2} - n = \frac{n(n+1)(2n+1)}{2}$$

이다. 따라서

$$\sum_{k=1}^{n} k^2 = \frac{n(n+1)(2n+1)}{6}$$

이다. 같은 방법으로 항등식 $(x+1)^4 - x^4 = 4x^3 + 6x^2 + 4x + 1$의 x에 $1, 2, \cdots, n$을 각각 대입하여 얻은 n개의 식을 더하고 정리하면

$$\sum_{k=1}^{n} k^3 = \left(\frac{n(n+1)}{2}\right)^2$$

을 얻는다. 자세한 증명은 연습문제에서 각자 해보기 바란다. 이상을 정리하면 다

음과 같다.

정리 5.4

(1) $\sum_{k=1}^{n} k = \frac{n(n+1)}{2}$ (2) $\sum_{k=1}^{n} k^2 = \frac{n(n+1)(2n+1)}{6}$

(3) $\sum_{k=1}^{n} k^3 = \left(\frac{n(n+1)}{2}\right)^2$

예제 5.11_ 다음 합을 구하여라.

(1) $\sum_{k=1}^{4} (6k-4k^2)$ (2) $\sum_{k=1}^{n} (k+1)(k+2)$

(3) $\sum_{k=1}^{n} \frac{1}{k(k+1)}$ (4) $\sum_{k=1}^{n} \frac{1}{(2k-1)(2k+1)}$

풀이 (1)
$$\begin{aligned}\sum_{k=1}^{4}(6k-4k^2) &= 6\sum_{k=1}^{4}k-4\sum_{k=1}^{4}k^2 \\ &= 6\frac{4(4+1)}{2}-4\frac{4(4+1)(8+1)}{6} \\ &= -60\end{aligned}$$

(2)
$$\begin{aligned}\sum_{k=1}^{n}(k+1)(k+2) &= \sum_{k=1}^{n}(k^2+3k+2) \\ &= \sum_{k=1}^{n}k^2+3\sum_{k=1}^{n}k+\sum_{k=1}^{n}2 \\ &= \frac{n(n+1)(2n+1)}{6}+\frac{3n(n+1)}{2}+2n \\ &= \frac{n(n^2+6n+11)}{3}\end{aligned}$$

(3) $\frac{1}{k(k+1)} = \frac{1}{k}-\frac{1}{k+1}$ 이므로

$$\begin{aligned}\sum_{k=1}^{n}\frac{1}{k(k+1)} &= \sum_{k=1}^{n}\left(\frac{1}{k}-\frac{1}{k+1}\right) \\ &= \left(\frac{1}{1}-\frac{1}{2}\right)+\left(\frac{1}{2}-\frac{1}{3}\right)+\cdots+\left(\frac{1}{n}-\frac{1}{n+1}\right) \\ &= 1-\frac{1}{n+1} = \frac{n}{n+1}\end{aligned}$$

(4) $\frac{1}{(2k-1)(2k+1)} = \frac{1}{2}\left(\frac{1}{2k-1}-\frac{1}{2k+1}\right)$ 이므로

$$\sum_{k=1}^{n}\frac{1}{(2k-1)(2k+1)} = \sum_{k=1}^{n}\frac{1}{2}\left(\frac{1}{2k-1}-\frac{1}{2k+1}\right)$$

$$=\frac{1}{2}\left(\frac{1}{1}-\frac{1}{3}\right)+\frac{1}{2}\left(\frac{1}{3}-\frac{1}{5}\right)+\cdots+\frac{1}{2}\left(\frac{1}{2n-1}-\frac{1}{2n+1}\right)$$
$$=\frac{1}{2}\left(1-\frac{1}{2n+1}\right)=\frac{n}{2n+1}$$

문제 5.11 다음 합을 구하여라.

(1) $\sum_{k=1}^{10}(k^3-k)$ (2) $\sum_{k=1}^{n}k(k+1)$

(3) $\sum_{k=1}^{n}\frac{1}{k(k+2)}$ (4) $\frac{1}{4}+\frac{1}{12}+\cdots+\frac{1}{2n(n+1)}$ ◀

5.2 연습문제

1 다음 합을 $\sum$ 기호를 이용하여 나타내고 합을 계산하여라.

(1) $2+4+6+8+\cdots+100$ (2) $3+7+11+15+\cdots+39$

(3) $1^2+3^2+5^2+7^2+\cdots+23^2$ (4) $1+2+2^2+2^3+\cdots+2^{10}$

2 다음 합을 계산하여라.

(1) $\sum_{k=1}^{n}(2k+1)$ (2) $\sum_{k=1}^{n}(3k-2)^2$

(3) $\sum_{k=1}^{n}\frac{1}{(3k-2)(3k+1)}$ (4) $\sum_{k=1}^{n}\frac{1}{\sqrt{2k+2}+\sqrt{2k}}$

(5) $\sum_{k=1}^{4}5\left(\frac{2}{3}\right)^k$ (6) $\sum_{k=1}^{10}4\left(\frac{1}{2}\right)^{k-1}$

3 항등식 $(x+1)^4-x^4=4x^3+6x^2+4x+1$을 이용하여

$$\sum_{k=1}^{n}k^3=\left(\frac{n(n+1)}{2}\right)^2$$

임을 보여라.

4 $\sum_{k=1}^{n} k(k+1)(k+2)$의 합을 구하여라.

5 $a_1 = 2$이고, $\sum_{k=1}^{n} (a_{2k-1} + a_{2k}) = 2n^2 + 3n$인 수열 $\{a_n\}$에 대하여 $\sum_{k=1}^{n} a_k$의 값을 구하여라.

6 첫째 항이 3이고 공차가 4인 등차수열 $\{a_n\}$에 대하여 다음 합을 구하여라.

$$a_1a_2 - a_2a_3 + a_3a_4 - a_4a_5 + \cdots + a_{2n-1}a_{2n} - a_{2n}a_{2n+1}$$

수학카페

[수학유머] 초코파이에 들어 있는 초코의 함량

$$\text{초코의 함량} = \frac{\text{초코}}{\text{초코파이}} \times 100$$

분모, 분자에서 초코를 약분하면

$$\text{초코의 함량} = \frac{1}{\text{파이}} \times 100$$

파이는 약 3.14이므로

$$\text{초코의 함량} \fallingdotseq \frac{100}{3.14} \fallingdotseq 31.85\%$$

5.3 수열의 극한

수열 $\langle a_n \rangle$에서 n이 한없이 커질 때 일반항 a_n이 어떻게 변하는지 알아보자. 예를 들어, 수열

$$1, \frac{1}{2}, \frac{1}{3}, \frac{1}{4}, \cdots, \frac{1}{n}, \cdots$$

에서 n이 한없이 커지면 $a_n = \frac{1}{n}$은 0에 한없이 가까워질 것이라고 쉽게 예측할 수 있다. 또 수열

$$\frac{1}{2}, \frac{2}{3}, \frac{3}{4}, \frac{4}{5}, \cdots, \frac{n}{n+1}, \cdots$$

에서 n이 한없이 커지면 $a_n = \frac{n}{n+1}$은 1에 한없이 가까워진다. 일반적으로 수열 $\langle a_n \rangle$에서 n이 한없이 커질 때 a_n이 어떤 일정한 값 l에 한없이 가까워지면 수열 $\langle a_n \rangle$은 l로 **수렴한다**(converge)고 하고, l을 $\langle a_n \rangle$의 **극한값**(limit)이라 하며

$$\lim_{n \to \infty} a_n = l$$

이라 나타낸다.

다음 세 수열을 생각해 보자.

$$1^2, 2^2, 3^2, 4^2, \cdots, n^2, \cdots$$
$$-2, -4, -6, -8, \cdots, -2n, \cdots$$
$$1, -1, 1, -1, \cdots, (-1)^{n+1}, \cdots$$

n이 한없이 커지면 첫 번째 수열은 $a_n = n^2$이 한없이 커지고, 두 번째 수열은 $a_n = -2n$이 음수로서 그 절댓값이 한없이 커지며, 세 번째 수열은 1과 -1이 계속 반복된다. 이와 같이 수열이 일정한 값에 수렴하지 않을 때 **발산한다**(diverge)고 한다. 특히 위의 첫 번째 수열은 무한대로 발산한다고 하며

$$\lim_{n \to \infty} a_n = \infty$$

라 나타내고, 두 번째 수열은 음의 무한대로 발산한다고 하며

$$\lim_{n\to\infty} a_n = -\infty$$

라 나타낸다. 또 세 번째 수열은 진동한다고 한다.

예제 5.12_ 일반항이 다음과 같은 수열의 극한값을 구하여라.

(1) $a_n = \dfrac{n}{n+3}$ (2) $a_n = \dfrac{1}{2n+1}$

(3) $a_n = 2n-1$ (4) $a_n = 100-n^2$

풀이 (1) $\lim_{n\to\infty}\dfrac{n}{n+3}=1$ (2) $\lim_{n\to\infty}\dfrac{1}{2n+1}=0$

(3) $\lim_{n\to\infty}(2n-1)=\infty$ (4) $\lim_{n\to\infty}(100-n^2)=-\infty$

문제 5.12 일반항이 다음과 같은 수열의 극한값을 구하여라.

(1) $a_n = \dfrac{2n+1}{n}$ (2) $a_n = \dfrac{(-1)^n}{2^n}$

(3) $a_n = n-n^2$ (4) $a_n = 2^n$

두 수열 $\langle a_n \rangle$, $\langle b_n \rangle$이 각각

$$1.1,\ 1.01,\ 1.001,\ 1.0001,\ \cdots$$
$$2.1,\ 2.01,\ 2.001,\ 2.0001,\ \cdots$$

이라하면 $\lim_{n\to\infty} a_n = 1$, $\lim_{n\to\infty} b_n = 2$이다. 또 수열 $\langle a_n + b_n \rangle$은

$$3.2,\ 3.02,\ 3.002,\ 3.0002,\ \cdots$$

이므로 $\lim_{n\to\infty}(a_n+b_n)=3$이다. 따라서

$$\lim_{n\to\infty}(a_n+b_n)=\lim_{n\to\infty}a_n+\lim_{n\to\infty}b_n$$

임을 알 수 있다. 일반적으로 다음 성질이 성립한다.

정리 5.5

두 수열 $\langle a_n \rangle$, $\langle b_n \rangle$이 수렴하고 $\lim_{n\to\infty} a_n = l$, $\lim_{n\to\infty} b_n = m$일 때

(1) $\lim_{n\to\infty} ka_n = k\lim_{n\to\infty} a_n = kl$

(2) $\lim_{n\to\infty}(a_n + b_n) = \lim_{n\to\infty} a_n + \lim_{n\to\infty} b_n = l + m$

(3) $\lim_{n\to\infty}(a_n - b_n) = \lim_{n\to\infty} a_n - \lim_{n\to\infty} b_n = l - m$

(4) $\lim_{n\to\infty} a_n b_n = (\lim_{n\to\infty} a_n)(\lim_{n\to\infty} b_n) = lm$

(5) $\lim_{n\to\infty} \dfrac{a_n}{b_n} = \dfrac{\lim_{n\to\infty} a_n}{\lim_{n\to\infty} b_n} = \dfrac{l}{m}$, 단 $b_n \neq 0,\ m \neq 0$

위의 성질을 이용하면 많은 극한값을 쉽게 구할 수 있다.

예제 5.13_ 다음 극한값을 구하여라.

(1) $\lim_{n\to\infty} \dfrac{n-10}{3n+2}$

(2) $\lim_{n\to\infty} \dfrac{2n^2 - n + 2}{n^2 + 1}$

(3) $\lim_{n\to\infty} \dfrac{n^3 + n^2 - 1}{n^2 + 1}$

(4) $\lim_{n\to\infty} (\sqrt{n^2 + n} - n)$

풀이 (1) 분모, 분자를 n으로 나누면

$$\lim_{n\to\infty} \frac{n-10}{3n+2} = \lim_{n\to\infty} \frac{1 - \frac{10}{n}}{3 + \frac{2}{n}} = \frac{\lim_{n\to\infty} 1 - 10\lim_{n\to\infty} \frac{1}{n}}{\lim_{n\to\infty} 3 + 2\lim_{n\to\infty} \frac{1}{n}}$$

$$= \frac{1 - 10 \cdot 0}{3 + 2 \cdot 0} = \frac{1}{3}$$

(2) 분모, 분자를 n^2으로 나누면

$$\lim_{n\to\infty} \frac{2n^2 - n + 2}{n^2 + 1} = \lim_{n\to\infty} \frac{2 - \frac{1}{n} + \frac{2}{n^2}}{1 + \frac{1}{n^2}}$$

$$= \frac{\lim_{n\to\infty} 2 - \lim_{n\to\infty} \frac{1}{n} + 2\lim_{n\to\infty} \frac{1}{n^2}}{\lim_{n\to\infty} 1 + \lim_{n\to\infty} \frac{1}{n^2}}$$

$$=\frac{2-0+2\cdot 0}{1+0}=2$$

(3) 분모, 분자를 n^2으로 나누면

$$\lim_{n\to\infty}\frac{n^3+n^2-1}{n^2+1}=\lim_{n\to\infty}\frac{n+1-\frac{1}{n^2}}{1+\frac{1}{n^2}}=\infty$$

(4) 분모, 분자에 $\sqrt{n^2+n}+n$을 곱하면

$$\begin{aligned}\lim_{n\to\infty}(\sqrt{n^2+n}-n)&=\lim_{n\to\infty}\frac{(\sqrt{n^2+n}-n)(\sqrt{n^2+n}+n)}{\sqrt{n^2+n}+n}\\&=\lim_{n\to\infty}\frac{n}{\sqrt{n^2+n}+n}\\&=\lim_{n\to\infty}\frac{1}{\sqrt{1+\frac{1}{n}}+1}=\frac{1}{2}\end{aligned}$$

문제 5.13 다음 극한값을 구하여라.

(1) $\lim_{n\to\infty}\frac{4n^2-2n+3}{2n^2-10n+1}$ (2) $\lim_{n\to\infty}\frac{1+2+3+\cdots+n}{n^2}$

(3) $\lim_{n\to\infty}\frac{n^3+1}{1-2n^2}$ (4) $\lim_{n\to\infty}\frac{1}{n-\sqrt{n^2+2n}}$ ◀

무한수열이 등비수열일 때 **무한등비수열**이라 한다. 즉,

$$a,\ ar,\ ar^2,\ \cdots,ar^{n-1},\ \cdots$$

을 무한등비수열이라 한다.

다음 정리는 쉽게 이해할 수 있다.

정리 5.6

$-1 < r < 1$일 때 $\lim_{n\to\infty} r^n = 0$

$r = 1$일 때 $\lim_{n\to\infty} r^n = 1$

$r > 1$일 때 $\lim_{n\to\infty} r^n = \infty$

$r \le -1$일 때 $\lim_{n\to\infty} r^n$은 진동하며 발산한다.

예제 5.14_ 다음 극한값을 구하여라.

(1) $\lim_{n\to\infty}\left(-\frac{1}{2}\right)^n$ (2) $\lim_{n\to\infty}(1.01)^n$

(3) $\lim_{n\to\infty}\frac{2^n+100}{3^n+1}$ (4) $\lim_{n\to\infty}\frac{3^n+2^n}{3^n-2^n}$

풀이 (1) $\lim_{n\to\infty}\left(-\frac{1}{2}\right)^n = 0$

(2) $\lim_{n\to\infty}(1.01)^n = \infty$

(3) $\lim_{n\to\infty}\frac{2^n+100}{3^n+1} = \lim_{n\to\infty}\frac{\left(\frac{2}{3}\right)^n+\frac{100}{3^n}}{1+\frac{1}{3^n}} = \frac{0+0}{1+0} = 0$

(4) $\lim_{n\to\infty}\frac{3^n+2^n}{3^n-2^n} = \lim_{n\to\infty}\frac{1+\left(\frac{2}{3}\right)^n}{1-\left(\frac{2}{3}\right)^n} = 1$

문제 5.14 다음 극한값을 구하여라.

(1) $\lim_{n\to\infty}(0.9999)^n$ (2) $\lim_{n\to\infty}\frac{10^n}{1+3^n}$

(3) $\lim_{n\to\infty}\frac{4^{n+1}+5^{n+1}}{4^n+5^n}$ (4) $\lim_{n\to\infty}\frac{4^{n+1}-5^{n+1}}{4^n-5^n}$

5.3 연습문제

1 다음 극한값을 구하여라.

(1) $\lim_{n\to\infty}\frac{\sqrt{n^2-2}}{n+1}$

(2) $\lim_{n\to\infty}\frac{(-1)^n n}{n^2+1}$

(3) $\lim_{n\to\infty}\left(1+\frac{(-1)^n}{n}\right)$

(4) $\lim_{n\to\infty}\frac{n^3}{1^2+2^2+\cdots+n^2}$

(5) $\lim_{n\to\infty}\frac{n}{\sqrt{n+1}-1}$

(6) $\lim_{n\to\infty}\left(\sqrt{n^2-3n+2}-\sqrt{n^2+3n+2}\right)$

(7) $\lim_{n\to\infty}\frac{1+2^n}{1-2^n}$

(8) $\lim_{n\to\infty}\frac{3^{n+1}+4^{n+2}}{3^n+4^{n+1}}$

2 다음 무한급수가 수렴하도록 x값의 범위를 정하여라.

(1) $\lim_{n\to\infty}\left(\frac{3x+1}{2}\right)^n$

(2) $\lim_{n\to\infty}\left(\frac{3}{x-2}\right)^n$

5.4 무한급수

수열 $\langle a_n \rangle$의 각 항을 더한

$$a_1 + a_2 + a_3 + \cdots + a_n + \cdots$$

을 **급수**(series) 또는 **무한급수**(infinite series)라 한다. 위의 급수를 기호 $\sum$를 이용하여

$$\sum_{n=1}^{\infty} a_n$$

이라 나타낸다. 무한급수 $\sum_{n=1}^{\infty} a_n$에서 처음 n개 항의 합

$$S_n = a_1 + a_2 + a_3 + \cdots + a_n$$

을 이 급수의 **부분합**(partial sum)이라 한다.

예제 5.15_ 다음 무한급수의 부분합을 구하여라.

(1) $\displaystyle\sum_{n=1}^{\infty} \frac{1}{n(n+1)}$ (2) $\displaystyle\sum_{n=1}^{\infty} 3\left(\frac{1}{2}\right)^n$

풀이 (1) 부분분수로 변형하여 계산하면

$$S_n = \sum_{k=1}^{n} \frac{1}{k(k+1)} = \sum_{k=1}^{n}\left(\frac{1}{k} - \frac{1}{k+1}\right) = 1 - \frac{1}{n+1} = \frac{n}{n+1}$$

(2) 첫째항이 $\frac{3}{2}$이고 공비가 $\frac{1}{2}$인 등비수열의 제n항까지의 합이므로

$$S_n = \sum_{k=1}^{n} 3\left(\frac{1}{2}\right)^k = \frac{\frac{3}{2}\left(1 - \left(\frac{1}{2}\right)^n\right)}{1 - \frac{1}{2}} = 3 - 3\left(\frac{1}{2}\right)^n$$

문제 5.15 다음 무한급수의 부분합을 구하여라.

(1) $\displaystyle\sum_{n=1}^{\infty} \frac{1}{(2n-1)(2n+1)}$ (2) $\displaystyle\sum_{n=1}^{\infty} [3 + 4(n-1)]$

무한급수 $\sum_{n=1}^{\infty} a_n$의 부분합 S_n을 항으로 하는 수열

$$S_1,\ S_2,\ S_3,\ \cdots,\ S_n,\ \cdots$$

이 일정한 값 S에 수렴하면 무한급수 $\sum_{n=1}^{\infty} a_n$도 S에 **수렴한다**(converge)고 하고

$$\sum_{n=1}^{\infty} a_n = S$$

라 나타낸다. 또 수열 $\langle S_n \rangle$이 발산할 때 $\sum_{n=1}^{\infty} a_n$도 **발산한다**(diverge)고 한다. 특히

$$\lim_{n\to\infty} S_n = \infty \text{일 때 } \sum_{n=1}^{\infty} a_n = \infty$$

$$\lim_{n\to\infty} S_n = -\infty \text{일 때 } \sum_{n=1}^{\infty} a_n = -\infty$$

라 나타낸다.

예제 5.16_ 다음 무한급수의 수렴, 발산을 조사하여라.

(1) $\sum_{n=1}^{\infty} \frac{1}{(n+1)(n+2)}$　　　　(2) $\sum_{n=1}^{\infty} (\sqrt{n+1} - \sqrt{n})$

풀이 (1) 부분합을 구하면

$$\begin{aligned} S_n &= \sum_{k=1}^{n} \frac{1}{(k+1)(k+2)} \\ &= \sum_{k=1}^{n} \left(\frac{1}{k+1} - \frac{1}{k+2} \right) = \frac{1}{2} - \frac{1}{n+2} \end{aligned}$$

이므로

$$\lim_{n\to\infty} S_n = \lim_{n\to\infty} \left(\frac{1}{2} - \frac{1}{n+2} \right) = \frac{1}{2}$$

이다. 따라서

$$\sum_{n=1}^{\infty} \frac{1}{(n+1)(n+2)} = \frac{1}{2}$$

이다.

(2) 부분합을 구하면

$$S_n = \sum_{k=1}^{n}(\sqrt{k+1} - \sqrt{k}) = \sqrt{n+1} - 1$$

이므로

$$\lim_{n\to\infty} S_n = \lim_{n\to\infty}(\sqrt{n+1} - 1) = \infty$$

이다. 따라서

$$\sum_{n=1}^{\infty}(\sqrt{n+1} - \sqrt{n}) = \infty$$

이다.

문제 5.16 다음 무한급수의 수렴, 발산을 조사하여라.

(1) $\displaystyle\sum_{n=1}^{\infty} \frac{1}{(2n-1)(2n+1)}$ (2) $\displaystyle\sum_{n=1}^{\infty} [100 - 2(n-1)]$

첫째항이 a이고 공비가 r인 무한등비수열 $\langle ar^{n-1} \rangle$에서 얻은 무한급수

$$\sum_{n=1}^{\infty} ar^{n-1} = a + ar + ar^2 + \cdots$$

를 **무한등비급수**라 한다. 무한등비급수의 부분합은

$$S_n = a + ar + ar^2 + \cdots + ar^{n-1} = \begin{cases} \dfrac{a(1-r^n)}{1-r}, & r \neq 1 \\ na, & r = 1 \end{cases}$$

이다. 그런데

$$\lim_{n\to\infty} r^n = \begin{cases} 0, & |r| < 1 \\ \text{발산}, & r > 1 \text{ 또는 } r \leq -1 \end{cases}$$

이므로

$$\lim_{n\to\infty} S_n = \begin{cases} \dfrac{a}{1-r}, & |r| < 1 \\ \text{발산}, & r = 1 \\ \text{발산}, & r > 1 \text{ 또는 } r \leq -1 \end{cases}$$

이다. 이상을 정리하면 다음과 같다.

정리 5.6

무한등비급수의 합은 다음과 같다.

$$\sum_{n=1}^{\infty} ar^{n-1} = \begin{cases} \dfrac{a}{1-r}, & |r| < 1 \\ \text{발산}, & |r| \geq 1 \end{cases}$$

예제 5.17_ 다음 무한등비급수의 수렴, 발산을 조사하여라.

(1) $\displaystyle\sum_{n=1}^{\infty} \frac{2}{3^n}$

(2) $1-\sqrt{2}+2-2\sqrt{2}+-\cdots$

풀이 (1) 첫째항이 $\dfrac{2}{3}$이고 공비가 $\dfrac{1}{3}$인 무한등비급수이므로

$$S=\frac{2/3}{1-1/3}=1$$

(2) 공비가 $-\sqrt{2}$이고 $|-\sqrt{2}|\geq 1$이므로 발산한다.

문제 5.17 다음 무한등비급수의 수렴, 발산을 조사하여라.

(1) $\displaystyle\sum_{n=1}^{\infty}\left(\frac{3}{(-5)^{n+2}}\right)$

(2) $\displaystyle\sum_{n=1}^{\infty} 4\left(\frac{6}{5}\right)^{n-1}$ ◀

앞 절에서 $\sum$ 기호는

$$\sum_{k=1}^{n}(a_k+b_k)=\sum_{k=1}^{n}a_k+\sum_{k=1}^{n}b_k$$

를 만족함을 알았다. 또, 두 수열의 합의 극한은 각 극한의 합과 같음을 알고 있다. 따라서 수렴하는 무한급수에 대해서는 다음이 성립함을 알 수 있다.

정리 5.7

두 무한급수 $\displaystyle\sum_{n=1}^{\infty}a_n$과 $\displaystyle\sum_{n=1}^{\infty}b_n$이 수렴하면 다음 성질이 성립한다.

(1) $\displaystyle\sum_{n=1}^{\infty}(a_n+b_n)=\sum_{n=1}^{\infty}a_n+\sum_{n=1}^{\infty}b_n$

(2) $\sum_{n=1}^{\infty}(a_n - b_n) = \sum_{n=1}^{\infty} a_n - \sum_{n=1}^{\infty} b_n$

(3) $\sum_{n=1}^{\infty} ca_n = c\sum_{n=1}^{\infty} a_n$, c는 상수

예제 5.18_ 무한급수 $\sum_{n=1}^{\infty}\frac{1+2^n}{4^n}$의 합을 구하여라.

풀이 $\frac{1+2^n}{4^n}=\left(\frac{1}{4}\right)^n+\left(\frac{1}{2}\right)^n$이고 $\sum_{n=1}^{\infty}\left(\frac{1}{4}\right)^n$과 $\sum_{n=1}^{\infty}\left(\frac{1}{2}\right)^n$이 수렴하므로

$$\begin{aligned}\sum_{n=1}^{\infty}\frac{1+2^n}{4^n} &= \sum_{n=1}^{\infty}\left(\left(\frac{1}{4}\right)^n+\left(\frac{1}{2}\right)^n\right)\\ &= \sum_{n=1}^{\infty}\left(\frac{1}{4}\right)^n+\sum_{n=1}^{\infty}\left(\frac{1}{2}\right)^n\\ &= \frac{1/4}{1-1/4}+\frac{1/2}{1-1/2}=\frac{4}{3}\end{aligned}$$

이다.

문제 5.18 무한급수 $\sum_{n=1}^{\infty}\frac{2^n+4^n}{5^n}$의 합을 구하여라. ◀

5.4 연습문제

1 다음 무한급수의 수렴 여부를 결정하고, 수렴하는 경우 그 합을 구하여라.

(1) $\sum_{n=1}^{\infty}\frac{1}{(3n-1)(3n+2)}$

(2) $\sum_{n=1}^{\infty}\left(\frac{2}{3}\right)^n$

(3) $\sum_{n=1}^{\infty}\left(\frac{10}{9}\right)^n$

(4) $\frac{4}{3}+1+\frac{3}{4}+\frac{9}{16}+\cdots$

(5) $0.9+0.03+0.001+\cdots$

(6) $1+\frac{\sqrt{3}-1}{3}+\left(\frac{\sqrt{3}-1}{3}\right)^2+\cdots$

(7) $\sum_{n=1}^{\infty}\left(\frac{2^n}{3^n}-\frac{4^n}{5^n}\right)$

(8) $a>b>c>0$일 때 $\sum_{n=1}^{\infty}\frac{b^n+c^n}{a^n}$

(9) $\sum_{n=1}^{\infty} \frac{3^{n+3}}{5^{n-1}}$

(10) $1 + \frac{1}{2} + \frac{1}{3} + \cdots + \frac{1}{n} + \cdots$

2 다음 수열의 극한값을 구하여라.

$$\sqrt{2},\ \sqrt{2\sqrt{2}},\ \sqrt{2\sqrt{2\sqrt{2}}},\ \cdots$$

3 다음 무한등비급수가 수렴하도록 x값의 범위를 정하여라.

(1) $\sum_{n=1}^{\infty} \left(\frac{3x+1}{2}\right)^n$

(2) $\sum_{n=1}^{\infty} \left(\frac{3}{x-2}\right)^n$

4 급수 $\sum_{n=1}^{\infty} \left(\frac{3}{n(n+1)} + \frac{1}{2^n}\right)$의 합을 구하여라.

5 $\sum_{n=1}^{\infty} \frac{(-1)^{n+1}}{n} = \ln 2$임을 이용하여 $\sum_{n=4}^{\infty} \frac{(-1)^{n+1}}{n}$을 구하여라.

6 자연수 n에 대하여 집합 $A_n = \{(x,\ y) \mid 0 \le x \le 3^n,\ 0 \le y \le 3^n\}$일 때 집합 A_n에서 $x+y$의 최댓값을 a_n이라 하자. 이때 $\sum_{n=1}^{\infty} \frac{1}{a_n}$의 값을 구하여라.

Chapter 06

지수함수와 로그함수

6.1 지수함수
6.2 로그함수
6.3 지수방정식과 로그방정식

6.1 지수함수

제1장에서 $a > 0$이고 x가 유리수일 때 a^x의 의미에 대하여 공부하였다. 예를 들어

$$a^{2/3} = \sqrt[3]{a^2}$$

이다. 지수가 실수인 경우는 어떤 의미를 가질까? 예를 들어 $2^{\sqrt{3}}$을 생각해보자.

$$\sqrt{3} = 1.73205\cdots$$

이므로 수열

$$1,\ 1.7,\ 1.732,\ 1.7320,\ \cdots$$

는 $\sqrt{3}$에 수렴한다. 이 각각의 유리수를 지수로 갖는 수열

$$2^1,\ 2^{1.7},\ 2^{1.732},\ 2^{1.7320},\ \cdots$$

은 어떤 일정한 수로 수렴한다는 것이 밝혀져 있다. 따라서 이 수열의 극한값을 $2^{\sqrt{3}}$이라 정의할 수 있다. 계산기로 계산해보면

$$2^{\sqrt{3}} \approx 3.321997$$

임을 알 수 있다. 일반적으로 x가 실수일 때 a^x도 같은 방법으로 정의한다. 또 지수가 실수일 때에도 유리수의 경우와 마찬가지의 지수법칙이 성립한다. 즉, $a, b > 0$이고 x, y가 실수일 때

$$a^x a^y = a^{x+y}, \qquad \frac{a^x}{a^y} = a^{x-y}$$
$$(a^x)^y = a^{xy}, \qquad (ab)^x = a^x b^x$$

가 성립한다.

정의 6.1

$a > 0$, $a \neq 1$일 때 함수

$$f(x) = a^x$$

를 밑이 a인 **지수함수**(exponential function)라 한다.

지수함수 $y=a^x$의 정의역은 실수 전체이고 $a>1$일 때는 증가함수(그림 6.1), $0<a<1$일 때는 감소함수(그림 6.2)이다.

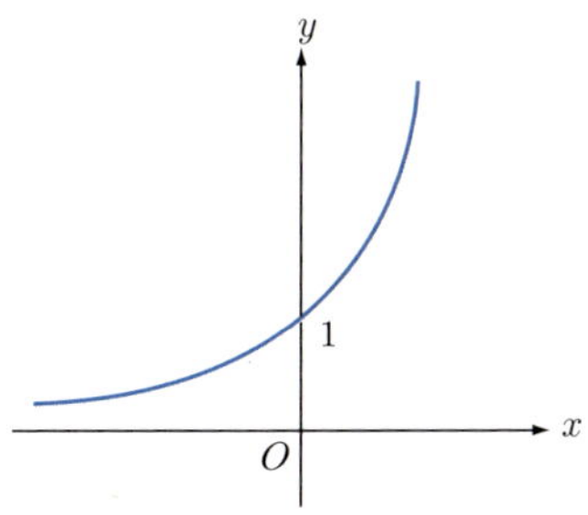

그림 6.1 $y=a^x, a>1$

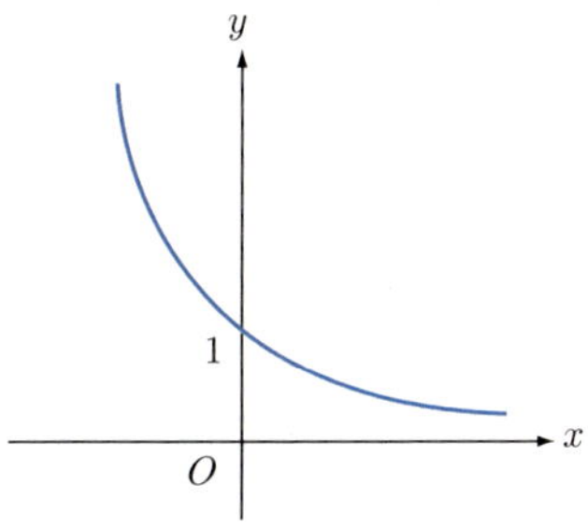

그림 6.2 $y=a^x, 0<a<1$

직선 $y=0$을 이 지수함수의 **점근선**(asymptote)이라 한다.

예제 6.1_ 다음 지수함수의 그래프를 그려라.

(1) $y=\left(\frac{1}{4}\right)^x$

(2) $y=6^x-2$

풀이 (1) $\frac{1}{4}<1$이므로 감소함수이다(그림 6.3).

(2) $y=6^x$의 그래프를 y축으로 -2만큼 평행 이동한 그래프이다(그림 6.4).

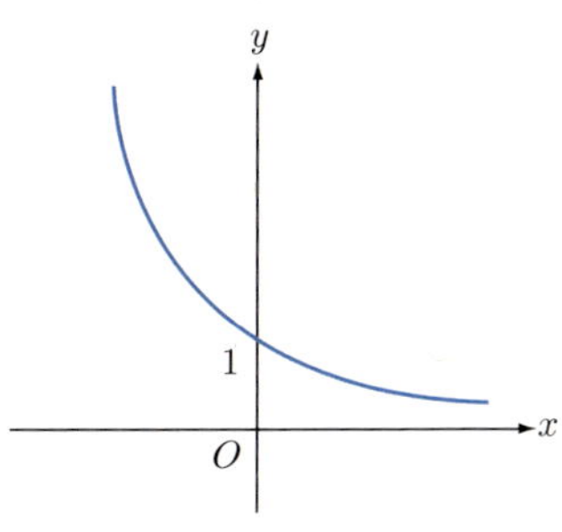

그림 6.3 $y=\left(\frac{1}{4}\right)^x$

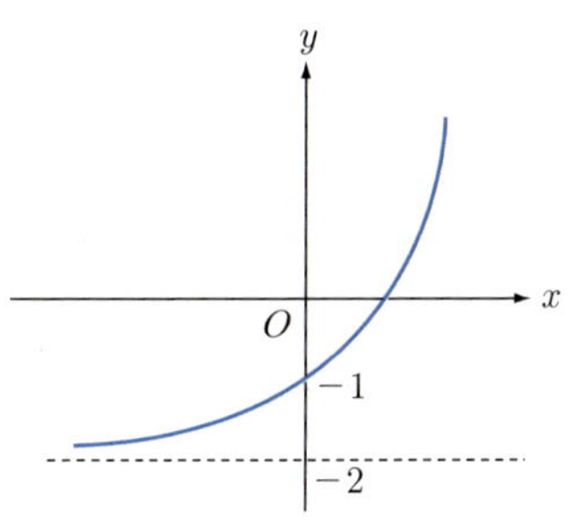

그림 6.4 $y=6^x-2$

문제 6.1 다음 지수함수의 그래프를 그려라.

(1) $y=3^{x+1}$　　(2) $y=-2^x$ ◀

수열 $\left\langle \left(1+\frac{1}{n}\right)^n \right\rangle$을 생각해보자. n에 몇 개의 자연수를 대입하여 그 값을 계산기로 계산해보면 다음과 같다.

n	$\left(1+\frac{1}{n}\right)^n$
1	2
2	2.25
5	$2.48832\cdots$
10	$2.59374\cdots$
100	$2.70481\cdots$
1,000	$2.71692\cdots$
10,000	$2.71815\cdots$

따라서 $\left(1+\frac{1}{n}\right)^n$은 n이 커짐에 따라 증가함을 알 수 있다. 또 이 수열은 어떤 일정한 수로 수렴한다는 것이 밝혀져 있다. 이 극한값을 e라고 나타내기로 하자. 즉,

$$e = \lim_{n\to\infty}\left(1+\frac{1}{n}\right)^n$$

이다. e를 소수로 나타내면

$$e = 2.718281828459045235 36\cdots$$

이며 원주율 π와 같이 순환하지 않는 무한소수임이 알려져 있다.

정의 6.2

밑이 e인 지수함수

$$f(x) = e^x$$

을 **자연지수 함수**(natural exponential function)라 한다. e^x을 $\exp(x)$라 나타내기도 한다.

예제 6.2_ 함수 $y=\dfrac{e^{x}+e^{-x}}{2}$의 그래프를 그려라.

풀이 $y=\dfrac{e^{x}}{2}$와 $y=\dfrac{e^{-x}}{2}$의 그래프를 그려서 더하면 아래 그림 6.5와 같다.

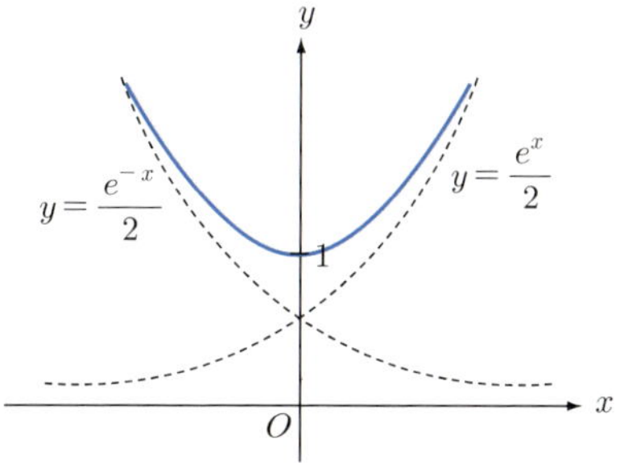

그림 6.5 $y=\dfrac{e^{x}+e^{-x}}{2}$

문제 6.2 함수 $y=\dfrac{e^{x}-e^{-x}}{2}$의 그래프를 그려라.

미국 세인트루이스에 있는 아름다운 건축물인 게이트웨이 아치(Gateway Arch)는 바로 예제 6.2의 $y=\dfrac{e^{x}+e^{-x}}{2}$의 그래프의 아래위를 뒤집어 놓은 모양으로 높이와 밑변의 길이가 192m로 같다.

6.1 연습문제

1 다음 지수함수의 그래프를 그려라.

(1) $y = 3^x$

(2) $y = 3^{-x}$

(3) $y = e^{x-1}$

(4) $y = e^{|x-1|}$

2 함수 $y = f(x)$가 아래 세 조건을 만족할 때 $f\left(\frac{1}{2}\right)$를 구하여라.

ㄱ. 모든 실수 x에 대해 $f(x) > 0$

ㄴ. $f(2) = 1$

ㄷ. 모든 실수 x, y에 대해 $2f(x+y) = f(x)f(y)$

3 $f(x) = \dfrac{a^x + a^{-x}}{2}$, $g(x) = \dfrac{a^x - a^{-x}}{2}$ $(a > 0,\ a \neq 0)$라고 할 때 $f(x+y)$를 $f(x)$, $f(y)$, $g(x)$, $g(y)$로 표시하여라.

6.2 로그함수

함수 $y=f(x)$의 역함수는 x와 y를 바꾸어 놓은 $x=f(y)$임을 알고 있다. 따라서 지수함수 $y=a^x$의 역함수는 $x=a^y$이다. 이 절에서는 지수함수의 역함수에 대하여 알아보자.

정의 6.3

$a>0$, $a \neq 1$이고 $a^y = x$일 때

$$y = \log_a x$$

라 나타내고 밑이 a인 **로그함수**(logarithmic function)라 한다.

예제 6.3_ 로그함수의 정의를 이용하여 다음 로그값을 계산하여라.

(1) $\log_2 32$

(2) $\log_4 2$

풀이 (1) $2^5 = 32$이므로 $\log_2 32 = 5$

(2) $4^{1/2} = 2$이므로 $\log_4 2 = \dfrac{1}{2}$

문제 6.3 로그함수의 정의를 이용하여 다음 로그값을 계산하여라.

(1) $\log_{10}\dfrac{1}{100}$

(2) $\log_5 25$ ◀

다음은 많이 이용되는 로그의 성질이므로 꼭 알아두어야 한다.

$$a^0 = 1\text{이므로 } \log_a 1 = 0$$

$$a^1 = a\text{이므로 } \log_a a = 1$$

또 $y=a^x$와 $y=\log_a x$는 서로 역함수 관계이므로 이 두 함수의 합성함수는 항등함수이다. 따라서

$$\log_a(a^x) = x\text{이고 } a^{\log_a x} = x$$

이다. 뿐만 아니라, 두 함수의 그래프는 직선 $y=x$에 대하여 서로 대칭이다. 따라서 그림 6.1과 6.2의 그래프를 이용하면 $y=\log_a x$의 그래프는 다음과 같음을 알 수 있다.

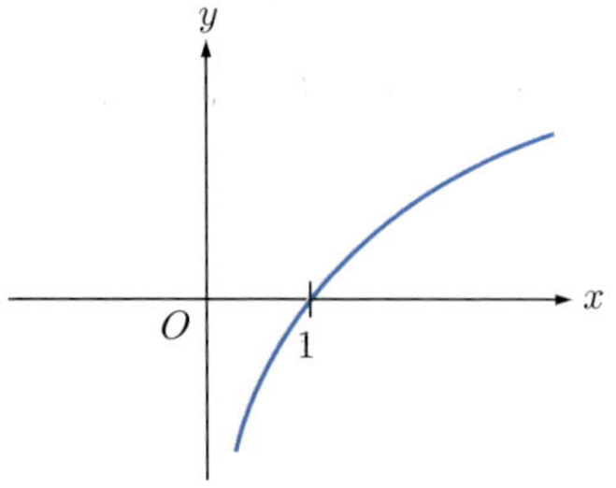

그림 6.6 $y=\log_a x,\ a>1$

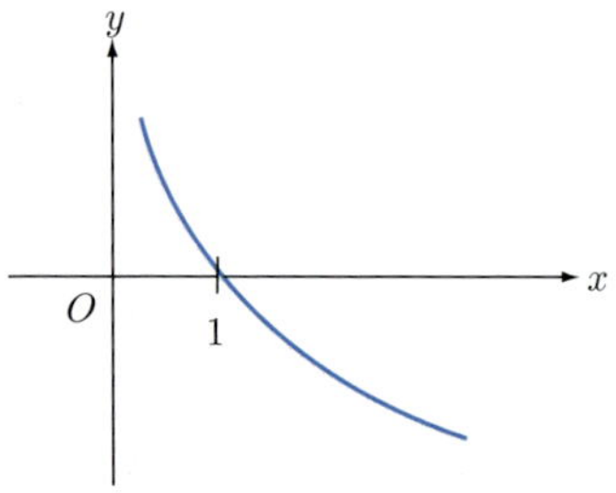

그림 6.7 $y=\log_a x,\ 0<a<1$

예제 6.4_ 다음 로그함수의 그래프를 그려라.

(1) $y=\log_2(-x)$ (2) $y=\log_{1/2}(x-3)-1$

풀이 (1) $y=\log_2 x$의 그래프를 y축에 대칭이동한 그래프이다(그림 6.8).

(2) $y=\log_{1/2}x$의 그래프를 x축으로 3만큼 y축으로 -1만큼 평행 이동한 그래프이다(그림 6.9).

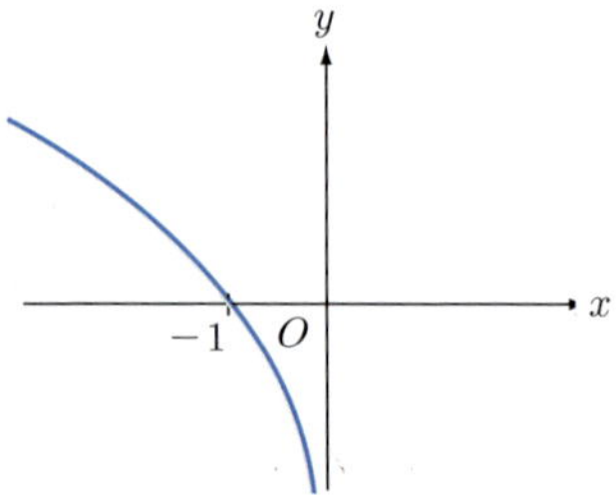

그림 6.8 $y=\log_2(-x)$

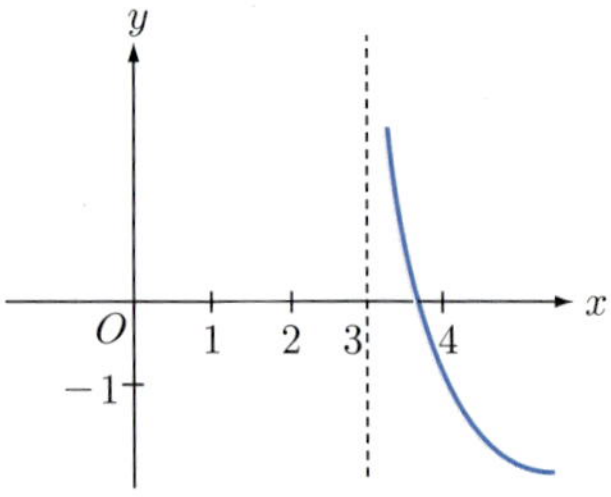

그림 6.9 $y=\log_{1/2}(x-3)-1$

문제 6.4 다음 로그함수의 그래프를 그려라.

(1) $y=-\log_{1/2}x$ (2) $y=\log_2(x-1)+2$ ◀

정의 6.4

밑이 10인 로그를 **상용로그**(common logarithm)라 하고 10을 생략하고 쓴다. 즉,

$$\log x=\log_{10}x$$

이다. 또 밑이 e인 로그를 **자연로그**(natural logarithm)라 하고 ln이라 나타낸다. 즉,

$$\ln x = \log_e x$$

응용면에서는 대부분 자연로그를 이용한다. 다음은 자연로그의 몇 가지 간단한 성질이다.

$$e^0 = 1 \text{이므로 } \ln 1 = 0$$
$$e^1 = e \text{이므로 } \ln e = 1$$
$$\ln(e^x) = x \text{이고 } e^{\ln x} = x$$

예제 6.5_ 다음 표현을 간단히 하여라.

(1) $\ln\frac{1}{e}$ (2) $\frac{\ln 1}{2}$

풀이 (1) $\ln\frac{1}{e} = \ln e^{-1} = -1$

(2) $\frac{\ln 1}{2} = \frac{0}{2} = 0$

문제 6.5 다음 표현을 간단히 하여라.

(1) $\ln\frac{1}{e^2}$ (2) $3\ln e^4$

로그함수는 지수함수의 역함수이므로 지수법칙을 이용하면 로그의 성질들을 얻을 수 있다.

정리 6.5

$a > 0$, $a \neq 1$이고 $A > 0$, $B > 0$이고 k가 실수이면 다음 성질이 성립한다.

(1) $\log_a(AB) = \log_a A + \log_a B$

(2) $\log_a\left(\frac{A}{B}\right) = \log_a A - \log_a B$

(3) $\log_a(A^k) = k\log_a A$

증명

(1) $\log_a A = u$, $\log_a B = v$라 하면 $a^u = A$, $a^v = B$이므로

$$a^{u+v} = a^u a^v = AB$$

이다. 이것을 로그를 이용하여 표현하면

$$\log_a(AB) = u + v = \log_a A + \log_a B$$

이다.

(2) (1)번과 비슷한 방법으로 증명할 수도 있지만 여기서는 (1)을 이용하여 증명해 보자. $A = \frac{A}{B}B$이므로

$$\log_a A = \log_a\left(\frac{A}{B}B\right) = \log_a\left(\frac{A}{B}\right) + \log_a B$$

이다. 따라서

$$\log_a\left(\frac{A}{B}\right) = \log_a A - \log_a B$$

이다.

(3) $\log_a A = u$라 하면 $a^u = A$이므로

$$\log_a(A^k) = \log_a(a^u)^k = \log_a a^{ku} = ku = k\log_a A$$

이다. ◀◀

예제 6.6_ 다음 로그의 값을 구하여라.

(1) $\log_4 2 + \log_4 32$

(2) $\log_2 405 - \log_2 5$

(3) $\log_{10}\frac{1}{\sqrt{0.01}}$

(4) $\ln e^2\sqrt{e}$

풀이 (1) $\log_4 2 + \log_4 32 = \log_4 64 = \log_4 4^3 = 3$

(2) $\log_2 405 - \log_2 5 = \log_2\frac{405}{5} = \log_2 81 = \log_2 3^4 = 4\log_2 3$

(3) $\log_{10}\frac{1}{\sqrt{0.01}} = \log_{10}10 = 1$

(4) $\ln e^2\sqrt{e} = \ln e^{5/2} = \frac{5}{2}$

문제 6.6 다음 로그의 값을 구하여라.

(1) $\log_2 \frac{4}{3} + 2\log_2 \sqrt{12}$ (2) $\log_2 \sqrt{8} - \log_2 \frac{2}{3} - \log_2 3$

(3) $\log \frac{100}{3} - \log \frac{1000}{3}$ (4) $\ln \sqrt{e\sqrt{e\sqrt{e}}}$ ◀

예제 6.7_ 다음 로그 표현을 곱이나 제곱근이 없도록 최대한 풀어서 나타내어라.

(1) $\log_3 x(x+1)$ (2) $\log \frac{x^2+1}{xy^2}$

(3) $\ln \sqrt{\frac{x-1}{x+1}}$ (4) $\ln \sqrt{x\sqrt{y\sqrt{z}}}$

풀이 (1) $\log_3 x(x+1) = \log_3 x + \log_3(x+1)$

(2) $\log \frac{x^2+1}{xy^2} = \log(x^2+1) - \log x - 2\log y$

(3) $\ln \sqrt{\frac{x-1}{x+1}} = \frac{1}{2}(\ln(x-1) - \ln(x+1))$

(4) $\ln \sqrt{x\sqrt{y\sqrt{z}}} = \frac{1}{2}\ln x + \frac{1}{4}\ln y + \frac{1}{8}\ln z$

문제 6.7 다음 로그 표현을 곱이나 제곱근이 없도록 최대한 풀어서 나타내어라.

(1) $\log_2 \sqrt{x^2+y^2}$ (2) $\log \frac{10^x}{(x+1)^{10}}$

(3) $\ln \sqrt{xy}$ (4) $\ln \frac{xy^3}{\sqrt{x^2+1}}$ ◀

로그의 밑을 변형하면 편리할 때가 많다. 이럴 때는 다음 정리를 이용한다.

정리 6.6

$a > 0,\ a \neq 1,\ b > 0,\ c > 0,\ c \neq 1$일 때 다음이 성립한다.

$$\log_a b = \frac{\log_c b}{\log_c a}$$

증명

$\log_a b = u$, $\log_c a = v$라 하면 $a^u = b$, $c^v = a$이므로

$$b = a^u = (c^v)^u = c^{uv}$$

이다. 이것을 로그를 이용하여 표현하면

$$\log_c b = uv = \log_a b \cdot \log_c a$$

이다. $a \neq 1$이므로 $\log_c a \neq 0$이다. 따라서

$$\log_a b = \frac{\log_c b}{\log_c a}$$

이다. ◀◀

정리 6.6에서 $c = b$라 하면 $\log_c b = \log_b b = 1$이므로

$$\log_a b = \frac{1}{\log_b a}$$

이다.

예제 6.8_ 다음 값을 구하여라.

$$(\log_2 3) \cdot (\log_3 4) \cdot (\log_4 5) \cdots (\log_{511} 512)$$

풀이 밑이 10인 상용로그로 바꾸면

$$(\log_2 3) \cdot (\log_3 4) \cdots (\log_{511} 512) = \frac{\log 3}{\log 2} \frac{\log 4}{\log 3} \cdots \frac{\log 512}{\log 511} = \frac{\log 512}{\log 2}$$

이다. 그런데 $\log 512 = \log 2^9 = 9\log 2$이므로

$$\frac{\log 512}{\log 2} = \frac{9\log 2}{\log 2} = 9$$

이다.

문제 6.8 다음 값을 구하여라.

$$\frac{1}{\log_2 100!} + \frac{1}{\log_3 100!} + \frac{1}{\log_4 100!} + \cdots + \frac{1}{\log_{100} 100!}$$ ◀

6.2 연습문제

1 다음 로그함수의 그래프를 그려라.

(1) $y = \ln x$　　　(2) $y = \ln|x|$

2 다음 값을 구하여라.

(1) $(\log_3 169)(\log_{13} 243)$　　　(2) $\dfrac{1}{\log_3 7} + \dfrac{1}{\log_5 7}$

(3) $2^{(\log_{10} 5)(\log_3 10)(\log_2 9)}$　　　(4) $(0.16)^{\log_{2.5}\left(\frac{1}{3} + \frac{1}{3^2} + \frac{1}{3^3} + \cdots\right)}$

3 다음 식을 하나의 로그로 표현하여라.

(1) $\log_2 x + 3\log_2 y$

(2) $2\log_3(x+1) - \dfrac{1}{2}\log_3(x^2+1)$

(3) $\ln(x^2 - y^2) - \ln(x - y) + \ln(x + y)$

(4) $\dfrac{1}{3}\ln(2x+1) + \ln(x^2+5) - \ln(x^2 - x + 1)$

4 $\log_a x = 2$, $\log_a y = 3$, $\log_a z^3 = 21$일 때 $\log_a x^3 yz$를 구하여라.

5 $\log_n t = 2a$, $\log_s n = 3a^2$일 때 $\log_t s$를 구하여라.

6 자연수 k에 대해 a_k는 0 또는 1이고 $\log_3 2 = \dfrac{a_1}{2} + \dfrac{a_2}{2^2} + \dfrac{a_3}{2^3} + \cdots$일 때 a_1, a_2, a_3를 구하여라.

6.3 지수방정식과 로그방정식

방정식 $2^x = 4$와 같이 지수에 미지수가 포함된 방정식을 **지수방정식**이라 하고, $\log_x 9 = 3$이나 $\log_3(x+1) = 2$와 같이 로그의 밑이나 진수에 미지수를 포함하고 있는 방정식을 **로그방정식**이라 한다.

이 절에서는 지수방정식과 로그방정식의 풀이법을 알아보자. 양변이 밑이 같은 지수로 표현될 때에는 다음 성질을 이용하면 편리하다.

$$a > 0,\ a \neq 1\text{일 때 } a^{x_1} = a^{x_2} \iff x_1 = x_2$$

예제 6.9_ 다음 지수방정식을 풀어라.

(1) $4^x = 64$ (2) $\left(\frac{1}{3}\right)^x = 9\sqrt{3}$

풀이 (1) $4^x = (2^2)^x = 2^{2x}$이고 $64 = 2^6$이므로

$$2^{2x} = 2^6$$

이다. 따라서 $2x = 6$, $x = 3$이다.

(2) $\left(\frac{1}{3}\right)^x = 3^{-x}$이고 $9\sqrt{3} = 3^{5/2}$이므로

$$3^{-x} = 3^{5/2}$$

이다. 따라서 $x = -\frac{5}{2}$이다.

문제 6.9 다음 지수방정식을 풀어라.

(1) $27^x = \sqrt{3}$ (2) $8^{x+2} = \frac{1}{4 \cdot 2^x}$ ◀

양변의 밑이 같지 않은 일반적인 지수방정식은 로그를 이용하면 쉽게 풀 수 있다.

예제 6.10_ 다음 지수방정식을 풀어라.

(1) $3^x = 2$ (2) $e^{x+2} + 5 = 60$

풀이 (1) 양변에 자연로그를 취하면

$$\ln 3^x = \ln 2$$

이므로 $x\ln 3 = \ln 2$이다. 따라서 $x = \dfrac{\ln 2}{\ln 3}$이다.

(2) $e^{x+2} = 55$의 양변에 자연로그를 취하면

$$\ln e^{x+2} = \ln 55$$

이므로 $x+2 = \ln 55$이다. 따라서 $x = \ln 55 - 2$이다.

문제 6.10 다음 지수방정식을 풀어라.

(1) $3^{x+3} = 7$ (2) $8e^{1-2x} = 4$ ◀

예제 6.11_ 다음 지수방정식을 풀어라.

(1) $4^x - 3 \cdot 2^x + 2 = 0$ (2) $e^{2x} - e^x - 6 = 0$

풀이 (1) $4^x = (2^x)^2$이므로

$$(2^x)^2 - 3 \cdot 2^x + 2 = 0$$

이고, 인수분해하면

$$(2^x - 1)(2^x - 2) = 0$$

이므로 $2^x = 1, 2$이다. 따라서 $x = 0, 1$이다.

(2) $(e^x)^2 - e^x - 6 = 0$이므로 인수분해하면

$$(e^x - 3)(e^x + 2) = 0$$

이다. 하지만 $e^x + 2 > 2$이므로 $e^x = 3$이다. 따라서 $x = \ln 3$이다.

문제 6.11 다음 지수방정식을 풀어라.

(1) $2e^{2x} - 5e^x + 2 = 0$ (2) $3x^2e^x + x^3e^x = 0$ ◀

로그방정식의 풀이도 지수방정식의 풀이와 비슷하다. 양변이 밑이 같은 로그로 표현될 때에는 성질

$$\log_a x_1 = \log_a x_2 \iff x_1 = x_2$$

를 이용하고, 일반적인 경우에는 로그의 성질과 로그와 지수가 역관계라는 것을 이용하면 된다. 로그방정식에서는 밑과 진수의 조건이 있으므로 주의해야 한다.

예제 6.12_ 다음 로그방정식을 풀어라.

(1) $\log_4 x = -3$ (2) $\log_x 16 = 2$

(3) $\log_2(3x-2) = \log_2 x^2$ (4) $\log(x+2) + \log(x-1) = 1$

풀이 (1) 로그의 정의에 의해서

$$x = 4^{-3} = \frac{1}{64}$$

이다.

(2) $x^2 = 16$이므로 $x = 4$ 또는 $x = -4$이다. 하지만 로그의 밑은 양수이어야 하므로 해는 $x = 4$이다.

(3) 밑이 같으므로 진수도 같아야 한다. 따라서

$$3x - 2 = x^2$$

이고, 인수분해하여 풀면

$$x = 1, \ x = 2$$

이다. 그런데 로그의 진수는 양수이어야 하므로 $3x-2>0$, $x^2>0$이어야 한다. 따라서 해는 $x=1$ 또는 $x=2$이다.

(4) 로그의 성질에 의해서

$$\log(x+2)(x-1) = 1$$

이므로

$$(x+2)(x-1) = 10$$

이다. 인수분해하여 풀면

$$x = -4, \ x = 3$$

이다. 그런데 진수는 양수이어야 하므로 $x+2>0$, $x-1>0$이어야 한다. 따라서 해는 $x=3$이다.

문제 6.12 다음 로그방정식을 풀어라.

(1) $2\ln 3x = 4$ (2) $\log_{2x} 16 = 3$

(3) $\log 5x + \log(x-1) = 2$ (4) $\ln(4x-3) = 2\ln x$ ◀

예제 6.13_ 다음 로그방정식을 풀어라.

(1) $(x-1)^{\ln(x-1)} = e^2(x-1)$

(2) $(\log x)^3 = 4\log x$

풀이 (1) 양변에 자연로그를 취하면

$$[\ln(x-1)]^2 = 2 + \ln(x-1)$$
$$[\ln(x-1)-2][\ln(x-1)+1] = 0$$

이므로

$$\ln(x-1) = 2, \ \ln(x-1) = -1$$

즉,
$$x = e^2+1, \ x = e^{-1}+1$$

이다. 둘 다 $x-1>0$이므로 진수의 조건을 만족한다. 따라서 해는 $x=e^2+1$ 또는 $x=e^{-1}+1$이다.

(2) 이항하여 인수분해하면

$$(\log x)[(\log x)^2-4] = 0$$

이므로

$$\log x = 0, \ \log x = \pm 2$$

즉,
$$x = 1, \ x = 100, \ x = \frac{1}{100}$$

이다. 세 수 모두 $x>0$이므로 진수의 조건을 만족한다. 따라서 해는 $x=1$ 또는 $x=100$ 또는 $x=\frac{1}{100}$이다.

문제 6.13 다음 로그방정식을 풀어라.

(1) $2(\ln x)^2 - \ln x - 1 = 0$ (2) $\log_2(\log_3(\log_4 x)) = 1$ ◀

6.3 연습문제

1 다음 지수방정식을 풀어라.

(1) $3^{x^2} = 81$ (2) $\frac{10}{1+e^{-x}} = 2$

(2) $9^x - 5 \cdot 3^x + 6 = 0$ (4) $25^x - 5^x - 6 = 0$

(5) $x^2e^x + xe^x - 2e^x = 0$ (6) $e^{4x} + 4e^{2x} - 21 = 0$

2 다음 로그방정식을 풀어라.

(1) $\log_2 x = 7$ (2) $\log_x 2 = 7$

(3) $\log_2(\log_4 x) = -1$ (4) $\log_2 x + \log_2(x-1) = 1$

(5) $8\log_{e+x} e = 2$ (6) $\log_3(x-5) + \log_3(x+3) = 2$

3 어떤 종류의 박테리아 100마리는 t분 후에는

$$n(t) = 100e^{rt}$$

마리가 되며 20분 후에는 200마리가 된다고 하자.

(1) 상수 r을 구하여라.

(2) 몇 분 후에 박테리아는 1000마리가 되겠는가?

4 x는 임의의 실수이고 $f(x) = \log_{\frac{1}{3}}(x^2 + x + k)$의 최댓값이 2일 때 상수 k를 구하여라.

5 부등식 $x^{\log_3 x} < 27x^2$을 만족시키는 양수 x의 범위를 구하여라.

6 $1 < a < b < a^2$일 때 $A = \log_a b$, $B = \log_b a$, $C = \log_b \frac{a}{b}$, $D = \log_b \frac{b}{a}$ 의 대소 관계를 결정하여라.

7 방정식 $\log_2 x + \log_2 y - 1 = \log_2(x + y + 5)$의 해를 모두 구하여라.

Chapter 07

삼각함수

7.1 호도법
7.2 삼각함수의 정의와 성질
7.3 삼각함수의 그래프
7.4 삼각함수의 여러 가지 공식
7.5 삼각방정식과 삼각부등식

7.1 호도법

각을 표현하는 방법에는 60분법과 호도법이 있다. 60분법은 원을 $360°$라 하고 이것의 $\frac{1}{360}$을 $1°$라 정의하는 방법으로 중고등학교 때 많이 이용한 방법이다. **호도법**은 그림 7.1과 같이 반지름의 길이가 r인 원에서 길이가 r인 호에 대한 중심각의 크기를 **1라디안**(radian)이라고 정의하는 방법이다. 앞으로는 각을 나타낼 때 주로 호도법을 이용하기로 하자.

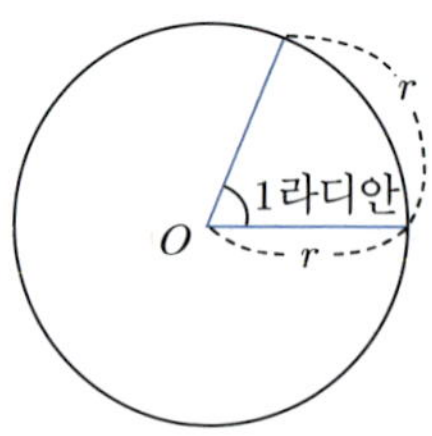

그림 7.1 라디안

60분법과 호도법 사이의 관계를 알아보자.

반지름의 길이가 r인 원의 둘레의 길이는 $2\pi r$이다. 이것은 반지름의 길이 r의 2π배이므로 원은 2π라디안임을 알 수 있다. 그런데 원은 $360°$이므로

$$2\pi \text{ 라디안} = 360°$$

이다. 따라서

$$1 \text{ 라디안} = \frac{180°}{\pi} \fallingdotseq 57.1745°, \quad 1° = \frac{\pi}{180} \text{ 라디안}$$

이다. 각을 라디안으로 나타낼 때에는 단위 명칭인 라디안을 생략하는 것이 보통이다.

예제 7.1_ 도(°)로 표시된 각은 라디안으로, 라디안으로 표시된 각은 도(°)로 바꾸어라.

(1) $60°$

(2) $130°$

(3) $\frac{3}{5}\pi$

(4) 4π

풀이 (1) $60° = 60 \times \frac{\pi}{180} = \frac{\pi}{3}$

(2) $130° = 130 \times \frac{\pi}{180} = \frac{13}{18}\pi$

(3) $\frac{3}{5}\pi = \frac{3}{5}\pi \times \frac{180°}{\pi} = 108°$

(4) $4\pi = 4\pi \times \frac{180°}{\pi} = 720°$

문제 7.1 도(°)로 표시된 각은 라디안으로, 라디안으로 표시된 각은 도(°)로 바꾸어라.

(1) $30°$　　(2) $180°$

(3) $\frac{\pi}{2}$　　(4) $\frac{5}{6}\pi$ ◀

일반적으로 많이 쓰이는 특수각의 60분법과 호도법 사이의 관계는 다음과 같다.

60분법	$0°$	$30°$	$45°$	$60°$	$90°$	$120°$	$150°$	$180°$	$270°$	$360°$
호도법	0	$\frac{\pi}{6}$	$\frac{\pi}{4}$	$\frac{\pi}{3}$	$\frac{\pi}{2}$	$\frac{2\pi}{3}$	$\frac{5\pi}{6}$	π	$\frac{3\pi}{2}$	2π

각을 표시할 때는 그림 7.2와 같이 반시계방향을 양(+)의 방향으로 하고, 시계방향을 음(−)의 방향으로 한다. 또 $\overrightarrow{OX}$를 기준선이라 하고, $\overrightarrow{OP}$를 동경이라 한다. $\angle XOP$가 θ라 하면 $\theta + 2\pi$와 $\theta + 4\pi$도 동경 $\overrightarrow{OP}$를 나타낸다. 또 $\theta - 2\pi$와 $\theta - 4\pi$도 동경 $\overrightarrow{OP}$를 나타낸다.

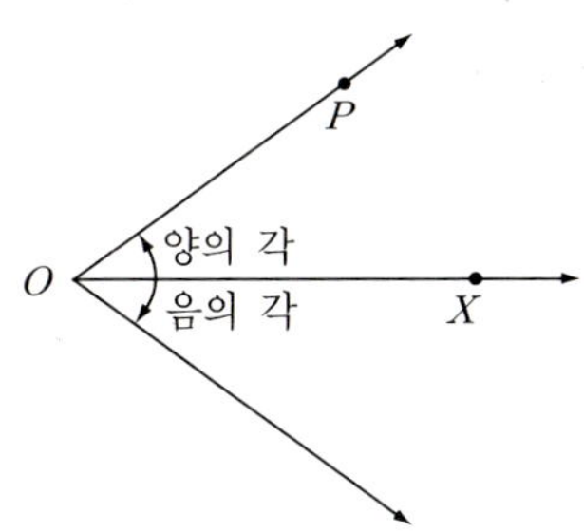

그림 7.2 양의 각과 음의 각

일반적으로 동경 $\overrightarrow{OP}$를 나타내는 각은

$$\theta + 2n\pi, \quad n = 0, \pm 1, \pm 2, \cdots$$

라 나타낼 수 있는데 이것을 $\angle XOP$의 **일반각**이라 한다. 일반각을 60분법으로 나타내면

$$\theta + n \times 360^\circ, \quad n = 0, \pm 1, \pm 2, \cdots$$

이다. $\angle XOP$의 일반각이 $\theta + 2n\pi$라 할 때

$0 < \theta < \frac{\pi}{2}$이면 제1사분면의 각

$\frac{\pi}{2} < \theta < \pi$이면 제2사분면의 각

$\pi < \theta < \frac{3\pi}{2}$이면 제3사분면의 각

$\frac{3\pi}{2} < \theta < 2\pi$이면 제4사분면의 각이라 한다.

예제 7.2_ 다음 각은 제 몇 사분면의 각인가?

(1) $\frac{19}{6}\pi$　　　　(2) $-1470°$

풀이 (1) $\frac{19}{6}\pi = 2\pi + \frac{7}{6}\pi$이므로 제3사분면의 각

(2) $-1470° = (-5) \times 360° + 330°$이므로 제4사분면의 각

문제 7.2 다음 각은 제 몇 사분면의 각인가?

(1) $-\frac{\pi}{3}$　　　　(2) $470°$

호도법을 이용하여 부채꼴의 호의 길이와 부채꼴의 넓이를 구하는 공식을 구해보자. 그림 7.3과 같이 반지름의 길이가 r이고 중심각의 크기가 θ라디안인 부채꼴을 생각하자.

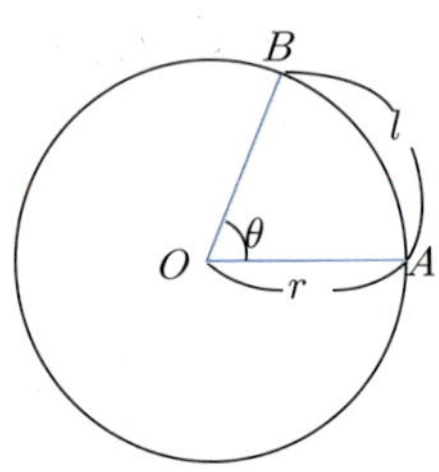

그림 7.3 호의 길이

호의 길이를 l이라 하고 부채꼴 OAB의 넓이를 S라 하자. 호의 길이는 중심각의 크기에 비례하므로

$$2\pi r : l = 2\pi : \theta$$
$$2\pi l = 2\pi r\theta$$

이다. 따라서

$$l = r\theta$$

이다. 또 부채꼴의 넓이도 중심각의 크기에 비례하므로

$$\pi r^2 : S = 2\pi : \theta$$
$$2\pi S = \pi r^2\theta$$

이다. 따라서

$$S = \frac{1}{2}r^2\theta = \frac{1}{2}rl$$

이다.

예제 7.3_ 중심각의 크기가 $\frac{\pi}{3}$이고 넓이가 $\frac{\pi}{2}$인 부채꼴의 반지름의 길이를 구하여라.

풀이 $S = \frac{1}{2}r^2\theta$에서 $\theta = \frac{\pi}{3}$, $S = \frac{\pi}{2}$를 대입하면

$$\frac{\pi}{2} = \frac{1}{2}r^2 \cdot \frac{\pi}{3}$$

이므로 $r^2 = 3$이다. 따라서 $r = \sqrt{3}$이다.

문제 7.3 반지름의 길이가 4이고 중심각의 크기가 $\frac{\pi}{4}$인 부채꼴의 호의 길이와 넓이를 구하여라. ◀

7.1 연습문제

1 도(°)로 표시된 각은 라디안으로, 라디안으로 표시된 각은 도(°)로 바꾸어라.

(1) $64°$ (2) $-210°$

(3) $135°$ (4) $\frac{\pi}{12}$

(5) $-\frac{2}{3}\pi$ (6) $\frac{7}{4}\pi$

2 다음 각을 동경의 위치가 같은 것끼리 짝지어라.

$$\frac{\pi}{3},\ \frac{4}{3}\pi,\ -\frac{5}{3}\pi,\ -\frac{8}{3}\pi,\ 420°,\ -120°$$

3 반지름이 6이고, 중심각의 크기가 120°인 부채꼴의 호의 길이와 넓이를 구하여라.

4 반지름이 4이고, 호의 길이가 12π인 부채꼴의 넓이를 구하여라.

5 반지름의 길이가 8이고, 넓이가 24π인 부채꼴의 호의 길이를 구하여라.

6 중심각의 크기가 $\frac{\pi}{4}$이고 반지름의 길이가 4인 부채꼴 모양과 같은 넓이를 갖는 원의 반지름을 구하여라.

7.2 삼각함수의 정의와 성질

같은 모양이 반복되는 함수를 **주기함수**(periodic function)라 한다. 자연현상 중에는 주기적으로 일어나는 일이 많이 있으므로 자연현상을 수학적으로 표현하려면 주기함수가 필요하게 되는데 가장 대표적인 주기함수가 삼각함수이다. 따라서 자연과학이나 공학을 공부하기 위해서는 삼각함수에 대해서 잘 알고 있어야 한다. 중심이 원점이고 반지름의 길이가 r인 원을 생각하자. 중심각 θ를 나타내는 동경 $\overrightarrow{OP}$가 원과 만나는 점의 좌표를 $P(x, y)$라 할 때 **삼각함수**(trigonometric function)는 다음과 같이 정의된다.

정의 7.1

$\cos\theta = \dfrac{x}{r}$: 코사인 함수

$\sin\theta = \dfrac{y}{r}$: 사인 함수

$\tan\theta = \dfrac{y}{x}$: 탄젠트 함수

$\sec\theta = \dfrac{1}{\cos\theta} = \dfrac{r}{x}$: 시컨트 함수

$\csc\theta = \dfrac{1}{\sin\theta} = \dfrac{r}{y}$: 코시컨트 함수

$\cot\theta = \dfrac{1}{\tan\theta} = \dfrac{x}{y}$: 코탄젠트 함수

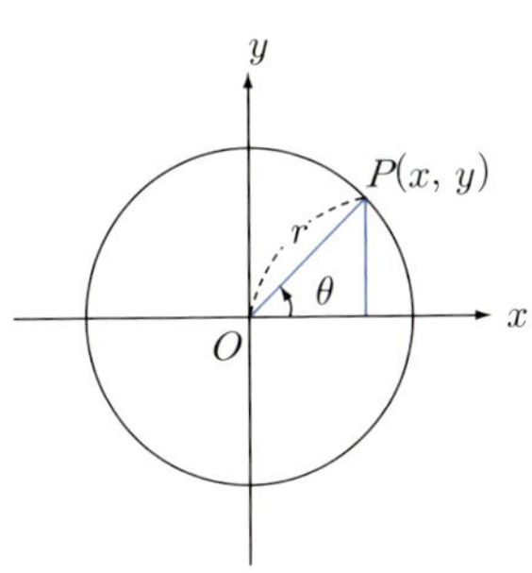

그림 7.4 삼각함수

예제 7.4_ $\cos 0$, $\sin 0$, $\tan 0$의 값을 구하여라.

풀이 $\theta = 0$일 때 점 P의 좌표는 $(r, 0)$이므로

$$\cos 0 = \frac{r}{r} = 1,\ \sin 0 = \frac{0}{r} = 0,\ \tan 0 = \frac{0}{r} = 0$$

이다.

문제 7.4 $\cos\frac{\pi}{2}$, $\sin\frac{\pi}{2}$, $\tan\frac{\pi}{2}$의 값을 구하여라. ◀

중심각 θ가 어느 사분면의 각이든 반지름의 길이는 항상 양이고 x, y의 부호는 점 P의 위치에 따라 다르다. 따라서 삼각함수의 부호는 동경 $\overrightarrow{OP}$가 나타내는 각 θ가 몇 사분면의 각이냐에 따라 정해진다. 예를 들어, θ가 제 3사분면의 각이면 x와 y가 음수이므로

$$\cos\theta = \frac{x}{r}\text{는 음수},\ \sin\theta = \frac{y}{r}\text{는 음수},\ \tan\theta = \frac{y}{x}\text{는 양수}$$

이다. θ에 따른 삼각함수의 부호를 정리하면 다음과 같다.

	제1사분면	제2사분면	제3사분면	제4사분면
$\cos\theta$	$+$	$-$	$-$	$+$
$\sin\theta$	$+$	$+$	$-$	$-$
$\tan\theta$	$+$	$-$	$+$	$-$

중심각 θ를 나타내는 동경 $\overrightarrow{OP}$가 반지름의 길이가 r인 원과 만나는 점의 좌표를 $P(x, y)$라 하면

$$\cos^2\theta + \sin^2\theta = \left(\frac{x}{r}\right)^2 + \left(\frac{y}{r}\right)^2 = \frac{x^2+y^2}{r^2}$$

이다. 그런데 (x, y)는 반지름의 길이가 r인 원 위의 점이므로

$$x^2 + y^2 = r^2$$

이다. 따라서

$$\cos^2\theta + \sin^2\theta = 1$$

이다. 또 이 식의 양변을 $\cos^2\theta$로 나누면

$$1+\left(\frac{\sin\theta}{\cos\theta}\right)^2=\frac{1}{\cos^2\theta}$$

이므로

$$1+\tan^2\theta=\sec^2\theta$$

이다. 따라서 다음 정리를 얻는다.

정리 7.2

임의의 각 θ에 대하여 다음 식이 성립한다.

$$\cos^2\theta+\sin^2\theta=1$$
$$1+\tan^2\theta=\sec^2\theta$$

예제 7.5_ $\cos\theta+\sin\theta=\dfrac{1}{2}$일 때 $\cos\theta\sin\theta$의 값을 구하여라.

풀이 $\cos\theta+\sin\theta=\dfrac{1}{2}$의 양변을 제곱하면

$$\cos^2\theta+2\cos\theta\sin\theta+\sin^2\theta=\frac{1}{4}$$

이다. 그런데 $\cos^2\theta+\sin^2\theta=1$이므로

$$2\cos\theta\sin\theta+1=\frac{1}{4}$$

이다. 따라서

$$\cos\theta\sin\theta=-\frac{3}{8}$$

이다.

문제 7.5 $\tan\theta=\sqrt{3}$일 때 $\cos\theta$의 값을 구하여라. ◀

함수 f가 모든 x에 대하여

$$f(x+p)=f(x)$$

를 만족하는 양수 p가 존재하면 f를 **주기함수**(periodic function)라 하고 p를 이 함수의 **주기**(period)라 한다. 삼각함수는 이러한 성질을 만족하는지 알아보자.

정리 7.3

임의의 각 θ와 정수 n에 대하여

$$\cos(\theta+2n\pi)=\cos\theta$$
$$\sin(\theta+2n\pi)=\sin\theta$$
$$\tan(\theta+n\pi)=\tan\theta$$

이다. 따라서 cos함수와 sin함수는 주기가 2π인 주기함수이고 tan함수의 주기는 π인 주기함수이다.

증명

중심각 θ와 $\theta+2\pi$는 같은 동경을 나타내므로

$$\cos(\theta+2\pi)=\cos\theta,\quad \sin(\theta+2\pi)=\sin\theta$$

이다. 각 θ가 나타내는 동경위의 점의 좌표가 $(x,\ y)$일 때 각 $\theta+\pi$가 나타내는 동경 위의 점의 좌표는 $(-x,\ -y)$이다. 따라서

$$\tan(\theta+\pi)=\frac{-y}{-x}=\frac{y}{x}=\tan\theta$$

이다. ◀◀

정리 7.4

임의의 각 θ에 대하여

$$\cos(-\theta)=\cos\theta$$
$$\sin(-\theta)=-\sin\theta$$
$$\tan(-\theta)=-\tan\theta$$

이다. 따라서 cos함수는 우함수이고, sin함수와 tan함수는 기함수이다.

증명

중심각 θ가 나타내는 동경위의 점의 좌표가 (x, y)일 때 각 $-\theta$가 나타내는 동경위의 점의 좌표는 그림 7.5에서와 같이 $(x, -y)$이다.

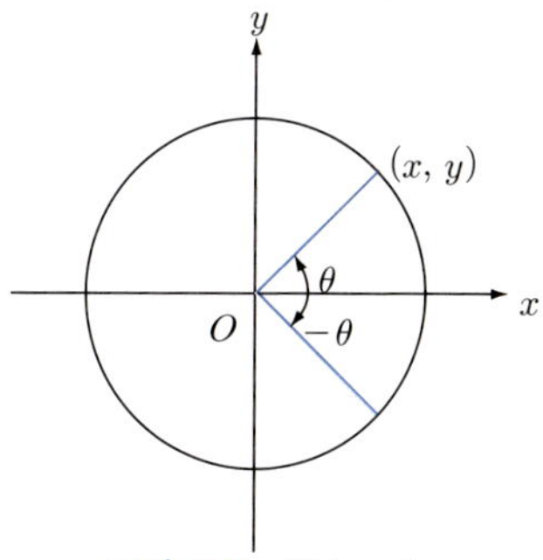

그림 7.5 θ와 $-\theta$

따라서

$$\cos(-\theta) = \frac{x}{r} = \cos\theta$$

$$\sin(-\theta) = \frac{-y}{r} = -\frac{y}{r} = -\sin\theta$$

$$\tan(-\theta) = \frac{-y}{x} = -\frac{y}{x} = -\tan\theta$$

이다. ◀◀

정리 7.5

임의의 각 θ에 대하여

$$\cos\left(\frac{\pi}{2}+\theta\right) = -\sin\theta$$

$$\sin\left(\frac{\pi}{2}+\theta\right) = \cos\theta$$

$$\tan\left(\frac{\pi}{2}+\theta\right) = -\cot\theta$$

$$\cos(\pi+\theta) = -\cos\theta$$

$$\sin(\pi+\theta) = -\sin\theta$$

$$\tan(\pi+\theta) = \tan\theta$$

이다.

증명

중심각 θ가 나타내는 동경 위의 점의 좌표가 $(x,\ y)$일 때 각 $\frac{\pi}{2}+\theta$와 $\pi+\theta$가 나타내는 동경 위 점의 좌표는 그림 7.6, 7.7에서와 같이 각각 $(y,\ x)$와 $(-x,\ -y)$이다.

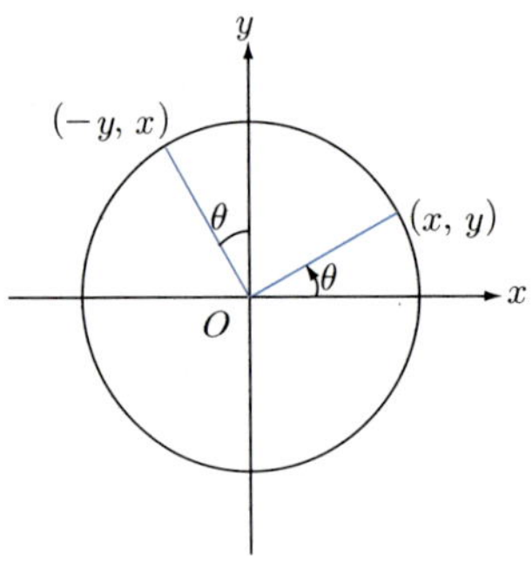

그림 7.6 θ와 $\frac{\pi}{2}+\theta$

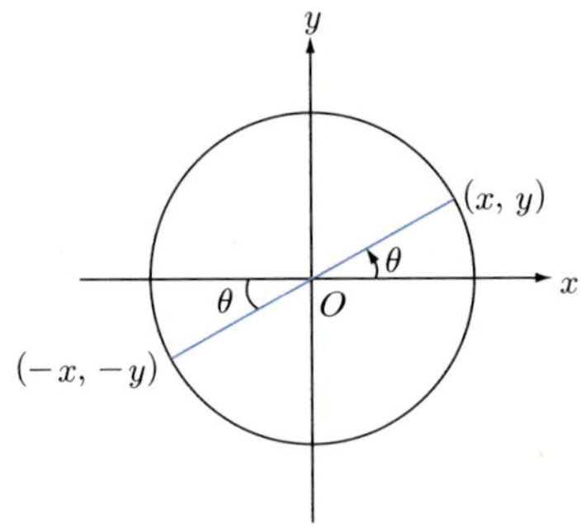

그림 7.7 θ와 $\pi+\theta$

따라서

$$\cos\left(\frac{\pi}{2}+\theta\right)=\frac{-y}{r}=-\sin\theta$$

$$\sin\left(\frac{\pi}{2}+\theta\right)=\frac{x}{r}=\cos\theta$$

$$\tan\left(\frac{\pi}{2}+\theta\right)=\frac{x}{-y}=-\frac{1}{\frac{y}{x}}=-\frac{1}{\tan\theta}=-\cot\theta$$

이고

$$\cos(\pi+\theta)=\frac{-x}{r}=-\cos\theta$$

$$\sin(\pi+\theta)=\frac{-y}{r}=-\sin\theta$$

$$\tan(\pi+\theta)=\frac{-y}{-x}=\frac{y}{x}=\tan\theta$$

이다. ◀◀

지금까지 공부한 정의와 공식들을 이용하여 여러 가지 삼각함수 값들을 구하여

보자.

예제 7.6_ (1) $\cos\frac{\pi}{4}=\sin\frac{\pi}{4}=\frac{1}{\sqrt{2}}$이고 $\tan\frac{\pi}{4}=1$임을 보여라.

(2) $\cos\frac{3\pi}{4}$, $\sin\frac{3\pi}{4}$, $\tan\frac{3\pi}{4}$의 값을 구하여라.

풀이 (1) 중심각 $\frac{\pi}{4}$가 나타내는 동경이 반지름의 길이가 r인 원과 만나는 점의 좌표는 (x, x) 형태이므로

$$\cos\frac{\pi}{4}=\sin\frac{\pi}{4},\quad \tan\frac{\pi}{4}=1$$

이다. 그런데

$$\cos^2\frac{\pi}{4}+\sin^2\frac{\pi}{4}=1$$

이므로 $2\cos^2\frac{\pi}{4}=1$이다. 또 $\frac{\pi}{4}$는 제1사분면의 각이므로 $\cos\frac{\pi}{4}$는 양수이다. 따라서

$$\cos\frac{\pi}{4}=\sin\frac{\pi}{4}=\frac{1}{\sqrt{2}}$$

이다.

(2) 정리 7.5의 공식을 이용하면

$$\cos\frac{3\pi}{4}=\cos\left(\frac{\pi}{2}+\frac{\pi}{4}\right)=-\sin\frac{\pi}{4}=-\frac{1}{\sqrt{2}}$$

$$\sin\frac{3\pi}{4}=\sin\left(\frac{\pi}{2}+\frac{\pi}{4}\right)=\cos\frac{\pi}{4}=\frac{1}{\sqrt{2}}$$

$$\tan\frac{3\pi}{4}=\frac{\sin\frac{3\pi}{4}}{\cos\frac{3\pi}{4}}=\frac{\frac{1}{\sqrt{2}}}{-\frac{1}{\sqrt{2}}}=-1$$

이다.

문제 7.6 (1) $\cos\left(-\frac{\pi}{4}\right)$, $\sin\left(-\frac{\pi}{4}\right)$, $\tan\left(-\frac{\pi}{4}\right)$의 값을 구하여라.

(2) $\cos\frac{5\pi}{4}$, $\sin\frac{5\pi}{4}$, $\tan\frac{5\pi}{4}$의 값을 구하여라. ◀

예제 7.7_ (1) $\cos\frac{\pi}{6}=\frac{\sqrt{3}}{2}$, $\sin\frac{\pi}{6}=\frac{1}{2}$, $\tan\frac{\pi}{6}=\frac{1}{\sqrt{3}}$ 임을 보여라.

(2) $\cos\frac{2\pi}{3}$, $\sin\frac{2\pi}{3}$, $\tan\frac{2\pi}{3}$의 값을 구하여라.

풀이 (1) 중심각 $\frac{\pi}{6}$가 나타내는 동경이 반지름의 길이가 r인 원과 만나는 점의 좌표를 $P(x,\ y)$라 하면, 점 P와 x축에 대칭인 점은 $Q(x,\ -y)$ 이다(그림 7.8).

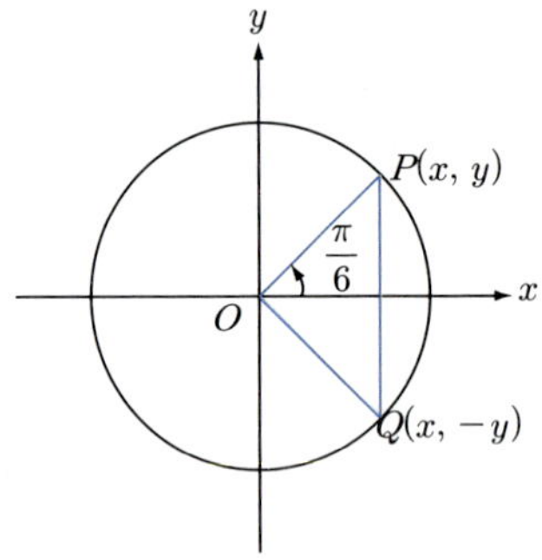

그림 7.8 점 $P(x,\ y)$와 $Q(x,\ -y)$

삼각형 OPQ는 정삼각형이므로 $\overline{PQ}=2y=r$ 이고 $y=\frac{r}{2}$이다. 따라서

$$\sin\frac{\pi}{6}=\frac{y}{r}=\frac{\frac{r}{2}}{r}=\frac{1}{2}$$

이다. 그런데

$$\cos^2\frac{\pi}{6}+\sin^2\frac{\pi}{6}=1$$

이므로 $\cos^2\frac{\pi}{6}=\frac{3}{4}$이고, $\frac{\pi}{6}$는 제1사분면의 각이므로 $\cos\frac{\pi}{6}=\frac{\sqrt{3}}{2}$이다. 마지막으로

$$\tan\frac{\pi}{6}=\frac{\sin\frac{\pi}{6}}{\cos\frac{\pi}{6}}=\frac{\frac{1}{2}}{\frac{\sqrt{3}}{2}}=\frac{1}{\sqrt{3}}$$

이다.

(2) 정리 7.5의 공식을 이용하면

$$\cos\frac{2\pi}{3}=\cos\left(\frac{\pi}{2}+\frac{\pi}{6}\right)=-\sin\frac{\pi}{6}=-\frac{1}{2}$$

$$\sin\frac{2\pi}{6}=\sin\left(\frac{\pi}{2}+\frac{\pi}{6}\right)=\cos\frac{\pi}{6}=\frac{\sqrt{3}}{2}$$

$$\tan\frac{2\pi}{3}=\frac{\sin\frac{2\pi}{3}}{\cos\frac{2\pi}{3}}=\frac{\frac{\sqrt{3}}{2}}{-\frac{1}{2}}=-\sqrt{3}$$

이다.

문제 7.7 (1) $\cos\left(-\frac{\pi}{6}\right)$, $\sin\left(-\frac{\pi}{6}\right)$, $\tan\left(-\frac{\pi}{6}\right)$의 값을 구하여라.

(2) $\cos\frac{7\pi}{6}$, $\sin\frac{7\pi}{6}$, $\tan\frac{7\pi}{6}$의 값을 구하여라. ◀

예제 7.8_ (1) $\cos\frac{\pi}{3}=\frac{1}{2}$, $\sin\frac{\pi}{3}=\frac{\sqrt{3}}{2}$, $\tan\frac{\pi}{3}=\sqrt{3}$임을 보여라.

(2) $\cos\frac{5\pi}{6}$, $\sin\frac{5\pi}{6}$, $\tan\frac{5\pi}{6}$의 값을 구하여라.

풀이 (1) 중심각 $\frac{\pi}{3}$가 나타내는 동경이 반지름의 길이가 r인 원과 만나는 점의 좌표를 $P(x, y)$라 하고 점 A의 좌표는 $(r,0)$라 하자(그림 7.9).

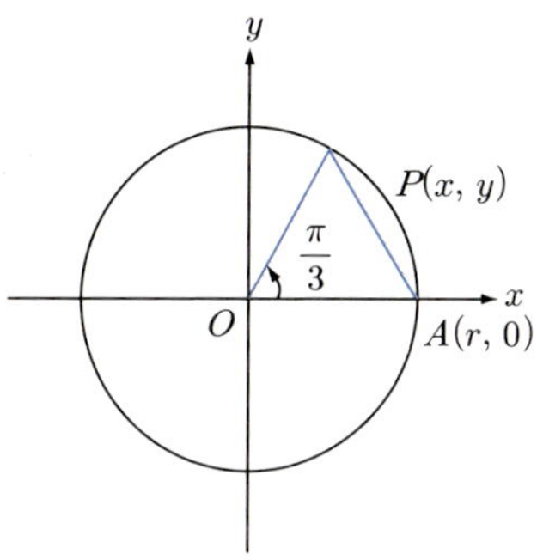

그림 7.9

삼각형 OPA는 정삼각형이므로 $x=\frac{1}{2}\overline{OA}=\frac{r}{2}$이다. 따라서

$$\cos\frac{\pi}{3}=\frac{x}{r}=\frac{\frac{r}{2}}{r}=\frac{1}{2}$$

이다. 그런데

$$\cos^2\frac{\pi}{3}+\sin^2\frac{\pi}{3}=1$$

이므로 $\sin^2\frac{\pi}{3}=\frac{3}{4}$ 이고, $\frac{\pi}{3}$는 제1사분면의 각이므로 $\sin\frac{\pi}{3}=\frac{\sqrt{3}}{2}$ 이다. 또

$$\tan\frac{\pi}{3}=\frac{\sin\frac{\pi}{3}}{\cos\frac{\pi}{3}}=\frac{\frac{\sqrt{3}}{2}}{\frac{1}{2}}=\sqrt{3}$$

이다.

(2) 정리 7.5의 공식을 이용하면

$$\cos\frac{5\pi}{6}=\cos\left(\frac{\pi}{2}+\frac{\pi}{3}\right)=-\sin\frac{\pi}{3}=-\frac{\sqrt{3}}{2}$$

$$\sin\frac{5\pi}{6}=\sin\left(\frac{\pi}{2}+\frac{\pi}{3}\right)=\cos\frac{\pi}{3}=\frac{1}{2}$$

$$\tan\frac{5\pi}{6}=\frac{\sin\frac{5\pi}{6}}{\cos\frac{5\pi}{6}}=\frac{\frac{1}{2}}{-\frac{\sqrt{3}}{2}}=-\frac{1}{\sqrt{3}}$$

이다.

문제 7.8 (1) $\cos\left(-\frac{\pi}{3}\right)$, $\sin\left(-\frac{\pi}{3}\right)$, $\tan\left(-\frac{\pi}{3}\right)$의 값을 구하여라.

(2) $\cos\frac{4\pi}{3}$, $\sin\frac{4\pi}{3}$, $\tan\frac{4\pi}{3}$의 값을 구하여라. ◀

0, $\frac{\pi}{6}$, $\frac{\pi}{4}$, $\frac{\pi}{3}$, $\frac{\pi}{2}$ 등을 특수각이라 한다. 지금까지 공부한 특수각의 삼각함수 값들을 정리하면 다음 표와 같다. 삼각함수와 관련된 내용에서 자주 이용되므로 반드시 기억하기 바란다.

	$\cos\theta$	$\sin\theta$	$\tan\theta$
0	1	0	0
$\frac{\pi}{6}$	$\frac{\sqrt{3}}{2}$	$\frac{1}{2}$	$\frac{1}{\sqrt{3}}$
$\frac{\pi}{4}$	$\frac{1}{\sqrt{2}}$	$\frac{1}{\sqrt{2}}$	1
$\frac{\pi}{3}$	$\frac{1}{2}$	$\frac{\sqrt{3}}{2}$	$\sqrt{3}$
$\frac{\pi}{2}$	0	1	없다

7.2 연습문제

1 θ가 제 2사분면의 각이고 $\sin\theta = \frac{3}{5}$일 때 $\cos\theta$를 구하여라.

2 다음 삼각함수 값을 구하여라.

(1) $\cos\frac{8\pi}{3}$ (2) $\sin\left(-\frac{7\pi}{3}\right)$

(3) $\sin\frac{31\pi}{6}$ (4) $\cos\frac{31\pi}{6}$

(5) $\sin\frac{171\pi}{4}$ (6) $\cos\frac{171\pi}{4}$

3 다음을 $a\cos\theta + b\sin\theta$의 형태로 간단히 하여라.

(1) $\sin(32\pi+\theta) - 18\cos(19\pi-\theta) + \cos(56\pi+\theta) - 9\sin(17\pi+\theta)$

(2) $\sin(\pi-\theta) + \cos\left(\frac{\pi}{2}+\theta\right) - \cos(\pi+\theta)$

4 θ가 제4사분면의 각이고 $\sin\theta = -\frac{5}{13}$일 때 $\cos\theta$, $\tan\theta$의 값을 구하여라.

5 θ가 제2사분면의 각이고 $\cos\theta = -\frac{4}{5}$일 때 $1+\cot\theta$ 의 값을 구하여라.

6 $\frac{\sin\theta}{1+\cos\theta} + \frac{\sin\theta}{1-\cos\theta}$을 하나의 삼각함수로 간단히 하여라.

7 $\tan\theta = 3$일 때 $\csc^2\theta$를 구하여라.

8 $\sin\theta + \cos\theta = \frac{1}{4}$일 때 다음을 구하여라.

(1) $\sin\theta\cos\theta$ (2) $\tan\theta + \cot\theta$

9 θ가 제1사분면의 각이고 $\frac{1}{1+\sin\theta} + \frac{1}{1-\sin\theta} = 3$일 때 $\tan\theta$를 구하여라.

10 $3\sin\theta+4\cos\theta=5$일 때 $\sin\theta$와 $\cos\theta$를 구하여라.

11 모든 θ에 대하여 $(\sin\theta+\cos\theta)^2+k\sin\theta\cos\theta=1$이기 위한 k값을 구하여라.

수학카페

박사가 사랑한 수식

일본의 작가 오가와 요코의 동명소설을 고이즈미 타카시 감독이 영화로 만든 것으로 제목에 사용한 수식이라는 말 때문에 언뜻 어려워 보이기도 하지만 그 속에서 시작된 아름답고 따뜻한 사랑을 그린 작품이다.

최근 9명이나 되는 가정부를 갈아치운 박사는 열 번째로 싱글맘인 쿄코를 소개받는다. 사고로 인해 80분밖에 기억을 유지하지 못하는 박사는 매일 아침이 첫 대면이고, 언제나 숫자로 된 인사를 반복해서 나눈다. 어느 날 박사는 쿄코에게 열 살 된 아들이 있다는 것을 알게 되고 루트($\sqrt{\ }$)라는 별명을 지어준다. 두 사람은 야구라는 공통분모를 발견하고 즐거운 나날을 보내지만 루트의 야구경기를 보러 갔던 박사가 고열로 쓰러지자 세 사람의 관계는 문제가 되기 시작하는데…

영화가 주는 또 하나의 기쁨은 수학을 즐거운 과목으로 만들어 준다는 것이다. 영화 속에서 우리가 잊고 있던 수학 용어와 공식들이 드러나고 또 재미있게 설명되고 있다. 박사를 통해 우리는 수학을 알면 인생이 더 즐거울 수도 있다는 사실을 발견하게 된다.

7.3 삼각함수의 그래프

앞 절에서

$$\cos(\theta+2\pi)=\cos\theta,\quad \sin(\theta+2\pi)=\sin\theta,\quad \tan(\theta+\pi)=\tan\theta$$

이므로 cos 함수와 sin 함수의 주기는 2π이고 tan 함수의 주기는 π임을 알았다. 이를 이용하여 다음 삼각함수들의 주기를 알아보자.

예제 7.9_ 다음 삼각함수들의 주기를 구하여라.

(1) $y=\cos 2x$ (2) $y=\tan\dfrac{x}{2}$

풀이 (1) $\cos 2x=\cos(2x+2\pi)=\cos 2(x+\pi)$이므로 주기는 π

(2) $\tan\dfrac{x}{2}=\tan\left(\dfrac{x}{2}+\pi\right)=\tan\dfrac{1}{2}(x+2\pi)$이므로 주기는 2π

문제 7.9 다음 삼각함수들의 주기를 구하여라.

(1) $y=\sin\dfrac{x}{2}$ (2) $y=\tan 2x$ ◀

위의 예제와 문제의 결과를 일반화하면 다음과 같다. 증명은 연습문제로 해보기 바란다.

정리 7.6

$a\neq 0$일 때 함수 $y=\cos ax$와 함수 $y=\sin ax$의 주기는 $\dfrac{2\pi}{|a|}$이고 함수 $y=\tan ax$의 주기는 $\dfrac{\pi}{|a|}$이다.

함수 $y=\sin x$의 그래프를 그려보자. 중심각 x가 나타내는 동경이 반지름의 길이가 1인 원과 만나는 점을 P라 하면, 그림 7.10에서

$$\sin x=\overline{PM}$$

이다. 즉, $\sin x$는 점 P의 y좌표와 같다.

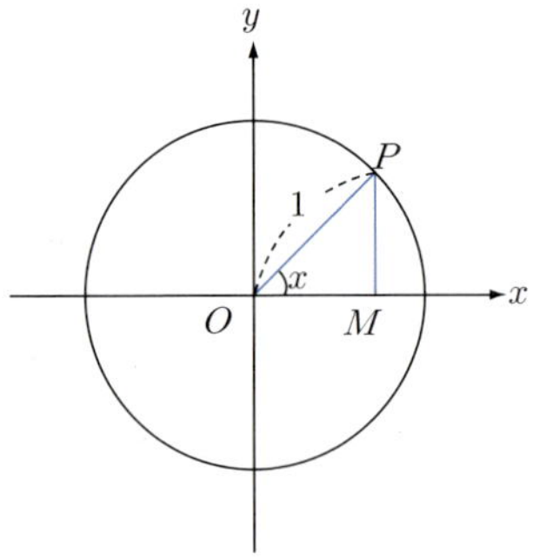

그림 7.10 $\sin x = \overline{PM}$

따라서 $y = \sin x$의 그래프를 그리려면 점 $(1,\ 0)$부터 시작하여 시계반대방향으로 반지름의 길이가 1인 원 위를 움직이면서 y좌표를 살펴보면 아래와 같은 그래프를 얻을 수 있다.

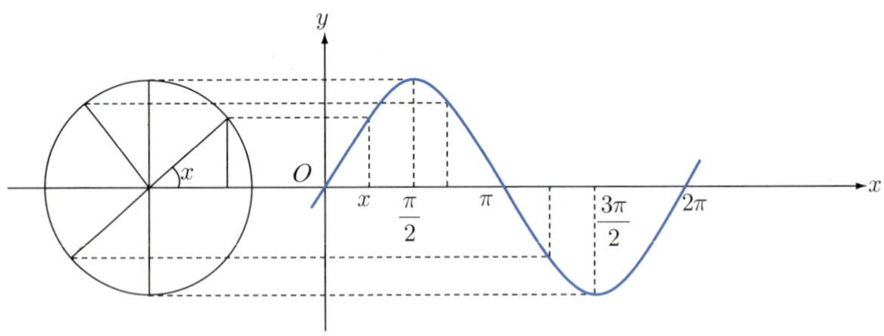

그림 7.11 $y = \sin x$의 그래프

$y = \cos x$의 그래프를 그리려면 그림 7.10의 그림을 시계방향으로 $\frac{\pi}{2}$만큼 회전시켜서 생각하면 된다. 즉, $\cos x$는 그림 7.10에서 점 P의 x좌표와 같으므로 그림 7.10의 그림을 시계방향으로 $\frac{\pi}{2}$만큼 회전시킨 그림에서는 P의 y좌표와 같다. 따라서 점 $(0,\ 1)$부터 시작하여 시계반대방향으로 반지름의 길이가 인 1인원 위를 움직이면서 y좌표를 살펴보면 아래와 같은 그래프를 얻을 수 있다.

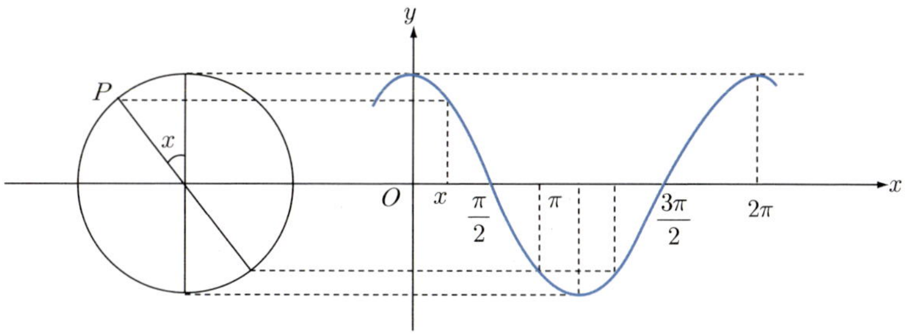

그림 7.12 $y = \cos x$의 그래프

각 x를 나타내는 동경이 직선 $x = 1$과 만나는 점을 그림 7.13과 같이 T라 하면

$$\tan x = \overline{AT}$$

이다.

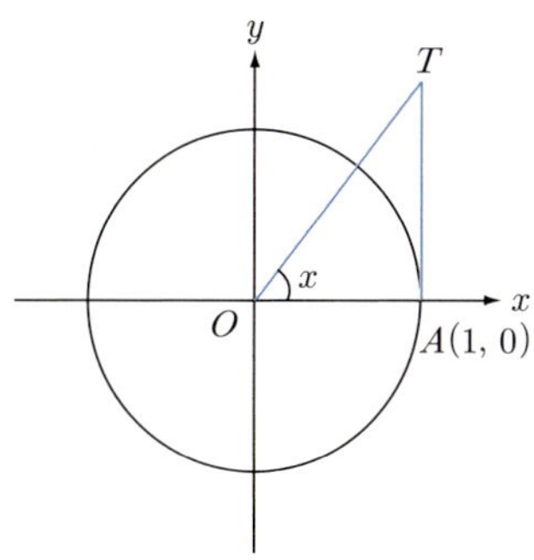

그림 7.13 $\tan x = \overline{AT}$

따라서 함수 $y = \tan x$의 그래프를 그리려면 $(1,\ 0)$부터 시계반대방향과 시계방향으로 $\frac{\pi}{2}$만큼 움직일 때 $\overline{AT}$의 길이의 변화를 살펴보면 된다. 또 tan함수는 $\pm\frac{\pi}{2}$에서는 정의되지 않으며, 주기가 π이므로 $\left(-\frac{\pi}{2}, \frac{\pi}{2}\right)$에서의 그래프가 반복됨을 알 수 있다. 따라서 아래와 같은 그래프를 얻을 수 있다.

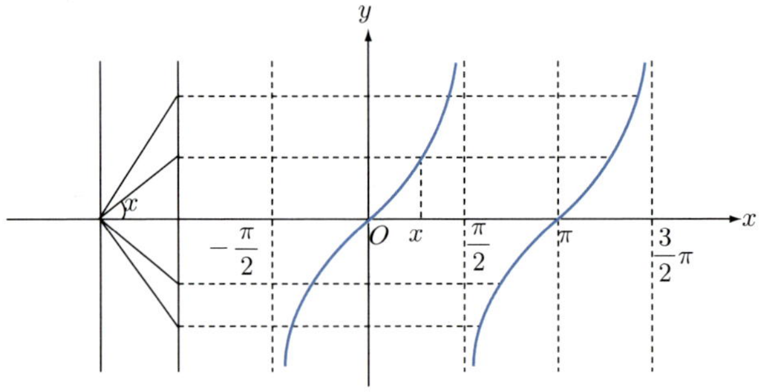

그림 7.14 $y=\tan x$의 그래프

예제 7.10_ 다음 함수의 그래프를 그려라.

(1) $y=2\sin x$　　　　(2) $y=\sin 2x$

풀이 (1) $y=2\sin x$는 $y=\sin x$의 값을 2배한 것이다. 따라서 그래프는 그림 7.15와 같다.

(2) $y=\sin 2x$의 주기는 π이므로 $y=\sin x$의 그래프의 x좌표를 절반으로 줄인 것이다. 따라서 그래프는 그림 7.16과 같다.

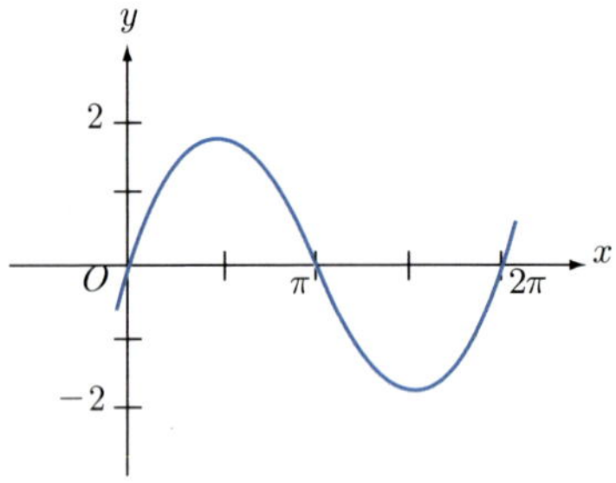

그림 7.15 $y=2\sin x$

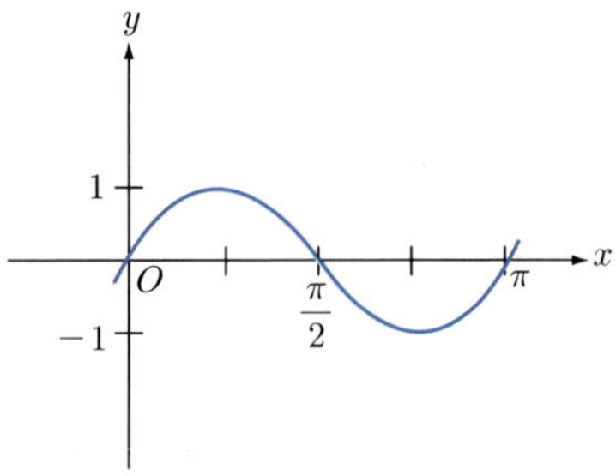

그림 7.16 $y=\sin 2x$

문제 7.10 다음 함수의 그래프를 그려라.

(1) $y=2\cos x$　　　　(2) $y=\cos\frac{x}{3}$ ◀

지금까지 공부한 삼각함수의 주기와 그래프로부터 보다 일반적인 삼각함수에 대해 다음의 성질을 알 수 있다.

정리 7.7

(1) $y=a\sin(bx+c)+d$, $y=a\cos(bx+c)+d$

① 주기 : $\frac{2\pi}{|b|}$

② 이동 : $y = a\sin x$ (또는 $y = a\cos x$)의 그래프를 x축 방향으로 $-\frac{c}{b}$, y축 방향으로 d만큼 평행 이동한 그래프

③ 최댓값 : $|a|+d$, 최솟값 : $-|a|+d$

(2) $y = a\tan(bx+c)+d$

① 주기 : $\frac{\pi}{|b|}$

② 이동 : $y = a\tan x$ 의 그래프를 x축 방향으로 $-\frac{c}{b}$, y축 방향으로 d 만큼 평행 이동한 그래프

③ 최댓값과 최솟값은 없다.

예제 7.11_ 함수 $y = 2\cos(-2x)$의 주기, 최댓값과 최솟값을 구하여라.

풀이 정리 7.7을 이용하면 주기는 π, 최댓값은 2, 최솟값은 -2이다.

문제 7.11 $y = 2\sin(-4\theta) - 2$ 의 최댓값을 M, 최솟값을 m이라 할 때 $M-m$의 값을 구하여라. ◀

7.3 연습문제

1 다음 삼각함수의 주기를 구하여라.

(1) $y = \cos\frac{x}{3}$ (2) $y = \tan(-2x)$

(3) $y = \sin\left(x - \frac{\pi}{6}\right)$ (4) $y = \cos\left(2x - \frac{\pi}{3}\right)$

2 다음 삼각함수의 그래프를 그려라.

(1) $y = \sqrt{2}\sin x$ (2) $y = \cos\frac{x}{2}$

(3) $y = |\cos x|$ (4) $y = \tan 2x$

(5) $y = \sin\left(x - \frac{\pi}{2}\right)$ (6) $y = 2\cos\left(x - \frac{\pi}{3}\right)$

3 $a \neq 0$일 때 함수 $y=\cos ax$, $y=\sin ax$의 주기는 $\dfrac{2\pi}{|a|}$이고, $y=\tan ax$의 주기는 $\dfrac{\pi}{|a|}$임을 보여라.

4 함수 $y=\tan\left(2x+\dfrac{\pi}{2}\right)$의 주기를 구하여라.

5 다음 함수의 최댓값과 최솟값을 구하여라.

(1) $y=\sin 2x-1$

(2) $y=\cos\left(\dfrac{x}{2}-\dfrac{\pi}{3}\right)$

(3) $y=3\sin\left(x-\dfrac{\pi}{3}\right)$

(4) $y=2\cos\left(x-\dfrac{\pi}{3}\right)+2$

6 다음 함수의 주기를 구하여라.

$$y=\sin\frac{x}{2}+\cos\frac{x}{2}$$

7 함수 $f(x)=\dfrac{\tan x}{\sqrt{1+\tan^2 x}}$의 주기가 p일 때 $\tan\left(p+\dfrac{\pi}{6}\right)$의 값을 구하여라.

8 함수 $y=\sqrt{1+\cos x}+\sqrt{1-\cos x}$의 주기가 p일 때 $\sqrt{1+\cos p}+\sqrt{1-\cos p}$의 값을 구하여라.

7.4 삼각함수의 여러 가지 공식

삼각함수의 세 변과 세 각 사이의 관계식을 알아보자.

삼각형의 세 변의 길이를 각각 a, b, c라 하고 각 변에 대응되는 각을 각각 A, B, C라 하자. 또 주어진 삼각형에 외접하는 외접원의 반지름의 길이를 R이라 하자.

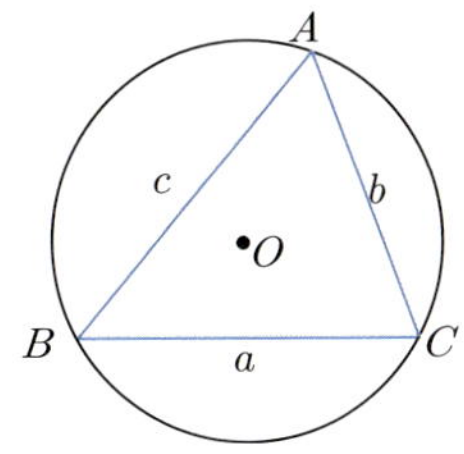

그림 7.17

이때 다음 법칙이 성립한다.

정리 7.7 (사인법칙)

$$\frac{a}{\sin A} = \frac{b}{\sin B} = \frac{c}{\sin C} = 2R$$

증명

삼각형 ABC의 외접원의 중심을 O라 하고 BO의 연장선이 원 O와 만나는 점을 A'이라 하면 $\overline{BA'} = 2R$이다. 그림 7.18과 같이 세 가지 경우로 나누어 $\frac{a}{\sin A} = 2R$임을 보이기로 하자.

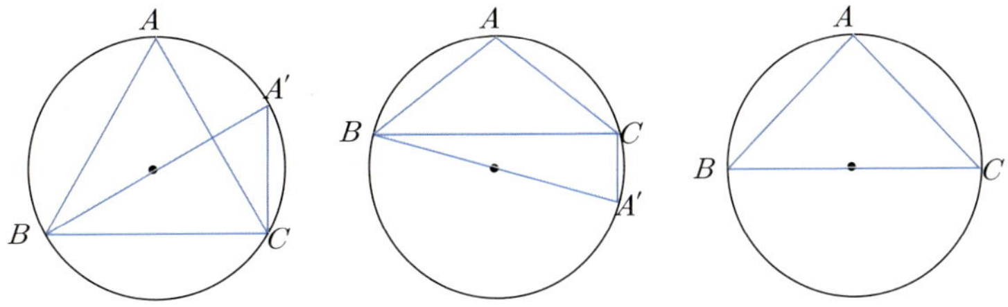

$A < \frac{\pi}{2}$ $A > \frac{\pi}{2}$ $A = \frac{\pi}{2}$

그림 7.18

i) $A < \frac{\pi}{2}$일 때 $A = A'$이고 $\angle A'CB = \frac{\pi}{2}$이므로

$$\sin A = \sin A' = \frac{\overline{BC}}{\overline{BA'}} = \frac{a}{2R}$$

이다. 따라서

$$\frac{a}{\sin A} = 2R$$

이다.

ii) $A > \frac{\pi}{2}$일 때 $A = \pi - A'$이고 $\angle A'CB = \frac{\pi}{2}$이므로

$$\sin A = \sin(\pi - A') = \sin A' = \frac{\overline{BC}}{\overline{BA'}} = \frac{a}{2R}$$

이다. 따라서

$$\frac{a}{\sin A} = 2R$$

이다.

iii) $A = \frac{\pi}{2}$일 때 $\sin A = 1$이고 $a = 2R$이므로

$$\frac{a}{\sin A} = 2R$$

이다.

따라서 모든 A에 대하여 $\frac{a}{\sin A} = 2R$이다. 위와 같은 방법으로

$$\frac{b}{\sin B} = \frac{c}{\sin C} = 2R$$

을 보일 수 있다. ◀◀

예제 7.12_ 삼각형 ABC에서 $A = \frac{\pi}{4}$, $R = 10$일 때 a의 길이를 구하여라.

풀이 $\frac{a}{\sin A} = 2R$에서 $a = 20\sin\frac{\pi}{4} = 10\sqrt{2}$ 이다.

문제 7.12 삼각형 ABC에서 $A=\frac{\pi}{6}$, $a=5$일 때 R의 길이를 구하여라. ◀

삼각형 ABC의 세 변과 세 각 사이에 성립하는 다음 관계식을 코사인 법칙이라 한다.

정리 7.8 (코사인 법칙)

제 1 코사인 법칙

$$a = b\cos C + c\cos B$$
$$b = c\cos A + a\cos C$$
$$c = a\cos B + b\cos A$$

제 2 코사인 법칙

$$a^2 = b^2 + c^2 - 2bc\cos A$$
$$b^2 = c^2 + a^2 - 2ca\cos B$$
$$c^2 = a^2 + b^2 - 2ab\cos C$$

증명

(1) 제 1 코사인 법칙의 증명

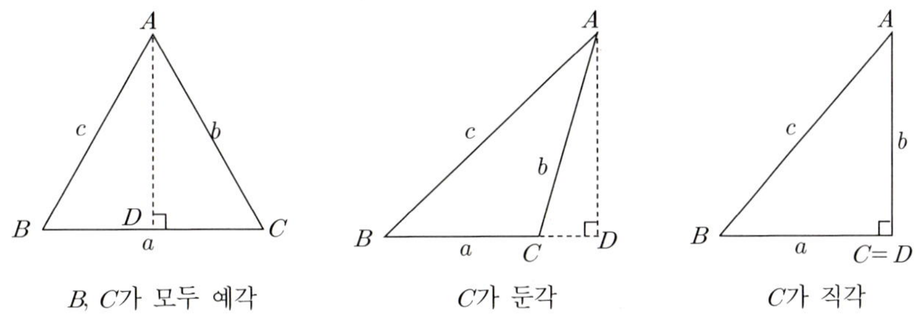

그림 7.19

i) B, C가 모두 예각인 경우
위의 그림 7.19에서

$$a = \overline{BD} + \overline{CD} = c\cos B + b\cos C$$

이다.

ii) C가 둔각인 경우

위의 그림 7.19에서

$$a = \overline{BD} - \overline{CD} = c\cos B - b\cos(\pi - C) = c\cos B + b\cos C$$

이고, B가 둔각인 경우에도 같은 방법으로 보일 수 있다.

iii) C가 직각인 경우

$a = c\cos B$이고 $\cos C = 0$이므로

$$a = c\cos B + b\cos C$$

이고, B가 직각인 경우에도 같은 방법으로 보일 수 있다.

같은 방법으로 하면

$$b = c\cos A + a\cos C, \quad c = a\cos B + b\cos A$$

도 보일 수 있다.

(2) 제 2 코사인 법칙의 증명

제 1 코사인 법칙의 각 식의 양변에 각각 a, b, c를 곱하면

$$a^2 = ab\cos C + ac\cos B \quad \cdots \text{①}$$
$$b^2 = bc\cos A + ab\cos C \quad \cdots \text{②}$$
$$c^2 = ac\cos B + bc\cos A \quad \cdots \text{③}$$

이다. ①+②-③을 하면

$$a^2 + b^2 - c^2 = 2ab\cos C$$

이므로

$$c^2 = a^2 + b^2 - 2ab\cos C$$

이다. 같은 방법으로 나머지 식들도 증명할 수 있다. ◀◀

예제 7.13_ 삼각형 ABC에서 $A = \frac{\pi}{4}$, $b = 2$, $c = 3$일 때 a의 값을 구하여라.

풀이 $a^2 = b^2 + c^2 - 2bc\cos A$에서

$$a^2 = 2^2 + 3^2 - 2 \cdot 2 \cdot 3\cos\frac{\pi}{4} = 13 - 6\sqrt{2}$$

이므로 $a = \sqrt{13 - 6\sqrt{2}}$ 이다.

문제 7.13 삼각형 ABC에서 $a=\sqrt{7}$, $b=2$, $c=3$일 때 예각 A의 값을 구하여라. ◀

삼각함수의 공식 중에서 가장 중요한 것 중의 하나가 덧셈정리이다. 이 정리를 이용하여 다른 많은 공식을 유도할 수도 있으며, 두 각의 합 또는 차에 대한 삼각함수의 값을 계산할 수도 있다.

정리 7.9 (삼각함수의 덧셈정리)

$$\sin(x+y)=\sin x\cos y+\cos x\sin y$$
$$\sin(x-y)=\sin x\cos y-\cos x\sin y$$
$$\cos(x+y)=\cos x\cos y-\sin x\sin y$$
$$\cos(x-y)=\cos x\cos y+\sin x\sin y$$
$$\tan(x+y)=\frac{\tan x+\tan y}{1-\tan x\tan y}$$
$$\tan(x-y)=\frac{\tan x-\tan y}{1+\tan x\tan y}$$

증명

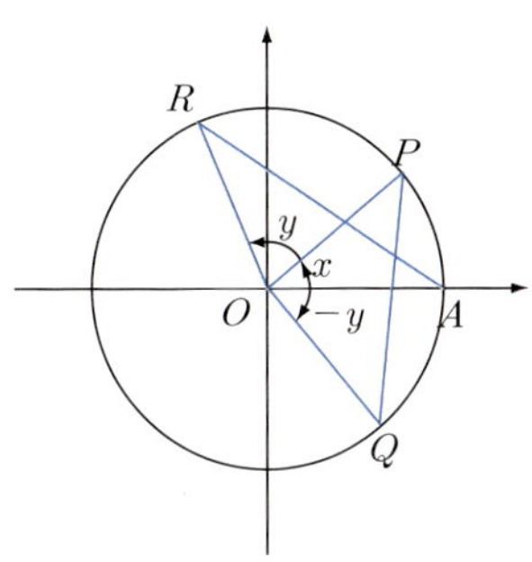

그림 7.20

세 각 $x, -y, x+y$를 나타내는 동경이 반지름의 길이가 1인 원과 만나는 점을 각각 P, Q, R이라 하고 점 $(1, 0)$를 A라 하자. 점 P, Q, R의 좌표를 구하면

$$P(\cos x, \sin x),\ \ Q(\cos y, -\sin y),\ \ R(\cos(x+y),\ \sin(x+y))$$

이다. 그런데 삼각형 ROA와 삼각형 POQ는 합동이므로

$$\overline{AR}=\overline{PQ}$$

이다. 양변을 제곱하면 $\overline{AR}^2 = \overline{PQ}^2$이므로

$$(\cos(x+y)-1)^2+(\sin(x+y))^2=(\cos x-\cos y)^2+(\sin x+\sin y)^2$$

이고, 이 식을 정리하면

$$-2\cos(x+y)+2=-2\cos x\cos y+2\sin x\sin y+2$$

이므로

$$\cos(x+y)=\cos x\cos y-\sin x\sin y \quad \cdots ①$$

이다. 이 식은 모든 x, y에 대하여 성립하므로 x 대신 $x+\frac{\pi}{2}$를 대입하면

$$\cos\left(x+\frac{\pi}{2}+y\right)=\cos\left(x+\frac{\pi}{2}\right)\cos y-\sin\left(x+\frac{\pi}{2}\right)\sin y$$

이다. 따라서

$$\sin(x+y)=\sin x\cos y+\cos x\sin y \quad \cdots ②$$

를 얻을 수 있고

$$\tan(x+y)=\frac{\sin(x+y)}{\cos(x+y)}=\frac{\sin x\cos y+\cos x\sin y}{\cos x\cos y-\sin x\sin y}$$

이므로 분모, 분자를 $\cos x\cos y$로 나누면

$$\tan(x+y)=\frac{\tan x+\tan y}{1-\tan x\tan y} \quad \cdots ③$$

를 얻는다. 공식 ①, ②, ③에서 y 대신 $-y$를 대입하면 $\sin(x-y)$, $\cos(x-y)$, $\tan(x-y)$에 대한 공식을 얻을 수 있다. ◀◀

예제 7.14_ 다음 삼각함수의 값을 구하여라.

(1) $\sin 75°$　　　　(2) $\cos 15°$

풀이 (1) $75° = 45° + 30°$이므로

$$\begin{aligned}\sin 75° &= \sin(45°+30°)\\ &= \sin 45°\cos 30° + \cos 45°\sin 30°\\ &= \frac{1}{\sqrt{2}}\frac{\sqrt{3}}{2}+\frac{1}{\sqrt{2}}\frac{1}{2}=\frac{\sqrt{6}+\sqrt{2}}{4}\end{aligned}$$

이다.

(2) $15° = 45° - 30°$이므로

$$\begin{aligned}\cos 15° &= \cos(45° - 30°) \\ &= \cos 45° \cos 30° + \sin 45° \sin 30° \\ &= \frac{1}{\sqrt{2}}\frac{\sqrt{3}}{2} + \frac{1}{\sqrt{2}}\frac{1}{2} = \frac{\sqrt{6}+\sqrt{2}}{4}\end{aligned}$$

이다.

문제 7.14 다음 삼각함수의 값을 구하여라.

(1) $\cos 75°$

(2) $\tan 105°$

◀

삼각함수의 덧셈정리를 이용하면 삼각함수의 여러 가지 공식을 유도할 수 있다. 덧셈정리에서 $x = y$라 하면 다음 배각의 공식을 얻을 수 있다.

정리 7.10 (배각의 공식)

$$\sin 2x = 2\sin x \cos x$$

$$\cos 2x = \cos^2 x - \sin^2 x = 2\cos^2 x - 1 = 1 - 2\sin^2 x$$

$$\tan 2x = \frac{2\tan x}{1 - \tan^2 x}$$

예제 7.15_ $\frac{\pi}{2} < x < \frac{3\pi}{4}$이고 $\sin x = \frac{3}{5}$일 때 $\sin 2x$의 값을 구하여라.

풀이 $\frac{\pi}{2} < x < \frac{3\pi}{4}$이므로 $\cos x < 0$이고 $\sin 2x < 0$이다. 또

$$\cos x = -\sqrt{1-\sin^2 x} = -\sqrt{1-\left(\frac{3}{5}\right)^2} = -\frac{4}{5}$$

이므로

$$\sin 2x = 2\sin x \cos x = 2 \cdot \frac{3}{5} \cdot \left(-\frac{4}{5}\right) = -\frac{24}{25}$$

이다.

문제 7.15 $\frac{\pi}{2} < x < \frac{3\pi}{4}$이고 $\sin x = \frac{3}{5}$일 때 $\cos 2x$, $\tan 2x$의 값을 구하여라.

◀

배각의 공식 $\cos 2x = 2\cos^2 x - 1$에서 $2x = y$라 두면

$$\cos y = 2\cos^2 \frac{y}{2} - 1$$

이므로

$$\cos^2 \frac{y}{2} = \frac{1+\cos y}{2}$$

이다. 마찬가지로 $\cos 2x = 1 - 2\cos^2 x$에서 $2x = y$라 두면

$$\sin^2 \frac{y}{2} = \frac{1-\cos y}{2}$$

이다. 또

$$\tan^2 \frac{y}{2} = \frac{\sin^2 \frac{y}{2}}{\cos^2 \frac{y}{2}} = \frac{1-\cos y}{1+\cos y}$$

이다. 따라서 다음 반각의 공식을 얻는다. 반각의 공식은 이차의 삼각함수들을 일차의 삼각함수로 바꿔준다. 이 성질은 이차의 삼각함수 적분 계산에 매우 중요하다.

정리 7.11 (반각의 공식)

$$\sin^2 \frac{x}{2} = \frac{1-\cos x}{2}$$

$$\cos^2 \frac{x}{2} = \frac{1+\cos x}{2}$$

$$\tan^2 \frac{x}{2} = \frac{1-\cos x}{1+\cos x}$$

예제 7.16_ $\cos^4 x$를 일차의 삼각함수들의 합으로 나타내어라.

풀이 반각의 공식을 이용하면

$$\begin{aligned} \cos^4 x &= (\cos^2 x)^2 = \left(\frac{1+\cos 2x}{2}\right)^2 \\ &= \frac{1}{4}(1+2\cos 2x+\cos^2 2x) \end{aligned}$$

$$= \frac{1}{4}\left(1 + 2\cos 2x + \frac{1 + \cos 4x}{2}\right)$$
$$= \frac{1}{8}(3 + 4\cos 2x + \cos 4x)$$

이다.

문제 7.16 $\sin^4 x$를 일차의 삼각함수들의 합으로 나타내어라. ◀

덧셈정리

$$\sin(x+y) = \sin x \cos y + \cos x \sin y$$
$$\sin(x-y) = \sin x \cos y - \cos x \sin y$$

의 양변을 각각 더하면

$$\sin(x+y) + \sin(x-y) = 2\sin x \cos y$$

이고, 양변을 각각 빼면

$$\sin(x+y) - \sin(x-y) = 2\cos x \sin y$$

이므로

$$\sin x \cos y = \frac{1}{2}[\sin(x+y) + \sin(x-y)]$$
$$\cos x \sin y = \frac{1}{2}[\sin(x+y) - \sin(x-y)]$$

를 얻는다. 또 덧셈정리

$$\cos(x+y) = \cos x \cos y - \sin x \sin y$$
$$\cos(x-y) = \cos x \cos y + \sin x \sin y$$

의 양변을 각각 더하고 빼면

$$\cos(x+y) + \cos(x-y) = 2\cos x \cos y$$
$$\cos(x+y) - \cos(x-y) = -2\sin x \sin y$$

이므로

$$\cos x \cos y = \frac{1}{2}[\cos(x+y) + \cos(x-y)]$$

$$\sin x \sin y = -\frac{1}{2}[\cos(x+y) - \cos(x-y)]$$

를 얻는다. 이상을 정리하면 다음과 같다.

정리 7.12 (곱을 합과 차로 바꾸는 공식)

$$\sin x \cos y = \frac{1}{2}[\sin(x+y) + \sin(x-y)]$$

$$\cos x \sin y = \frac{1}{2}[\sin(x+y) - \sin(x-y)]$$

$$\cos x \cos y = \frac{1}{2}[\cos(x+y) + \cos(x-y)]$$

$$\sin x \sin y = -\frac{1}{2}[\cos(x+y) - \cos(x-y)]$$

예제 7.17_ 다음 삼각함수의 값을 구하여라.

(1) $\sin 75° \cos 15°$　　　(2) $\cos 75° \cos 15°$

풀이 (1) 곱을 합과 차로 바꾸는 공식을 이용하면

$$\sin 75° \cos 15° = \frac{1}{2}(\sin 90° + \sin 60°) = \frac{2+\sqrt{3}}{4}$$

이다.

(2) 곱을 합과 차로 바꾸는 공식을 이용하면

$$\cos 75° \cos 15° = \frac{1}{2}(\cos 90° + \cos 60°) = \frac{1}{4}$$

이다.

문제 7.17 다음 삼각함수의 값을 구하여라.

(1) $\cos 75° \sin 15°$　　　(2) $\sin 75° \sin 15°$ ◀

$\alpha = x+y$, $\beta = x-y$라 하면

$$x = \frac{\alpha+\beta}{2}, \quad y = \frac{\alpha-\beta}{2}$$

이다. 따라서 곱을 합과 차로 바꾸는 공식

$$\sin x \cos y = \frac{1}{2}[\sin(x+y)+\sin(x-y)]$$

에서

$$\sin\frac{\alpha+\beta}{2}\cos\frac{\alpha-\beta}{2} = \frac{1}{2}(\sin\alpha+\sin\beta)$$

이므로

$$\sin\alpha+\sin\beta = 2\sin\frac{\alpha+\beta}{2}\cos\frac{\alpha-\beta}{2}$$

를 얻는다. 곱을 합과 차로 바꾸는 다른 공식에서도 같은 방법으로 합과 차를 곱으로 바꾸는 다음 공식을 유도할 수 있다.

정리 7.13 (합과 차를 곱으로 바꾸는 공식)

$$\sin x + \sin y = 2\sin\frac{x+y}{2}\cos\frac{x-y}{2}$$
$$\sin x - \sin y = 2\cos\frac{x+y}{2}\sin\frac{x-y}{2}$$
$$\cos x + \cos y = 2\cos\frac{x+y}{2}\cos\frac{x-y}{2}$$
$$\cos x - \cos y = -2\sin\frac{x+y}{2}\sin\frac{x-y}{2}$$

예제 7.18_ $\sin 5° + \sin 125° - \sin 115°$의 값을 구하여라.

풀이 곱을 합과 차로 바꾸는 공식을 이용하면

$$\begin{aligned}\sin 5° + \sin 125° - \sin 115° &= \sin 5° + (\sin 125° - \sin 115°)\\ &= \sin 5° + 2\cos 120° \sin 5°\\ &= \sin 5° - 2\cdot\frac{1}{2}\sin 5° = 0\end{aligned}$$

이다.

문제 7.18 $\cos 5° + \cos 125° + \cos 115°$의 값을 구하여라. ◀

7.4 연습문제

1 삼각형 ABC에서 $a=3$, $R=3$일 때 예각 A의 크기를 구하여라.

2 삼각형 ABC에서 $A=\frac{\pi}{3}$, $B=\frac{\pi}{4}$이고 $a=2\sqrt{3}$일 때 b의 길이를 구하여라.

3 x, y는 예각이고 $\sin x=\frac{13}{14}$, $\sin y=\frac{11}{14}$일 때 $\sin(x+y)$, $\cos(x+y)$, $\tan(x+y)$를 각각 구하여라.

4 $a=4$, $\angle A=\frac{\pi}{4}$일 때 외접원의 반지름 R의 길이를 구하여라.

5 $\triangle ABC$에서 세 변의 길이 a, b, c 사이에 $2a^2=3bc$인 관계가 성립한다. $\cos A$가 최소일 때 $a:b:c=x:y:1$이다. x, y의 값을 순서대로 구하여라.(힌트: $\frac{a+b}{2}\geq\sqrt{ab}$)

6 $\triangle ABC$에서 $2\cos B\sin C=\sin A$이면 $\triangle ABC$는 어떤 삼각형인지 말하여라.

7 함수 $y=6\sin\frac{\pi}{4}x\cos\frac{\pi}{4}x$의 주기와 최댓값을 구하여라.

8 이차방정식 $5x^2-7x+k=0$의 두 근이 $\sin\theta$, $\cos\theta$일 때 k의 값을 구하여라.

9 $\cos(x+y)\cos(x-y)=\cos^2x-\sin^2y$임을 보여라.

10 $\frac{\sin55^\circ\sin35^\circ}{\cos80^\circ+\cos40^\circ}$의 값을 구하여라.

11 $\tan\theta+\cot\theta=-\frac{3}{2}$일 때 $\sin\theta+\cos\theta$를 구하여라.

12 $\sin\alpha+\cos\beta=\frac{1}{2}$, $\cos\alpha+\sin\beta=\frac{1}{\sqrt{2}}$일 때 $\sin(\alpha+\beta)$를 구하여라.

13 θ는 제1사분면이고 $\tan\theta=\frac{3}{4}$일 때 $\sin2\theta+\cos2\theta$를 구하여라.

14 θ가 제2사분면이고 $\sin\theta=\frac{\sqrt{5}}{3}$일 때 $\sin\frac{\theta}{2}\cos\frac{\theta}{2}\tan\frac{\theta}{2}$을 구하여라.

15 $\cos\theta=\frac{1}{\sqrt{2}}$일 때 $\sin3\theta\sin\theta$를 구하여라.

16 $0<\theta<\frac{\pi}{3}$이고 $\frac{1+2\cos\theta}{\cos2\theta+\cos3\theta+\cos4\theta}=2$일 때 $\sin3\theta$를 구하여라.

수학카페

위너(N.Wiener, 1894-1964)

위너는 MIT 교수로 브라운 운동, 확률론 등을 연구하였으며, 통신공학, 신경생리학 등에서도 업적을 남겼다. 또 동물과 기계의 제어와 통신을 통일적으로 취급하려고 시도하는 '사이버네틱스'라는 분야를 창시하기도 하였다.

위너는 대단한 공부벌레로 일과 중 외출하는 것은 점심 때 식당에 다녀오는 것뿐이었다. 위너가 어느 날 연구실과 식당 사이에서 학생으로부터 질문을 받았다. 그는 그 학생의 질문에 친절하게 답해 주었다. "감사합니다" 하고 돌아가려는 학생에게 이번에는 위너가 질문했다. "자네가 나를 불렀을 때 내가 어느 쪽에서 왔는가?" 학생이 대답하기를 "교수님은 연구실 쪽으로 걷고 계셨습니다." 그러자 위너는 "그러면 나는 점심을 먹은 거군!" 하면서 연구실로 돌아갔다.

7.5 삼각방정식과 삼각부등식

삼각함수의 각의 크기를 미지수로 하는 방정식을 **삼각방정식**이라 한다. 예를 들면

$$\sin x = 0$$

은 삼각방정식이고, 이 방정식의 해는

$$x = 0, \pm\pi, \pm 2\pi, \pm 3\pi, \cdots$$

등 무수히 많음을 알 수 있다. 이것들을 일반적으로 나타내면

$$x = n\pi,\ n\text{은 정수}$$

라 나타낼 수 있다. 삼각방정식에서 x에 대하여 $0 < x < 2\pi$ 또는 $0 \le x \le 2\pi$와 같은 제한이 있는 경우의 해를 특수해라 하고, x에 제한이 없는 경우를 일반해라고 한다.

삼각함수는 주기함수이므로 그래프를 이용하면 일반해를 쉽게 구할 수 있으며 다음과 같음을 알 수 있다.

정리 7.15

특수해를 θ라 하고 n을 임의의 정수라 하면

(1) $\sin x = a$의 일반해는 $x = n\pi + (-1)^n\theta$

(2) $\cos x = a$의 일반해는 $x = 2n\pi \pm \theta$

(3) $\tan x = a$의 일반해는 $x = n\pi + \theta$

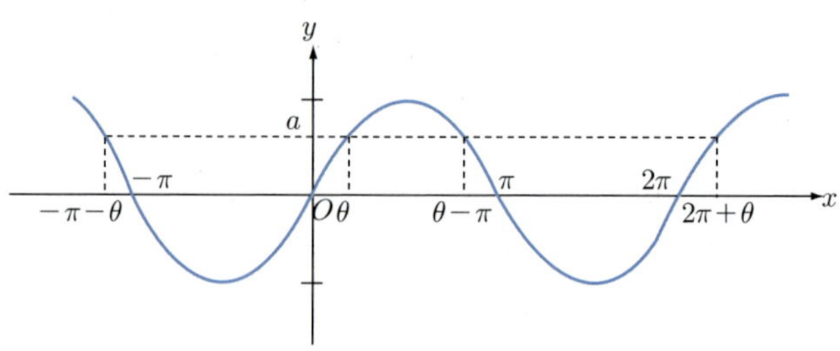

그림 7.21 $\sin x = a$의 일반해

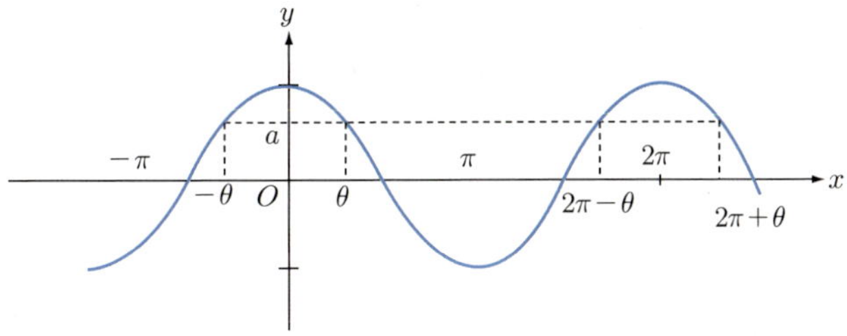

그림 7.22 $\cos x = a$의 일반해

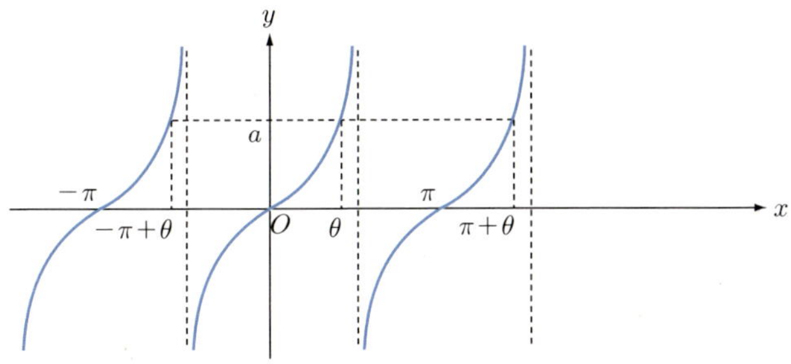

그림 7.23 $\tan x = a$의 일반해

예제 7.19_ 방정식 $\sin x = \dfrac{1}{2}$의 일반해를 구하여라.

풀이 $\sin\dfrac{\pi}{6} = \dfrac{1}{2}$이므로 $x = \dfrac{\pi}{6}$은 특수해이다. 따라서 일반해는

$$x = n\pi + (-1)^n \frac{\pi}{6}$$

이다.

문제 7.19 방정식 $\tan x = \sqrt{3}$의 일반해를 구하여라. ◀

예제 7.20_ 방정식 $2\sin^2 x - 3\sin x + 1 = 0$의 해를 구하여라.

풀이 인수분해하면

$$(2\sin x - 1)(\sin x - 1) = 0$$

이므로

$$\sin x = \frac{1}{2}, \quad \sin x = 1$$

이다. $\sin x = \frac{1}{2}$의 일반해는

$$x = n\pi + (-1)^n \frac{\pi}{6}$$

이고 $\sin x = 1$의 일반해는

$$x = n\pi + (-1)^n \frac{\pi}{2}$$

이다. 따라서 해는

$$n\pi + (-1)^n \frac{\pi}{6},\quad n\pi + (-1)^n \frac{\pi}{2},\quad n\text{은 정수}$$

이다.

문제 7.20 방정식 $\cos 2x - 5\cos x + 3 = 0$의 해를 구하여라. ◀

삼각부등식을 풀 때에도 삼각방정식의 경우와 마찬가지로 그래프를 이용하여 풀면 편리하다. 여기서는 간단히 x의 범위에 제한이 주어지는 경우만 다루기로 하자.

예제 7.21_ $0 \le x \le 2\pi$에서 삼각부등식 $\cos x > \frac{\sqrt{3}}{2}$의 해를 구하여라.

풀이 $0 \le x \le 2\pi$에서 $\cos x = \frac{\sqrt{3}}{2}$의 해는 $x = \frac{\pi}{6}, \frac{11\pi}{6}$이다. 따라서 그림 7.24로부터 구하는 해는

$$0 \le x < \frac{\pi}{6},\quad \frac{11\pi}{6} < x \le 2\pi$$

임을 알 수 있다.

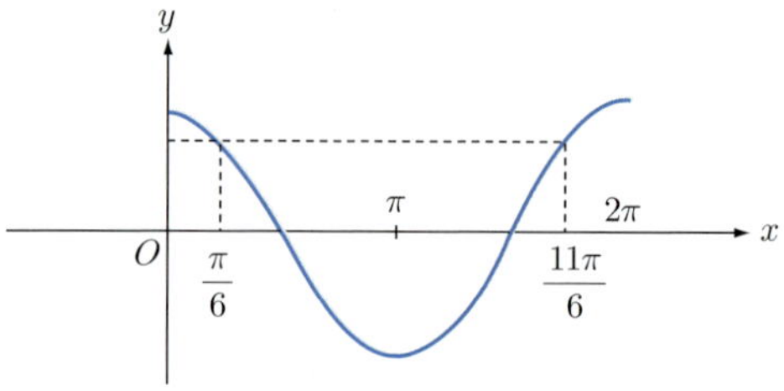

그림 7.24 $y = \cos x$

문제 7.21 $0 \le x \le 2\pi$에서 삼각부등식 $\tan x \le \sqrt{3}$의 해를 구하여라. ◀

예제 7.22_ $0 \le x \le 2\pi$에서 삼각부등식 $2\cos^2 x \le 3\sin x$의 해를 구하여라.

풀이 $\cos^2 x = 1 - \sin^2 x$이므로

$$2 - 2\sin^2 x \le 3\sin x$$

이고, 이항하여 인수분해하면

$$(2\sin x - 1)(\sin x + 2) \ge 0$$

이다. $\sin x + 2 > 0$이므로 $2\sin x - 1 \ge 0$이고

$$\sin x \ge \frac{1}{2}$$

이다. 따라서 해는 $\frac{\pi}{6} \le x \le \frac{5\pi}{6}$이다.

문제 7.22 $0 \le x \le 2\pi$에서 삼각부등식 $2\sin^2 x + \cos x - 2 > 0$의 해를 구하여라. ◀

7.5 연습문제

1 다음 삼각방정식의 해를 구하여라.

(1) $\sin x = -\frac{1}{2}$ (2) $\tan x = 1$

(3) $\cos 2x + 5\sin x - 3 = 0$ (4) $\sin^2 x - 3\sin x + 2 = 0$

(5) $2\sin^2 x - \sin x - 1 = 0$

(6) $\tan x - \sqrt{3}\cot x = \sqrt{3} - 1$ (단, $0 \le x < \pi$)

2 방정식 $2\sin^2 x + \cos x = 1\,(0 \le x < 2\pi)$의 해를 구하여라.

3 $4\sin^2 x + 4\cos x = 5$일 때 x의 값을 구하여라. (단, $0 \le x \le \pi$)

4 방정식 $\tan\left(x+\frac{\pi}{5}\right)=\cot\left(\frac{\pi}{2}-2x\right)$의 해를 구하여라. (단, $0 \le x \le 2\pi$)

5 방정식 $\sin 2x\cos x+\cos 2x\sin x=\frac{1}{2}$의 모든 해의 합을 구하여라.
(단, $0 \le x \le \pi$)

6 방정식 $\sqrt{3}\sin x-\cos x=\sqrt{3}$의 모든 해를 구하여라. (단, $\pi/6 \le x \le 5\pi/6$)

7 방정식 $\sin\left(x+\frac{\pi}{4}\right)\cos\left(x-\frac{\pi}{4}\right)=\frac{3}{4}$의 모든 해를 구하여라. (단, $0 \le x \le \pi$)

8 다음 삼각부등식의 해를 구하여라.
(1) $\sqrt{2}\cos x-1<0$ (단, $0 \le x \le \pi$)
(2) $2\sin x-\sqrt{3} \le 0$ (단, $0 \le x \le \pi$)
(3) $\tan^2 x-3<0$ (단, $-\frac{\pi}{2}<x<\frac{\pi}{2}$)
(4) $\sin x>\cos x$ (단, $0 \le x \le 2\pi$)

9 $0 \le x < 2\pi$일 때 부등식 $\sin x \ge \cos x$의 해를 구하여라.

10 부등식 $x^2-(2\sin\theta+1)x+1>0$ 이 항상 성립하는 θ의 값의 범위를 구하여라.
(단, $0 \le \theta \le \pi$)

Chapter 08

함수의 극한과 연속

8.1 함수의 극한

8.2 함수의 연속

8.1 함수의 극한

함수 $f(x)=2x+1$에서 x가 1에 가까운 값일 때 $f(x)$의 값은 어떻게 되는지 생각해보자. 예를 들어

$$x=0.9 \text{이면 } f(0.9)=2.8$$
$$x=0.99 \text{이면 } f(0.99)=2.98$$
$$x=0.999 \text{이면 } f(0.999)=2.998$$

이고

$$x=1.1 \text{이면 } f(1.1)=3.2$$
$$x=1.01 \text{이면 } f(1.01)=3.02$$
$$x=1.001 \text{이면 } f(1.001)=3.002$$

이다. 따라서 x가 1에 가까워지면 가까워질수록 $f(x)$의 값은 3에 가까워짐을 알 수 있다. 이와 같이 x가 어떤 값에 가까이 갈 때 $f(x)$가 어떻게 변하는지를 알아보는 것을 함수의 극한이라 한다.

정의 8.1

실수 a를 포함하는 개구간을 a의 **근방**(neighborhood)이라 한다. 함수 $f(x)$가 a를 제외한 a의 근방에서 정의되어 있다고 하자. x가 a에 한없이 가까이 갈 때 $f(x)$가 일정한 값 A에 한없이 가까이가면, $x=a$에서 $f(x)$의 **극한**(limit)은 A라 하고

$$\lim_{x\to a} f(x)=A$$

라 나타낸다.

x가 a보다 큰 값을 취하면서 a에 가까이 가는 것을 $x\to a^+$, a보다 작은 값을 취하면서 a에 가까이 가는 것을 $x\to a^-$라 나타낸다. $x\to a^+$일 때 $f(x)$가 A에 가까이 가면

$$\lim_{x\to a^+} f(x)=A$$

라 나타내고 $x \to a^-$일 때 $f(x)$가 B에 가까이 가면

$$\lim_{x \to a^-} f(x) = B$$

라 나타내며, 각각 **우극한**(right hand limit), **좌극한**(left hand limit)이라 한다. 우극한과 좌극한이 항상 일치하는 것은 아니다. 극한이 존재할 필요충분조건은 우극한과 좌극한이 일치하는 것이다. 즉,

$$\lim_{x \to a} f(x) = \lim_{x \to a^+} f(x) = \lim_{x \to a^-} f(x)$$

이다.

예제 8.1_ 다음 극한을 구하여라.

(1) $\lim_{x \to a} c$ (c는 상수)　　　(2) $\lim_{x \to 0} \frac{|x|}{x}$

풀이 (1) $f(x) = c$라 하자. 모든 x에 대하여 $f(x) = c$이므로 x가 a에 가까운 값일 때도 $f(x) = c$이다. 따라서 $\lim_{x \to a} c = c$이다.

(2) 우극한과 좌극한을 생각해보자.

$$\lim_{x \to 0^+} \frac{|x|}{x} = \lim_{x \to 0^+} \frac{x}{x} = 1$$

이고

$$\lim_{x \to 0^-} \frac{|x|}{x} = \lim_{x \to 0^-} \frac{-x}{x} = -1$$

로 서로 다르므로 $\lim_{x \to 0} \frac{|x|}{x}$는 존재하지 않는다.

문제 8.1 다음 극한을 구하여라.

(1) $\lim_{x \to 2} x$

(2) $\lim_{x \to 3} [x]$ ($[x]$는 x를 넘지 않는 최대정수) ◀

함수의 극한을 계산하는데 편리한 공식을 알아보자.

정리 8.2

두 함수 $f(x)$, $g(x)$에 대하여 $\lim_{x\to a}f(x)$, $\lim_{x\to a}g(x)$가 존재하면 다음이 성립한다.

(1) $\lim_{x\to a}(f(x)+g(x))=\lim_{x\to a}f(x)+\lim_{x\to a}g(x)$

(2) $\lim_{x\to a}kf(x)=k\lim_{x\to a}f(x)$, k는 상수

(3) $\lim_{x\to a}f(x)g(x)=\lim_{x\to a}f(x)\cdot\lim_{x\to a}g(x)$

(4) $\lim_{x\to a}\dfrac{f(x)}{g(x)}=\dfrac{\lim_{x\to a}f(x)}{\lim_{x\to a}g(x)}$, 단, $\lim_{x\to a}g(x)\neq 0$

$\lim_{x\to a}f(x)=A$, $\lim_{x\to a}g(x)=B$라 하면 x가 a에 한없이 가까이 갈 때 $f(x)$는 A에 가까이 가고 $g(x)$는 B에 가까이 간다. 따라서 $f(x)+g(x)$는 $A+B$에 가까이 감을 알 수 있다. 즉,

$$\lim_{x\to a}(f(x)+g(x))=A+B=\lim_{x\to a}f(x)+\lim_{x\to a}g(x)$$

이다. 정리 8.2의 나머지 성질도 비슷한 방법으로 생각하면 성립함을 쉽게 알 수 있다.

예제 8.2_ 다음 극한을 구하여라.

(1) $\lim_{x\to 1}(x^2+2x)$

(2) $\lim_{x\to 1}(x+1)(x^2+2x)$

(3) $\lim_{x\to -1}\dfrac{x^2-1}{x+1}$

(4) $\lim_{x\to 0}\dfrac{x}{\sqrt{x+1}-1}$

풀이 (1) 정리 8.2를 적용하면

$$\begin{aligned}\lim_{x\to 1}(x^2+2x)&=\lim_{x\to 1}(x^2)+\lim_{x\to 1}2x\\&=\lim_{x\to 1}x\cdot\lim_{x\to 1}x+2\lim_{x\to 1}x=3\end{aligned}$$

이다.

(2) 정리 8.2를 적용하면

$$\lim_{x\to1}(x+1)(x^2+2x)=\lim_{x\to1}(x+1)\cdot\lim_{x\to1}(x^2+2x)=6$$

이다.

(3) 분자를 인수분해하여 정리하면

$$\frac{x^2-1}{x+1}=\frac{(x+1)(x-1)}{x+1}=x-1$$

이므로

$$\lim_{x\to-1}\frac{x^2-1}{x+1}=\lim_{x\to-1}(x-1)=-2$$

이다.

(4) 분모를 유리화하면

$$\frac{x}{\sqrt{x+1}-1}=\frac{x(\sqrt{x+1}+1)}{(\sqrt{x+1}-1)(\sqrt{x+1}+1)}=\sqrt{x+1}+1$$

이므로

$$\lim_{x\to0}\frac{x}{\sqrt{x+1}-1}=\lim_{x\to0}(\sqrt{x+1}+1)=2$$

이다.

문제 8.2 다음 극한을 구하여라.

(1) $\lim_{x\to2}(x^2-3x)$ (2) $\lim_{x\to-2}\frac{-x+1}{x^2+x+1}$

(3) $\lim_{x\to2}\frac{x^2+x-6}{x^2-4}$ (4) $\lim_{x\to0}\left(\frac{x}{\sqrt{1+x}}-\frac{x}{\sqrt{x}}\right)$ ◀

7장에서 공부한 삼각함수의 그래프를 보면 주어진 정의역 안에서 각 함수들은 연속함수이다. 즉, 극한은 삼각함수에서 정의된다. 삼각함수 $y=\sin x$, $y=\cos x$, $y=\tan x$의 정의역의 한 원소 a에 대한 극한은 다음과 같다.

$$\lim_{x\to a}\sin x=\sin a,\quad \lim_{x\to a}\cos x=\cos a,\quad \lim_{x\to a}\tan x=\tan a$$

삼각함수의 성질과 조임정리를 이용하면 다음의 정리를 얻을 수 있다.

정리 8.3

x의 단위가 라디안일 때

(1) $\lim_{x\to 0}\frac{\sin x}{x}=1$

(2) $\lim_{x\to 0}\frac{\tan x}{x}=1$

예제 8.3_ 다음 극한을 구하여라.

(1) $\lim_{x\to\infty} x\sin\frac{1}{x}$　　(2) $\lim_{x\to 0}\frac{\tan 3x}{2x}$

풀이 (1) $\frac{1}{x}=t$로 놓으면 $x\to\infty$일 때 $t\to 0$이므로 $\lim_{x\to\infty} x\sin\frac{1}{x}=\lim_{t\to 0}\frac{\sin t}{t}=1$

(2) $\lim_{x\to 0}\frac{\tan 3x}{2x}=\lim_{x\to 0}\frac{\tan 3x}{3x}\,\frac{3}{2}=1\cdot\frac{3}{2}=\frac{3}{2}$

문제 8.3 다음의 극한을 구하여라.

(1) $\lim_{x\to 0}\frac{x+\tan 3x}{\sin x}$　　(2) $\lim_{x\to 0}\frac{\sin 5x+\tan 5x}{2x}$ ◀

8.1 연습문제

1 다음 극한을 구하여라.

(1) $\lim_{x\to 2}(2x^2+x-3)$　　(2) $\lim_{x\to 3}(x^2-1)(x^2+2x)$

(3) $\lim_{x\to -3}\frac{x^2-x-12}{x+3}$　　(4) $\lim_{x\to 0}\frac{\sqrt{x+9}-3}{x}$

(5) $\lim_{x\to 1}\frac{x-2}{(x-1)^2}$　　(6) $\lim_{x\to 0}\frac{(3+x)^2-9}{x}$

(7) $\lim_{x\to 0}\frac{(2+x)^3-8}{x}$　　(8) $\lim_{x\to 0}\frac{(2+x)^4-16}{x}$

(9) $\lim_{x\to 0}\left(\frac{1}{x}-\frac{1}{x^2+x}\right)$　　(10) $\lim_{x\to 3^+}\ln(x-3)$

2 다음 극한을 구하여라.

(1) $\lim_{x \to \frac{\pi}{3}} \frac{2\sin x - \sin 2x}{\sin^2 x}$

(2) $\lim_{x \to 0} \frac{1 - \tan^2 x}{\sin x - \cos x}$

(3) $\lim_{x \to 0} (\sec x - \tan x)$

(4) $\lim_{x \to \frac{\pi}{3}} \frac{\sin^2 x}{\cos 3x - \cos x}$

3 $f(x) = \cos x$일 때 극한 $\lim_{x \to \frac{\pi}{2}} \frac{1 - f(2x)}{1 - f(x)}$를 구하여라.

4 $\lim_{x \to 0} \frac{\cos ax - \cos(a+2)x}{x \sin x} = 6$일 때 a의 값을 구하여라.

5 극한 $\lim_{x \to -\pi} \frac{2 + 2\cos x}{(x+\pi)\sin x}$을 구하여라.

6 극한 $\lim_{x \to \infty} \frac{4x+3}{2} \tan \frac{4}{x-2}$을 구하여라.

7 $\lim_{x \to 0} \frac{x^2 + ax}{\sin 2x} = 5$일 때 a의 값을 구하여라.

8 함수 $f(x) = ax + b$에 대하여 $\lim_{x \to -\frac{\pi}{2}} \frac{\cos(\pi + x)}{f(x)} = \frac{1}{2}$일 때 ab를 구하여라.

8.2 함수의 연속

함수가 연속이라는 것은 직관적으로는 그 함수의 그래프가 이어져 있다는 것을 의미한다. 연속을 어떻게 정의하면 좋을지 다음 그래프에서 알아보자.

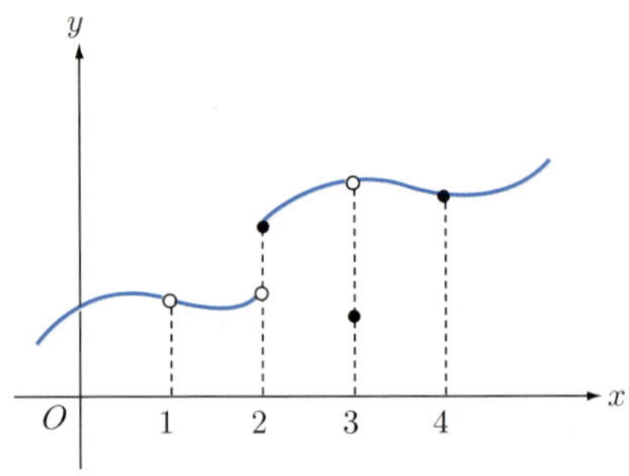

그림 8.1 $y = f(x)$의 그래프

위의 그림 8.1은 $x = 1,\ 2,\ 3$에서는 연속이 아니고 $x = 4$에서는 연속임을 알 수 있다. 각 점에서의 함수의 성질을 살펴보자. $x = 1$에서는 $f(1)$이 정의되지 않고, $x = 2$에서는 $\lim_{x \to 2} f(x)$가 존재하지 않으며, $x = 3$에서는 $\lim_{x \to 3} f(x) \neq f(3)$이다. 그러나 $x = 4$에서는 $\lim_{x \to 4} f(x) = f(4)$이다. 따라서 함수의 연속을 다음과 같이 정의할 수 있다.

정의 8.4

함수 f가 a 근방에서 정의되어 있다고 하자.

$$\lim_{x \to a} f(x) = f(a)$$

가 성립하면 $f(x)$는 $x = a$에서 **연속**(continuous)이라 한다. 또 f가 정의역의 모든 점에서 연속일 때 **연속함수**(continuous function)라 한다.

극한을 이용하여 연속을 정의하였으므로, 정리 8.2를 이용하면 연속에 관한 다음 정리를 얻을 수 있다.

정리 8.5

두 함수 f, g가 $x=a$에서 연속이면 다음 함수들도 $x=a$에서 연속이다.

$$f \pm g,\ kf\ (k\text{는 상수}),\ fg,\ \frac{f}{g}\ (g(a) \neq 0)$$

예를 들어 $f(x)=c$와 $f(x)=x$는 연속함수이다. 정리 8.5에 의하여 $f(x)=x^2$, $f(x)=x^3$ 등도 연속함수이다. 따라서 다항함수, 즉

$$f(x)=a_n x^n + \cdots + a_1 x + a_0$$

는 연속함수이고, 유리함수, 즉

$$f(x)=\frac{a_n x^n + \cdots + a_1 x + a_0}{b_m x^m + \cdots + b_1 x + b_0}$$

는 분모가 0 아닌 점에서 연속이다.

예제 8.4_ 함수 $f(x)=\begin{cases} cx+1, & x \le 2 \\ -cx^2+7, & x > 2 \end{cases}$가 모든 x에 대하여 연속이 되기 위한 c의 값을 구하여라.

풀이 $cx+1$은 $x<2$에서 연속이고 $-cx^2+7$은 $x>2$에서 연속이므로 $x=2$에서 연속인지만 따져보면 된다. 즉,

$$\lim_{x\to 2} f(x)=f(2)$$

이면 된다.

$$\lim_{x\to 2-} f(x)=2c+1,\ \lim_{x\to 2+} f(x)=-4c+7$$

이므로 $2c+1=-4c+7$이어야 한다. 따라서 $c=1$이다.

문제 8.4 함수 $f(x)=\begin{cases} \dfrac{x^2-1}{x-1}, & x \neq 1 \\ c, & x=1 \end{cases}$가 모든 x에 대하여 연속이 되기 위한 c의 값을 구하여라. ◀

정리 8.6

함수 f가 b에서 연속이고 $\lim_{x\to a} g(x)=b$이면 $\lim_{x\to a} f(g(x))=f(b)$이다. 즉,

$$\lim_{x\to a} f(g(x))=f(\lim_{x\to a} g(x))$$

이다.

정리 8.6은 직관적으로는 다음과 같이 설명할 수 있다. $\lim_{x\to a} g(x)=b$이므로 x가 a에 가까이 가면 $y=g(x)$는 b에 가까이 간다. 또 $\lim_{y\to b} f(y)=f(b)$이므로 $f(y)=f(g(x))$는 $f(b)$에 가까이 가게 된다. 따라서 $\lim_{x\to a} f(g(x))=f(b)$이다.

정리 8.5에서 $b=g(a)$라 하면 다음 정리를 얻는다.

정리 8.7

함수 g가 a에서 연속이고 함수 f가 $g(a)$에서 연속이면 합성함수 $f\circ g$는 a에서 연속이다.

예제 8.5_ 극한 $\lim_{x\to\pi/2} \sin(x+2\cos x)$를 구하여라.

풀이 7장에서 공부한 삼각함수의 그래프를 보면 $\sin x$와 $\cos x$는 모든 실수 영역에서 연속함수임을 알 수 있다. 따라서

$$\lim_{x\to\pi/2} \sin(x+2\cos x)=\sin\left(\lim_{x\to\pi/2} x+2\cos \lim_{x\to\pi/2} x\right)=\sin\frac{\pi}{2}=1$$

이다.

문제 8.5 극한 $\lim_{x\to 0} e^{x^2+1}\cos x$를 구하여라. ◀

연속함수가 갖는 중요한 성질 중에 중간값의 정리가 있다. 그림 8.2의 평면 위의 점 $(a,\ f(a))$에 개미가 한 마리 있다고 하자. 점 $(b,\ f(b))$ 지점에 개미의 먹이가 있고, 그 사이에 $y=k$인 직선이 그어져 있다고 하자. 개미는 이 직선을 지나

지 않고 $(b,\ f(b))$ 지점의 먹이를 먹을 수 있을까? 직관적으로 보면 그럴 수 없다는 것을 알 수 있다. 이 사실을 수학적으로 표현한 것이 중간값의 정리인데 엄밀한 증명은 꽤 어려우므로 생략하기로 하자.

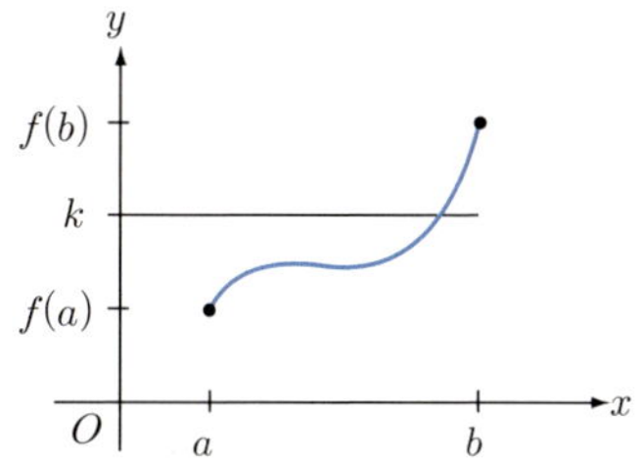

그림 8.2 중간값의 정리

정리 8.8 (중간값의 정리)

함수 f가 폐구간 $[a,\ b]$에서 연속이고 $f(a) \neq f(b)$이며, k는 $f(a)$와 $f(b)$ 사이의 값이라 하자. 그러면

$$f(c) = k$$

를 만족하는 c가 구간 $(a,\ b)$에 존재한다.

예제 8.6_ 방정식 $x^3 + x - 3 = 0$은 구간 $(1,\ 2)$에서 해를 가짐을 보여라.

풀이 $f(x) = x^3 + x - 3$이라 하면 $f(x)$는 $[1,\ 2]$에서 연속이고

$$f(1) = 1 + 1 - 3 = -1 < 0,\ \ f(2) = 8 + 2 - 3 = 7 > 0$$

이므로 $f(1) < 0 < f(2)$이다. 중간값의 정리에 의해 $f(c) = 0$ 되는 c가 $(1,\ 2)$에 존재한다. 즉, $c^3 + c - 3 = 0$이므로 c가 주어진 방정식의 해이다.

문제 8.6 방정식 $\sin x = x - 1$은 구간 $(1,\ 2)$에서 해를 가짐을 보여라. ◀

8.2 연습문제

1 다음 함수는 어디에서 연속인가?

(1) $f(x)=\dfrac{1}{x+2}$ (2) $f(x)=\dfrac{x^2-3x+2}{x-2}$

(3) $f(x)=\begin{cases} 2x-1, & x \le 1 \\ x+1, & x>1 \end{cases}$ (4) $f(x)=\begin{cases} x+1, & x<0 \\ e^x, & x>0 \\ 1, & x=0 \end{cases}$

2 다음 함수가 모든 x에 대하여 연속이 되도록 c의 값을 구하여라.

(1) $f(x)=\begin{cases} \dfrac{x^2-4}{x-2}, & x \ne 2 \\ c, & x=2 \end{cases}$ (2) $f(x)=\begin{cases} -x^2+2x+c^2, & x \le -1 \\ 7x+4c, & x>-1 \end{cases}$

3 함수 $f(x)=\begin{cases} \dfrac{\sqrt{x^2+a}+b}{x+1}, & x \ne -1 \\ -\dfrac{1}{2}, & x=-1 \end{cases}$ 이 모든 x에 대하여 연속이 되도록 하는 상수 a, b의 합을 구하여라.

4 함수 $f(x)$가 모든 실수 x에 대해 $(x+1)f(x)=x^3+1$을 만족시킬 때, $f(-1)$을 구하여라.

5 두 함수

$$f(x)=\begin{cases} \dfrac{|x|}{x}, & x \ne 0 \\ 0, & x=0 \end{cases}, \quad g(x)=\sin x$$

에 대해 구간 $(-4, 4)$에서 합성함수 $(f \circ g)(x)$가 불연속이 되는 모든 x의 개수를 구하여라.

6 근로소득이 x만 원인 직장인의 근로소득세를 구하는 공식을 함수로 나타내면 다음과 같다.

$$f(x) = \begin{cases} 0.08x, & 0 \le x \le 1000 \\ 0.17(x-1000)+a, & 1000 < x \le 4000 \end{cases}$$

(1) 이 함수가 연속이 되도록 a의 값을 정하여라.

(2) 근로소득이 3000만 원인 사람의 근로소득세를 구하여라.

7 연속함수 $f(x)$에 대하여 $f(2)=a$, $f(4)=a-3$일 때 방정식 $f(x)=1$이 구간 $(2, 4)$에서 실근을 갖도록 하는 모든 정수 a의 합을 구하여라.

8 연속함수 $f(x)$는 모든 실수 x에 대해 다음을 만족한다.

$$f(x)=f(-x),\ f(3)f(4)<0,\ f(5)f(6)<0$$

이때 방정식 $f(x)=0$의 적어도 몇 개의 해를 갖는지 구하여라.

9 $c^2=2$인 양수 c가 존재함을 보여라.

10 KTX 열차가 3월 20일 오전 9시에 서울역을 출발하여 12시에 부산역에 도착한다. 이 열차는 3월 21일 오전 9시에 부산역을 출발하여 12시에 서울역으로 돌아온다. 그러면 3월 20일과 21일의 어떤 시각에 서울과 부산 사이의 같은 지점을 반대 방향으로 지나게 됨을 중간값의 정리를 이용하여 보여라.

Chapter 09

다항함수의 도함수

9.1 도함수
9.2 다항함수의 미분법
9.3 평균값의 정리와 함수의 증감
9.4 곡선의 그래프와 최대, 최소

9.1 도함수

함수 $y=f(x)$에서 x가 a에서 $a+h$까지 변할 때 함수값 y는 $f(a)$에서 $f(a+h)$까지 변한다. 이때 x의 변화량을 Δx, y의 변화량을 Δy라 나타내고 각각 x의 **증분**(increment), y의 **증분**이라 한다. 즉,

$$\Delta x=(a+h)-a=h,\ \Delta y=f(a+h)-f(a)$$

이다. 또 두 증분의 비

$$\frac{\Delta y}{\Delta x}=\frac{f(a+h)-f(a)}{h}=\frac{f(a+\Delta x)-f(a)}{\Delta x}$$

를 x가 a에서 $a+h$까지 변할 때 함수 $f(x)$의 **평균변화율**이라 한다.

예제 9.1_ x가 1에서 3까지 변할 때 함수 $f(x)=x^2-2x$의 평균변화율을 구하여라.

풀이 $\frac{\Delta y}{\Delta x}=\frac{f(3)-f(1)}{3-1}=\frac{(9-6)-(1-2)}{2}=2$

문제 9.1 x가 1에서 3까지 변할 때 함수 $f(x)=\frac{x}{x+1}$의 평균변화율을 구하여라. ◀

함수 $y=f(x)$가 a 근방에서 정의되어 있을 때 극한

$$\lim_{\Delta x\to 0}\frac{\Delta y}{\Delta x}=\lim_{h\to 0}\frac{f(a+h)-f(a)}{h}$$

가 존재하면 이 극한을 함수 $f(x)$의 $x=a$에서의 **미분계수**(derivative) 또는 **순간변화율**이라 하고 $f'(a)$라 나타낸다. 또 이때 $f(x)$는 $x=a$에서 **미분가능하다**(differentiable)고 한다. 즉,

$$f'(a)=\lim_{h\to 0}\frac{f(a+h)-f(a)}{h}=\lim_{x\to a}\frac{f(x)-f(a)}{x-a}$$

이다.

예제 9.2_ 함수 $f(x)=x^2+3x$의 $x=2$에서의 미분계수를 구하여라.

풀이

$$f'(2)=\lim_{h\to0}\frac{f(2+h)-f(2)}{h}$$
$$=\lim_{h\to0}\frac{(2+h)^2+3(2+h)-(2^2+6)}{h}$$
$$=\lim_{h\to0}\frac{7h+h^2}{h}=\lim_{h\to0}(7+h)=7$$

문제 9.2 함수 $f(x)=2x^2-x+1$의 $x=1$에서의 미분계수를 구하여라. ◀

정의 9.1

함수 $f(x)$가 미분가능할 때 x에 대하여 미분계수 $f'(x)$를 대응시키는 함수를 도함수(derivative)라 하고 y', $f'(x)$, $\frac{dy}{dx}$, $\frac{d}{dx}f(x)$ 등으로 나타낸다. 즉,

$$f'(x)=\lim_{h\to0}\frac{f(x+h)-f(x)}{h}$$

이다.

도함수 $f'(x)$를 구하는 것을 $f(x)$를 미분한다고 한다.

예제 9.3_ 다음 함수의 도함수를 구하여라.

(1) $f(x)=3x+1$ (2) $f(x)=2x^2$

풀이

(1) $$f'(x)=\lim_{h\to0}\frac{f(x+h)-f(x)}{h}$$
$$=\lim_{h\to0}\frac{\{3(x+h)+1\}-(3x+1)}{h}$$
$$=\lim_{h\to0}\frac{3h}{h}=3$$

(2) $$f'(x)=\lim_{h\to0}\frac{f(x+h)-f(x)}{h}=\lim_{h\to0}\frac{2(x+h)^2-2x^2}{h}$$
$$=\lim_{h\to0}\frac{4xh+2h^2}{h}=\lim_{h\to0}(4x+2h)=4x$$

문제 9.3 다음 함수의 도함수를 구하여라.

(1) $f(x)=-2x$ (2) $f(x)=2x^3$ ◀

9.1 연습문제

1 다음 함수의 주어진 구간에서 평균변화율을 구하여라.

(1) $f(x) = \sqrt{x+1}$, $[0,3]$　　(2) $f(x) = 2x^2 - 1$, $[1,3]$

2 다음 함수의 주어진 점에서의 미분계수를 구하여라.

(1) $f(x) = c$, $x = 1$　　(2) $f(x) = x$, $x = 2$

(3) $f(x) = 3x^2$, $x = -1$　　(4) $f(x) = x^3$, $x = 1$

3 다음 함수의 도함수를 구하여라.

(1) $f(x) = 3$　　(2) $f(x) = \pi$

(3) $f(x) = -2x + 5$　　(4) $f(x) = 3x^2 - 1$

(5) $f(x) = x^2 + 3x$　　(6) $f(x) = x^3$

4 함수 $f(x) = |x|$는 $x = 0$에서 미분가능하지 않음을 보여라.

5 다음 함수는 $x = 1$에서 미분가능한지 판별하여라.

(1) $f(x) = \begin{cases} x^2 - 1, & x \le 1 \\ x - 1, & x > 1 \end{cases}$　　(2) $f(x) = \begin{cases} x^2 - 1, & x \le 1 \\ 2x - 2, & x > 1 \end{cases}$

6 함수 f와 상수 c에 대해 $f'(c)$가 다음과 같을 때 $f(0) = 0$을 만족하는 함수 f와 상수 c를 구하여라.

(1) $\lim_{x \to 2} \frac{-2x^3 + 16}{x - 2}$　　(2) $\lim_{h \to 0} \frac{(3+h)^2 + 2(3+h) - 15}{h}$

(3) $\lim_{x \to -1} \frac{x^2 - 1}{x + 1}$　　(4) $\lim_{h \to 0} \frac{2(1+h) - 2}{h}$

9.2 다항함수의 미분법

대부분의 함수의 경우 도함수의 정의를 이용하여 함수를 미분하는 것은 매우 복잡하다. 따라서 미분을 간단히 할 수 있는 여러 가지 공식이 필요하다. 이 절에서는 이러한 공식들을 알아보고 이를 적용해 보자.

정리 9.2

(1) $f(x)=c$ (c는 상수)이면 $f'(x)=0$

(2) $f(x)=x^n$ (n은 자연수)이면 $f'(x)=nx^{n-1}$

증명

(1) $f'(x)=\lim_{h\to 0}\dfrac{f(x+h)-f(x)}{h}=\lim_{h\to 0}\dfrac{c-c}{h}=0$

(2) 도함수의 정의에 의하여

$$f'(x)=\lim_{h\to 0}\frac{f(x+h)-f(x)}{h}=\lim_{h\to 0}\frac{(x+h)^n-x^n}{h}$$

이다. 이항정리를 이용하면

$$(x+h)^n=x^n+nx^{n-1}h+\frac{n(n-1)}{2!}x^{n-2}h^2+\cdots+h^n$$

이므로

$$f'(x)=\lim_{h\to 0}(nx^{n-1}+\frac{n(n-1)}{2!}x^{n-2}h+\cdots+h^{n-1})=nx^{n-1}$$

이다. ◀◀

예제 9.4_ 다음 함수를 미분하여라.

(1) $f(x)=\dfrac{1}{3}$　　　(2) $f(x)=x^8$

풀이 (1) $f(x)$는 상수함수이므로 $f'(x)=0$

(2) $f'(x)=8x^{8-1}=8x^7$

문제 9.4 다음 함수를 미분하여라.

(1) $f(x) = \sqrt{2}$　　(2) $f(x) = x^{17}$

◀

정리 9.3

두 함수 $f(x)$, $g(x)$가 미분가능할 때 다음 성질이 성립한다.

(1) $(f(x)+g(x))' = f'(x)+g'(x)$

(2) $(f(x)-g(x))' = f'(x)-g'(x)$

(3) $(cf(x))' = cf'(x)$, c는 상수

(4) $(f(x)g(x))' = f'(x)g(x)+f(x)g'(x)$

증명

(1) $$(f(x)+g(x))' = \lim_{h\to 0}\frac{\{f(x+h)+g(x+h)\}-\{f(x)+g(x)\}}{h}$$
$$= \lim_{h\to 0}\frac{f(x+h)-f(x)}{h}+\lim_{h\to 0}\frac{g(x+h)-g(x)}{h}$$
$$= f'(x)+g'(x)$$

(2) (1)과 비슷한 방법으로 증명할 수 있으므로 생략한다.

(3) $$(cf(x))' = \lim_{h\to 0}\frac{cf(x+h)-cf(x)}{h} = c\lim_{h\to 0}\frac{f(x+h)-f(x)}{h} = cf'(x)$$

(4) $$(f(x)g(x))' = \lim_{h\to 0}\frac{f(x+h)g(x+h)-f(x)g(x)}{h}$$
$$= \lim_{h\to 0}\frac{f(x+h)g(x+h)-f(x)g(x+h)+f(x)g(x+h)-f(x)g(x)}{h}$$
$$= \lim_{h\to 0}\frac{f(x+h)-f(x)}{h}g(x+h)+\lim_{h\to 0}f(x)\frac{g(x+h)-g(x)}{h}$$
$$= f'(x)g(x)+f(x)g'(x)$$

◀◀

정리 9.3의 성질들을 이용하면 여러 가지 함수들을 쉽게 미분할 수 있다.

예제 9.5_ 다음 함수를 미분하여라.

(1) $f(x) = x^2+2x$　　(2) $f(x) = \frac{1}{3}x^3 - x^5$

(3) $f(x) = (x^2+1)(x-1)$　　(4) $f(x) = (2x^3-x^2)(x^2+2x+3)$

풀이 (1) $f'(x)=(x^2)'+(2x)'=2x+2$

(2) $f'(x)=\left(\frac{1}{3}x^3\right)'-(x^5)'=x^2-5x^4$

(3) $f'(x)=(x^2+1)'(x-1)+(x^2+1)(x-1)'$
$=2x(x-1)+(x^2+1)1$
$=3x^2-2x+1$

(4) $f'(x)=(2x^3-x^2)'(x^2+2x+3)+(2x^3-x^2)(x^2+2x+3)'$
$=(6x^2-2x)(x^2+2x+3)+(2x^3-x^2)(2x+2)$
$=10x^4+12x^3+12x^2-6x$

문제 9.5 다음 함수를 미분하여라.

(1) $f(x)=2x^3-x$

(2) $f(x)=-\frac{1}{2}x^4+3x^2$

(3) $f(x)=(3x^2-1)(x^2-2x)$

(4) $f(x)=(x+1)(x+2)(x+3)$ ◀

그림 9.1에서와 같이 곡선 $y=f(x)$ 위의 한 점 P를 고정하고 P 아닌 점 Q를 택하자. 점 Q를 곡선을 따라 점 P로 접근시킬 때 직선 PQ가 하나의 직선 L에 한없이 접근하면 직선 L을 점 P에서 곡선 $y=f(x)$의 **접선**(tangent line)이라 한다.

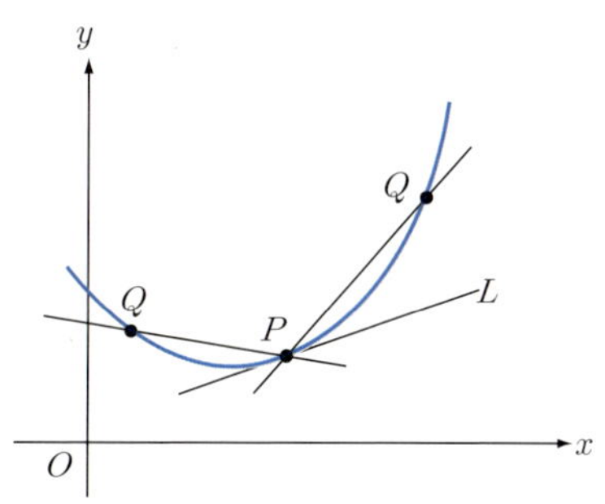

그림 9.1 접선

9.1절에서 공부한 미분계수의 기하학적 의미를 알아보기로 하자. 함수 $y=f(x)$에서 평균변화율

$$\frac{\Delta y}{\Delta x}=\frac{f(a+h)-f(a)}{h}$$

는 그림 9.2에서와 같이 곡선 위의 두 점 $P(a,\ f(a))$, $Q(a+h,\ f(a+h))$를 지나는 직선 PQ의 기울기를 나타낸다. 이때 $h>0$이면 Q는 P보다 오른쪽에 있는 점이고, $h<0$이면 Q는 P보다 왼쪽에 있는 점이다. 점 P를 고정하고 $\Delta x \to 0$으로 하면 점 Q는 곡선 $y=f(x)$를 따라 점 P에 한없이 가까워지고 직선 PQ는 점 P에서의 접선 PT에 한없이 가까워진다. 따라서 접선 PT의 기울기 m은

$$m=\lim_{\Delta x \to 0}\frac{\Delta y}{\Delta x}=\lim_{h \to 0}\frac{f(a+h)-f(a)}{h}=f'(a)$$

가 된다. 즉, 미분계수 $f'(a)$는 점 $P(a, f(a))$에서 곡선 $y=f(x)$의 접선의 기울기를 나타낸다.

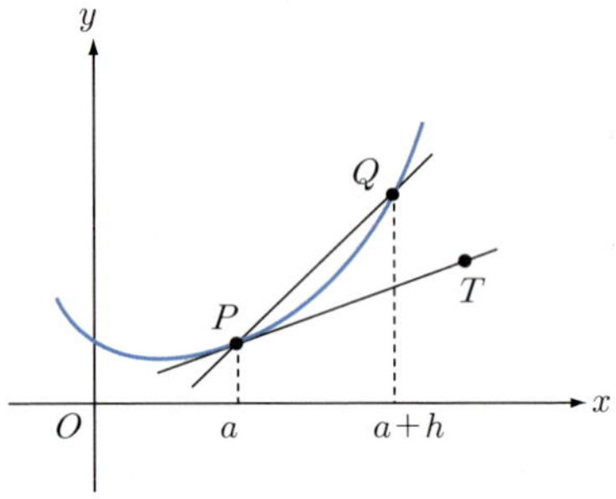

그림 9.2 접선의 기울기

따라서 접선의 방정식은 다음과 같다.

정리 9.4

곡선 $y=f(x)$ 위의 점 $P(a, f(a))$에서의 접선의 방정식은 다음과 같다.

$$y-f(a)=f'(a)(x-a)$$

예제 9.6_ 곡선 $y=x^2-3x$ 위의 점 $(2,-2)$에서의 접선의 방정식을 구하여라.

풀이 $f(x)=x^2-3x$라 하면 $f'(x)=2x-3$이므로 접선의 기울기는 $f'(2)=1$이다. 따라서 접선의 방정식은

$$y-(-2)=1(x-2)$$

이므로 정리하면 $y=x-4$이다.

문제 9.6 곡선 $y=2x^3-4x$ 위의 점 $(1,\ -2)$에서의 접선의 방정식을 구하여라. ◀

예제 9.7_ 곡선 $y=x^2-8x+9$에 접하고 기울기가 -2인 접선의 방정식을 구하여라.

풀이 접점의 좌표를 $P(a,\ a^2-8a+9)$라 하자. $f(x)=x^2-8x+9$라 하면 $f'(x)=2x-8$이므로

$$f'(a)=2a-8=-2$$

이어야 한다. 따라서 $a=3$이고 접점의 좌표는 $P(3,\ -6)$이다. 따라서 접선의 방정식은

$$y-(-6)=-2(x-3)$$

이므로 정리하면 $y=-2x$이다.

문제 9.7 곡선 $y=x^2-x$에 접하고 기울기가 3인 접선의 방정식을 구하여라. ◀

9.2 연습문제

1 다음 함수의 도함수를 구하여라.

(1) $f(x)=1$

(2) $f(x)=e$

(3) $f(x)=3x^{12}$

(4) $f(x)=\dfrac{1}{4}(x^4+2)$

(5) $f(x)=7x+2$

(6) $f(x)=3x^2+5x-1$

(7) $f(x)=x^3-2x+5$

(8) $f(x)=2x^5-3x^4+x^2-1$

(9) $f(x)=(2x^3+1)(x^4-2x)$

(10) $f(x)=(2x+1)(3x-1)$

(11) $f(x)=2x(x^3+5)$

(12) $f(x)=(x^2-x^4)(x+5x^3)$

2 $f(2)=3,\ g(2)=-1,\ f'(2)=5,\ g'(2)=2$일 때 다음을 구하여라.

(1) $(f+g)'(2)$

(2) $(f-3g)'(2)$

(3) $(3f)'(2)$

(4) $(fg)'(2)$

3 다음 곡선위의 주어진 점에서의 접선의 방정식을 구하여라.

(1) $y=x^4-5x$, $(1,-4)$　　(2) $y=2x^3-3x+1$, $(2, 11)$

4 직선 $3x-y+5=0$에 평행하고 곡선 $y=4x^2-5x+3$에 접하는 직선의 방정식을 구하여라.

5 점 $P(-1,-2)$를 지나고 곡선 $y=x^2-6x-5$에 접하는 직선의 방정식을 구하여라.

6 점 $(-3,4)$에서 곡선 $y=f(x)$의 접선이 점 $(1,12)$를 지날 때, $f(-3)$과 $f'(-3)$을 구하여라.

7 극한 $\lim_{x\to 1}\frac{x^{329}-1}{x-1}$을 구하여라.

8 다음 곡선이 수평접선을 갖는 점의 x좌표를 구하여라.

(1) $y=x^4-8x^2+2$

(2) $y=2x^3+3x^2-12x+2$

9 $P(1)=4$, $P'(1)=0$, $P'(2)=2$인 이차다항식 $P(x)$를 구하여라.

10 곡선 위의 점 $(-1,27)$과 $(2,-27)$에서 수평접선을 갖는 3차 곡선을 구하여라.

11 포물선 $y=ax^2$에서 $x=2$일 때의 법선의 방정식이 $x+2y+b=0$이라 할 때 a와 b의 값을 구하여라.

12 시각 t일 때 물체의 위치함수가 $f(t)$라고 하면, 함수 $f(t)$의 t에 대한 도함수는 속도 $v(t)$이고, $v(t)$의 t에 대한 도함수는 가속도 $a(t)$이다. 즉, $v(t)=f'(t)$이고 $a(t)=v'(t)$이다. 다음을 구하여라.

(1) $f(t)=-16t^2+64t+80$일 때 t초 후 물체의 속도와 가속도

(2) $f(t)=-t^3+3t^2$일 때 물체의 운동 방향이 처음으로 바뀌는 시각

9.3 평균값의 정리와 함수의 증감

미분가능한 함수는 대부분의 경우 다루기 좋은 성질을 많이 가지고 있다. 이 절에서는 미분가능 함수의 가장 대표적인 성질인 평균값의 정리를 공부하고, 이를 이용하여 함수의 증감을 판정하여 보자.

양궁 선수가 쏜 화살이 과녁을 향해 날아가는 모양을 생각해 보자.

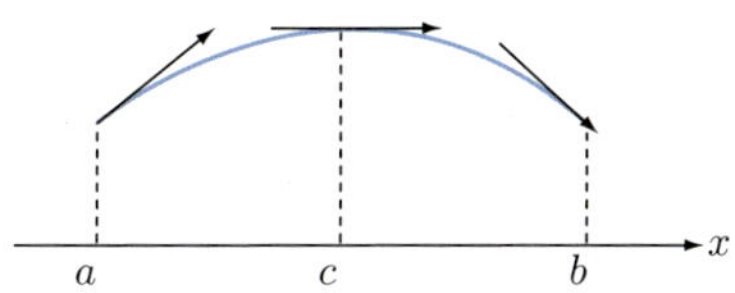

그림 9.3 화살의 궤적

그림 9.3에서 a지점에 선수가 서 있으며 b지점에 과녁이 있다고 하자. 화살이 발사되는 곳과 같은 높이에 있는 과녁을 정확히 맞히려면 화살은 과녁보다 조금 높은 지점을 향해 발사하여 그림 9.3과 같이 곡선을 그리며 과녁을 향해 날아가게 하여야 한다. 접선의 기울기는 그 지점에서의 화살의 방향을 나타내므로 a지점에서 접선의 기울기는 양수이어야 한다. 또 화살이 과녁에 꽂힐 때에는 위에서 아래로 행하게 되므로 b지점에서의 접선의 기울기는 음수이어야 한다. 화살은 처음에는 위쪽을 향하다가 마지막에는 아래쪽을 향하므로 어느 순간에는 수평으로 날아가는 지점이 있을 것이다. 이것은 그림 9.3에서 c지점에 해당하는 것이다.

이 사실을 수학적으로 표현한 것이 롤(Rolle)의 정리인데 엄밀한 증명은 생략하고 다음 정리에서 결과만 소개하기로 하자.

정리 9.4 (롤(Rolle)의 정리)

함수 $f(x)$가 폐구간 $[a, b]$에서 연속이고 개구간 (a, b)에서 미분가능하며 $f(a)=f(b)$이면

$$f'(c)=0$$

인 $c \in (a, b)$가 존재한다.

롤의 정리에서 세 번째 조건인 $f(a)=f(b)$를 생략하면 어떤 결과가 생길까? 그

림 9.4를 보자. 이 그림에서는 $f(a) \neq f(b)$이다.

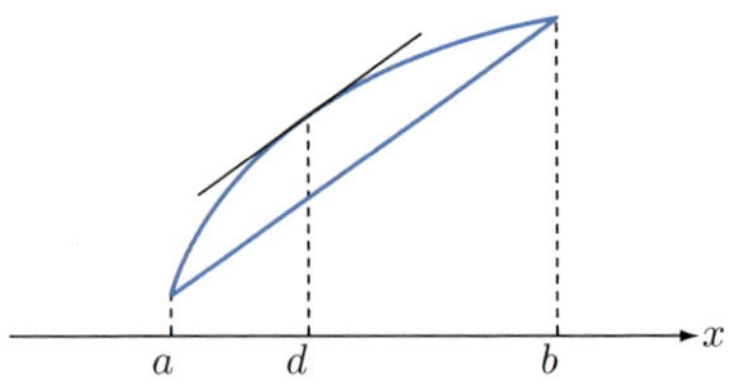

그림 9.4 평균값의 정리

이 경우에는 $f'(c)=0$되는 c가 존재하지 않는다. 그러나 접선의 기울기가 양 끝점을 연결한 직선과 같은 지점은 있다. 그림 9.4에서 d가 이러한 성질을 만족한다. 이 사실 역시 엄밀한 증명은 생략하고, 다음 정리에서 결과만 소개하기로 하자.

정리 9.5 (평균값의 정리)

함수 $f(x)$가 폐구간 $[a, b]$에서 연속이고 개구간 (a, b)에서 미분가능하면

$$\frac{f(b)-f(a)}{b-a}=f'(c)$$

인 $c \in (a, b)$가 존재한다.

상수함수는 미분하면 0임을 알고 있다. 그러면 도함수가 0인 함수는 상수함수밖에 없을까? 즉, 폐구간 $[a, b]$에서 연속이고 개구간 (a, b)에서 미분가능하며 $f'(x)=0$인 함수는 어떤 함수일까? 평균값의 정리를 이용하면 이러한 함수는 상수함수뿐이라는 것을 보일 수 있다. 왜냐하면 임의의 $x_1, x_2 \in [a, b]$에 대하여 평균값의 정리를 적용하면

$$\frac{f(x_2)-f(x_1)}{x_2-x_1}=f'(c)=0$$

이므로 $f(x_2)=f(x_1)$이기 때문이다. 즉, $f(x)$는 상수함수이다.

예제 9.8_ 함수 $f(x)=x^3-x,\ 0 \le x \le 2$의 그래프에서 두 점 $(0, 0)$, $(2, 6)$을 잇는 직선과 평행한 접선을 갖는 점의 x좌표를 구하여라.

풀이 두 점 $(0,\ 0)$, $(2,\ 6)$을 지나는 직선의 기울기는 $\dfrac{6-0}{2-0}=3$이다. $f'(x)=3x^2-1$이므로

$$f'(c)=3c^2-1=3$$

에서 $c=\pm\dfrac{2}{\sqrt{3}}$이지만 구간 $(0,\ 2)$에 있는 것은 $c=\dfrac{2}{\sqrt{3}}$이다.

문제 9.8 함수 $f(x)=x^3+2x-1,\ 0\le x\le 1$의 그래프에서 두 점 $(0,\ -1)$, $(1,2)$을 잇는 직선과 평행한 접선을 갖는 점의 x좌표를 구하여라. ◀

함수 $f(x)$가 구간 I 내의 임의의 두 점 x_1, x_2에 대하여

$$x_1 < x_2\text{이면 } f(x_1) < f(x_2)$$

일 때 $f(x)$가 구간 I에서 **증가한다**(increasing)고 하고

$$x_1 < x_2\text{이면 } f(x_1) > f(x_2)$$

일 때 $f(x)$가 구간 I에서 **감소한다**(decreasing)고 한다.

함수의 그래프로 생각해보면 오른쪽 위로 올라가는 그래프는 증가하는 것이고 오른쪽 아래로 내려가는 그래프는 감소하는 것이다.

평균값의 정리를 이용하면 함수의 증감을 쉽게 판별할 수 있다.

정리 9.6

함수 $f(x)$가 폐구간 $[a,\ b]$에서 연속이고 개구간 $(a,\ b)$에서 미분가능하다고 하자. 모든 $x\in(a,\ b)$에 대하여

(1) $f'(x)>0$이면 $f(x)$는 $[a,\ b]$에서 증가하고

(2) $f'(x)<0$이면 $f(x)$는 $[a,\ b]$에서 감소한다.

증명

(1) $a\le x_1 < x_2\le b$인 임의의 두 점 $x_1,\ x_2$에 대하여 평균값의 정리를 적용하면

$$\frac{f(x_2)-f(x_1)}{x_2-x_1}=f'(c)$$

인 $c\in(x_1,\ x_2)$가 존재한다. 그런데 $x_2-x_1>0$이고 $f'(c)>0$이므로

$f(x_2)-f(x_1)>0$이다. 즉, $f(x_1)<f(x_2)$이다. 따라서 $f(x)$는 $[a, b]$에서 증가한다.

(2) (1)과 같은 방법으로 증명할 수 있다. ◀◀

예제 9.9_ 다음 함수가 증가하는 구간과 감소하는 구간을 구하여라.

(1) $f(x)=x^3-3x+5$ (2) $f(x)=\dfrac{3}{2}x^4-2x^3-6x^2$

풀이 (1) $f'(x)=3x^2-3=3(x-1)(x+1)$이므로

$$3(x-1)(x+1)>0 \iff x<-1,\ x>1$$
$$3(x-1)(x+1)<0 \iff -1<x<1$$

이다. 따라서 $x<-1$ 또는 $x>1$일 때 증가하고 $-1<x<1$일 때 감소한다.

(2) $f(x)=6x^3-6x^2-12x=6x(x+1)(x-2)$이므로

$$6x(x+1)(x-2)>0 \iff -1<x<0,\ x>2$$
$$6x(x+1)(x-2)>0 \iff x<-1,\ 0<x<2$$

이다. 따라서 $-1<x<0$ 또는 $x>2$일 때 증가하고 $x<-1$ 또는 $0<x<2$일 때 감소한다.

문제 9.9 다음 함수가 증가하는 구간과 감소하는 구간을 구하여라.

(1) $f(x)=x^3-12x+1$ (2) $f(x)=x^4-8x^2+10$ ◀

함수 $f(x)$가 a의 근방에서 정의되어 있고 a 근방의 모든 x에 대하여

$f(a)>f(x)$이면 $f(a)$를 **극댓값**(local maximum), $(a, f(a))$를 **극대점**이라 하고
$f(a)<f(x)$이면 $f(a)$를 **극솟값**(local minimum), $(a, f(a))$를 **극소점**이라 한다.

또 극댓값과 극솟값을 통틀어 **극값**이라 하고, 극대점과 극소점을 통틀어 **극점**이라 한다. 일반적으로 $f(x)$가 $x=a$에서 연속이면 x가 a를 지날 때

$f(x)$가 증가 상태에서 감소 상태로 바뀌면 $f(a)$는 극댓값이고
$f(x)$가 감소 상태에서 증가 상태로 바뀌면 $f(a)$는 극솟값이다.

따라서 정리 9.6과 위의 설명에 의하여 다음 정리를 얻는다.

정리 9.7

함수 $f(x)$가 미분가능하면 x가 a를 지날 때 $f'(x)$의 부호가

(1) 양에서 음으로 변하면 $f(a)$는 극댓값이고

(2) 음에서 양으로 변하면 $f(a)$는 극솟값이다.

정리 9.8

함수 $f(x)$가 $x=a$에서 미분가능하고 $x=a$에서 극값을 가지면 $f'(a)=0$이다.

위의 정리로부터 극값을 구할 때는 도함수가 0 되는 점이 중요한 역할을 한다는 것을 알 수 있다. 도함수가 0이거나 존재하지 않는 점을 **임계점**(critical point)이라 부른다.

예제 9.10_ 다음 함수의 극값을 구하여라.

(1) $f(x)=x^2-2x+5$　　　(2) $f(x)=3x^4-16x^3+18x^2$

풀이 (1) $f'(x)=2x-2=2(x-1)$이므로 임계점은 $x=1$이다. $f(x)$의 증감을 나타내는 표를 만들면

x		1	
$f'(x)$	$-$	0	$+$
$f(x)$	↘	4 극솟값	↗

따라서 $f(1)=4$가 극솟값이고 극댓값은 없다.

(2) $f'(x)=12x^3-48x^2+36x=12x(x-1)(x-3)$이므로 임계점은 $x=0,\ 1,\ 3$이다. $f(x)$의 증감을 나타내는 표를 만들면

x		0		1		3	
$f'(x)$	$-$	0	$+$	0	$-$	0	$+$
$f(x)$	↘	0 극솟값	↗	5 극댓값	↘	-27 극솟값	↗

따라서 극솟값은 $f(0)=0$과 $f(3)=-27$이고 극댓값은 $f(1)=5$이다.

문제 9.10 다음 함수의 극값을 구하여라.

(1) $f(x)=x^2-4x+3$ (2) $f(x)=2x^3-9x^2+12x-2$ ◀

9.3 연습문제

1 다음 함수가 평균값의 정리의 조건을 만족하는지 알아보고 평균값의 정리를 만족하는 c를 구하여라.

(1) $f(x)=x^2-4x+2$, $[0,\ 4]$ (2) $f(x)=x^3+2x-1$, $[0,\ 1]$

2 함수 $f(x)$는 $f(0)=1$이고 모든 x에 대하여 $3\le f'(x)\le 4$를 만족한다고 한다. 평균값의 정리를 이용하여 $f(2)$의 값의 범위를 구하여라.

3 다음 함수가 증가하는 구간과 감소하는 구간을 구하여라.

(1) $f(x)=x^4-6x^2$ (2) $f(x)=x^3-6x^2+9x-4$

(3) $f(x)=2x^3-9x^2+5$ (4) $f(x)=\dfrac{1}{3}x^3+x^2-3x$

4 다음 함수의 극값을 구하여라.

(1) $f(x)=x^2+x+3$ (2) $f(x)=2x^3-9x^2+12x-5$

(3) $f(x)=3x^5-5x^3+3$ (4) $f(x)=x^3-6x^2+9x+7$

(5) $f(x)=2x^3-3x^2-12x+1$ (6) $f(x)=3x^4-4x^3-12x^2+1$

5 어느 해 5월 x일의 어떤 회사 주식의 주가를 $f(x)$라 하자. $f'(x)>0$이라면 이 회사의 주가는 어떻게 변하고 있는가? 또 주식을 사는 것이 좋겠는지 파는 것이 좋겠는지 말하고 그 이유를 설명하여라.

6 $a>0$이면 다항함수 $f(x)=x^9+ax+b=0$은 실근을 많아야 하나만 가짐을 보여라.

7 방정식 $f(x)=x^5+x^3+x+1=0$의 실근은 하나뿐임을 보여라.

8 함수 $f(x)$와 $g(x)$가 폐구간 $[a, b]$에서 연속이고 개구간 (a, b)에서 미분가능하며 $f(a)=g(a)$, $f(b)=g(b)$라 하자. 구간 $[a, b]$에서 곡선 $y=f(x)$와 $y=g(x)$의 접선이 평행한 점이 있음을 보여라.

9 함수 $f(x)=ax^3+bx^2-12x+c$가 $x=1$에서 극솟값 1을 갖고, $x=2$에서 극댓값을 가질 때 상수 a, b, c의 값을 구하여라.

10 함수 $f(x)=x^9+x^5+x-3$은 극값을 갖지 않음을 보여라.

수학카페

필즈상(Fields Medal)

필즈상은 4년마다 개최되는 국제 수학자 총회(ICM)에서 뛰어난 업적을 남긴 수학자에게 수여하는 가장 영예로운 상으로서 수학의 노벨상이라 할 수 있다. 매회 수상자가 4명 이내로 제한되며 수상 당시 연령이 40세를 초과할 수 없다는 제약 때문에 필즈상은 노벨상보다 더 까다로운 상으로 인식되기도 한다.

1924년 캐나다의 토론토에서 개최된 ICM에서 캐나다의 수학자인 필즈(J.C. Fields)가 우수한 업적을 성취한 두 명의 수학자에게 ICM에서 금메달을 수여할 것을 제안하였고, 자금도 일부 기부하였다. 필즈상은 현재와 미래의 수학 발전에 크게 공헌할 수학자에게 수여되기를 바라는 필즈의 뜻에 따라 수상자의 연령을 40세 미만으로 제한하였다. 그 후 1936년 노르웨이 오슬로의 ICM에서 첫 번째 필즈상이 하버드 대학의 알포스(L.V. Ahlfors)와 MIT의 더글라스(J. Douglas)에게 수여되었다. 필즈상의 금메달에 새겨진 상은 필즈가 아니라 고대 희랍 수학자 아르키메데스의 얼굴이다.

그 후 제2차 세계대전으로 인하여 ICM의 중단되었다가 1950년부터 다시 시작하여 1962년까지 4차례의 ICM에서 각각 2명의 수학자에게 필즈상이 수여되었다. 1966년 모스크바에서 개최된 ICM에서는 4명의 수학자까지 수여할 수 있도록 규정을 개정하여 현재에 이르고 있다. 1936년부터 2006년까지 총 48명이 수상하였다. 2006년에는 오쿤코프(A. Okounkov), 페렐만(G. Perelman), 타오(T. Tao), 베르너(W. Werner)가 수상자로 선정되었으나 페렐만은 수상을 거부하여 화제가 되기도 했다.

영화 '굿 윌 헌팅(Good Will Hunting)'에서는 배우 스텔란 스카스가드(S. Skarsgard)가 맡았던 가공의 인물인 MIT의 램보(G. Lambeau) 교수가 필즈상 수상자로 나온다.

9.4 곡선의 그래프와 최대, 최소

함수 $y=f(x)$의 증가와 감소, 극대와 극소를 이용하여 함수의 그래프의 개형을 그려보자. 함수의 그래프의 개형을 그리려면 함수의 정의역, 치역, x절편, y절편, x축이나 y축 또는 원점에 대한 대칭성, 증가와 감소, 극대와 극소 등을 알아보면 그래프의 개형을 좀더 정확히 알 수 있다.

예제 9.11_ 다음 함수의 그래프의 개형을 그려라.

(1) $f(x)=x^3+6x^2+9x+3$

(2) $f(x)=3x^4-16x^3+18x^2$

풀이 (1) $f(0)=3$이므로 y절편은 3이다. $f'(x)=3x^2+12x+9=3(x+1)(x+3)$이므로 임계점은 $x=-1,\ -3$이다. $f(x)$의 증감표를 만들면

x		-3		-1	
$f'(x)$	$+$	0	$-$	0	$+$
$f(x)$	↗	3 극대	↘	-1 극소	↗

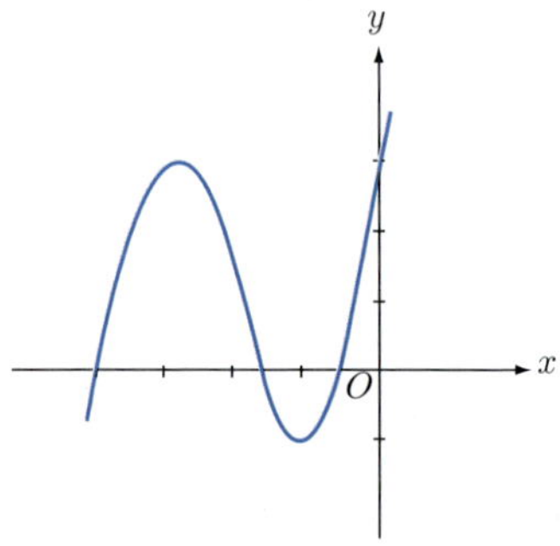

그림 9.5 $f(x)=x^3+6x^2+9x+3$

따라서 그래프는 그림 9.5와 같다.

(2) $f'(x)=12x^3-48x^2+36x=12x(x-1)(x-3)$이므로 임계점은 $x=0,\ 1,\ 3$이다. $f(x)$의 증감표를 만들면

x		0		1		3	
$f'(x)$	$-$	0	$+$	0	$-$	0	$+$
$f(x)$	↘	0 극소	↗	5 극대	↘	-27 극소	↗

따라서 그래프는 그림 9.6과 같다.

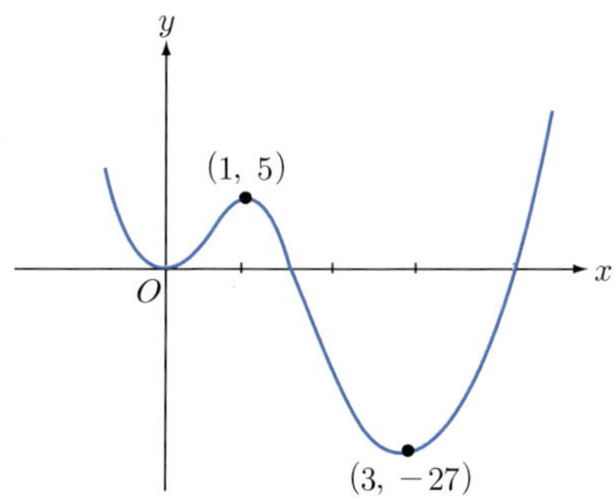

그림 9.6 $f(x)=3x^4-16x^3+18x^2$

문제 9.11 다음 함수의 그래프의 개형을 그려라.

(1) $f(x)=-x^3+3x^2+9x+4$ (2) $f(x)=x^4-\dfrac{4}{3}x^3-4x^2+5$ ◀

함수 f가 정의역 D의 모든 x에 대하여

$f(c)\ge f(x)$이면 $f(c)$는 D에서 f의 **최댓값**(maximum value)
$f(c)\le f(x)$이면 $f(c)$는 D에서 f의 **최솟값**(minimum value)

이라 한다. 최댓값, 최솟값과 관련된 다음의 극값의 정리가 성립함은 직관적으로 보면 쉽게 알 수 있다. 그러나 이 정리의 엄밀한 증명은 매우 어려우므로 생략하기로 하자.

정리 9.9 (극값의 정리)

함수 f가 폐구간 $[a, b]$에서 연속이면 f는 이 구간에서 반드시 최댓값과 최솟값을 갖는다.

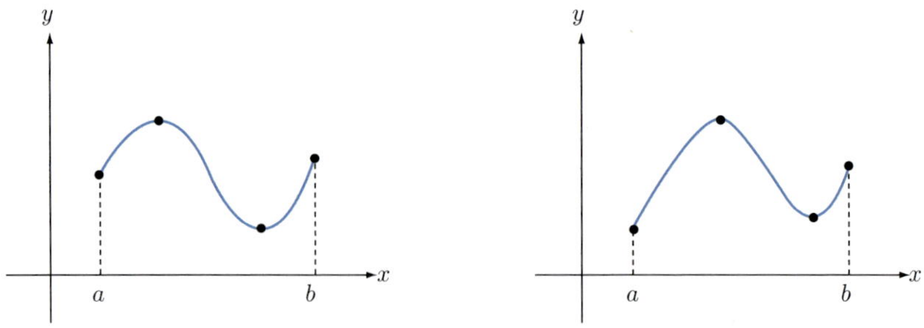

그림 9.7 최댓값과 최솟값

그림 9.7을 관찰해보면 함수 $y=f(x)$의 $[a,\ b]$에서의 최댓값과 최솟값은

$$\text{극댓값, 극솟값, } f(a),\ f(b)$$

중에서 가장 큰 값이 최댓값이고, 가장 작은 값이 최솟값임을 알 수 있다.

예제 9.12_ 구간 $[0,\ 3]$에서 함수 $f(x)=-x^4+8x^2-2$의 최댓값과 최솟값을 구하여라.

풀이 $f'(x)=-4x^3+16x=-4x(x-2)(x+2)$이므로 임계점은 $x=0,\ 2,\ -2$이다. 구간 $[0,\ 3]$에서 $f(x)$의 증감표를 만들면

x	0		2		3
$f'(x)$	0	+	0	−	−
$f(x)$	−2	↗	14 극대	↘	−11

따라서 $x=2$일 때 최댓값 $f(2)=14$이고 $x=3$일 때 최솟값 $f(3)=-11$을 갖는다.

문제 9.12 구간 $[-2,\ 3]$에서 함수 $f(x)=2x^3-3x^2-12x+1$의 최댓값과 최솟값을 구하여라. ◀

예제 9.13_ 밑면의 반지름이 9cm이고 높이가 21cm인 직원뿔에 내접하는 직원기둥 중에서 부피가 최대인 것의 치수와 부피를 구하여라.

풀이 직원기둥의 밑면의 반지름을 x, 높이를 y라 하면 부피는 $V=\pi x^2 y$이다. 그림 9.8에서 닮은꼴의 비례식을 이용하면

$$x:9=21-y:21$$

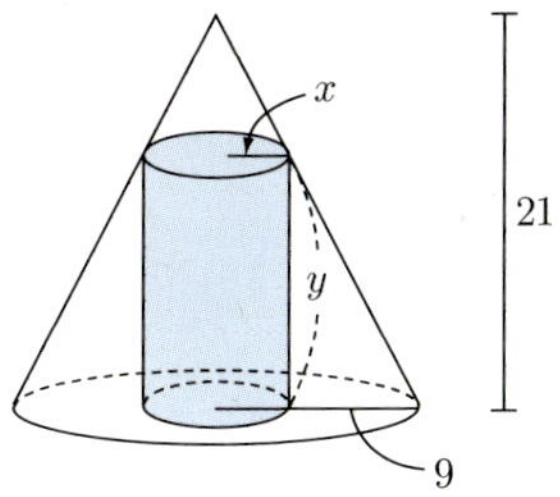

그림 9.8

이므로 $y=21-\frac{7}{3}x$이다. 따라서

$$V=\pi x^2\left(21-\frac{7}{3}x\right)=\pi\left(21x^2-\frac{7}{3}x^3\right),\quad 0<x<9$$

이다. x에 관하여 미분하면

$$\frac{dV}{dx}=\pi(42x-7x^2)=-7\pi x(x-6)$$

이므로 임계점은 $x=0,\ 6$이고, V의 증감표를 만들면

x	0		6		9
$V'(x)$	0	+	0		−
$V(x)$		↗	252π 극대		↘

따라서 $x=6,\ y=7$일 때 최대부피 252π를 갖는다.

문제 9.13 한 변의 길이가 12cm인 정사각형의 종이에서 네 귀퉁이를 크기가 같은 정사각형을 잘라내고 남는 부분을 접어서 뚜껑이 없는 직육면체의 상자를 만들었다. 상자의 최대 부피와 이때 잘라내는 부분의 한 변의 길이를 구하여라. ◀

9.4 연습문제

1 다음 함수의 그래프의 개형을 그려라.

(1) $f(x)=x^3-3x+2$　　(2) $f(x)=x^3-3x^2+3$

(3) $f(x)=x^4-4x^3+4x^2$　　(4) $f(x)=x^4-2x^2-1$

2 다음 함수의 주어진 구간에서 최댓값과 최솟값을 구하여라.

(1) $f(x) = x^3 - 3x + 1$, $[-1, 3]$

(2) $f(x) = 2x^3 - \frac{3}{2}x^2 - 3x - 1$, $[0, 3]$

(3) $f(x) = 2x^3 - 9x^2 + 12x$, $[0, 3]$

(4) $f(x) = x^3 - 6x^2 + 9x - 2$, $[-1, 4]$

3 포물선 $y = 4 - x^2$과 x축으로 둘러싸인 영역에 내접하는 직사각형 중에서 넓이가 최대인 것의 넓이를 구하여라.

4 방정식 $2x^3 - 3x^2 + a = 0$이 서로 다른 세 실근을 갖기 위한 상수 a의 값의 범위를 구하여라.

5 방정식 $x^3 - 3x^2 + 3 + a = 0$이 서로 다른 실근의 개수를 상수 a의 값의 범위에 따라 구하여라.

6 모든 실수 x에 대하여 부등식 $3x^4 - 10x^3 + 15x^2 + 27 \geq 6x^3 - 3x^2$이 성립함을 보여라.

7 $x \geq 0$일 때 부등식 $3x^5 - 5x^3 + 2 \geq 0$이 성립함을 보여라.

8 밑면이 정사각형이고 뚜껑이 없는 직육면체 상자의 겉넓이가 108cm^2이라 하자. 상자의 최대 부피와 이때 상자의 밑면의 한 변의 길이와 높이를 구하여라.

9 포물선 $y^2 + 2y + 1 = 2x$ 위의 점 중에서 점 $(1, 3)$으로부터 가장 가까운 점을 구하여라.

10 직사각형 사진 액자에서 사진의 넓이는 24cm^2이고, 사진 주변의 액자 테두리의 상하 여백은 각각 1cm, 좌우 여백은 각각 1.5cm이다. 액자의 넓이가 최소일 때 액자의 가로, 세로의 길이를 구하여라.

Chapter 10

다항함수의 적분법

10.1 부정적분

10.2 정적분

10.3 정적분의 계산과 응용

10.1 부정적분

함수 $f(x)$가 주어졌을 때 $f(x)$를 도함수로 갖는 함수를 구하는 방법을 알아보자. 예를 들어

$$(x^2)' = 2x,\ (x^2+3)' = 2x,\ (x^2-1)' = 2x$$

이므로 함수 x^2, x^2+3, x^2-1은 모두 $2x$를 도함수로 갖는다. 따라서 $2x$를 도함수로 갖는 함수를 일반적으로 나타내면

$$x^2 + C\ (C\text{는 임의의 상수})$$

로 나타낼 수 있음을 알 수 있다.

함수 $F(x)$의 도함수가 $f(x)$일 때 즉

$$F'(x) = f(x)$$

일 때 $F(x)$를 $f(x)$의 **역도함수**(antiderivative) 또는 **원시함수**(primitive function)라 한다.

함수 $F(x)$와 $G(x)$가 모두 $f(x)$의 역도함수이면

$$F'(x) = f(x),\ G'(x) = f(x)$$

이므로

$$(G(x) - F(x))' = G'(x) - F'(x) = f(x) - f(x) = 0$$

이다. 그런데 도함수가 0인 함수는 상수함수이므로

$$G(x) - F(x) = C$$

즉,

$$G(x) = F(x) + C$$

이다. 따라서 $F(x)$가 $f(x)$의 하나의 역도함수이면 $f(x)$의 임의의 역도함수는

$$F(x) + C\ (C\text{는 임의의 상수})$$

라 나타낼 수 있다. 이때

$$\int f(x)\,dx = F(x) + C$$

라 나타내고 $f(x)$의 **부정적분**(indefinite integral)이라 한다. 여기서 $f(x)$를 **피적분함수**(integrand), C를 **적분상수**라 한다. 또 함수 $f(x)$의 부정적분을 구하는 것을 $f(x)$를 적분한다고 한다.

예제 10.1_ 다음 부정적분을 구하여라.

(1) $\int 4\,dx$ (2) $\int x^3\,dx$

풀이 (1) $(4x)' = 4$이므로 $\int 4\,dx = 4x + C$

(2) $\left(\frac{1}{4}x^4\right)' = x^3$이므로 $\int x^3\,dx = \frac{1}{4}x^4 + C$

문제 10.1 다음 부정적분을 구하여라.

(1) $\int 0\,dx$ (2) $\int 8x^7\,dx$ ◀

예제 10.2_ 다음 등식을 만족하는 $f(x)$를 구하여라.

(1) $\int f(x)\,dx = x + C$

(2) $\int f(x)\,dx = 2x^3 - x^2 + C$

풀이 (1) $f(x) = (x + C)' = 1$

(2) $f(x) = (2x^3 - x^2 + C)' = 6x^2 - 2x$

문제 10.2 다음 등식을 만족하는 $f(x)$를 구하여라.

(1) $\int f(x)\,dx = 3(x+1) + C$

(2) $\int f(x)\,dx = x^5 - 3x^2 + x + C$ ◀

미분을 간단히 할 수 있는 여러 가지 공식이 있는 것처럼 적분을 간편하게 해주는 여러 가지 공식이 있다. 이 공식들을 공부하여 보자.

n이 0 또는 자연수일 때

$$\left(\frac{1}{n+1}x^{n+1}\right)' = x^n$$

이므로 다음 정리를 얻는다.

정리 10.1

n이 0 또는 자연수일 때 다음이 성립한다.

$$\int x^n\,dx = \frac{1}{n+1}x^{n+1} + C$$

예제 10.3_ 다음 부정적분을 구하여라.

(1) $\int x^4\,dx$　　(2) $\int x^7\,dx$

풀이 (1) $\int x^4\,dx = \frac{1}{5}x^5 + C$

(2) $\int x^7\,dx = \frac{1}{8}x^8 + C$

문제 10.3 다음 부정적분을 구하여라.

(1) $\int x^5\,dx$　　(2) $\int x^{10}\,dx$

$F(x), G(x)$가 각각 $f(x)$, $g(x)$의 부정적분이라 하면

$$F'(x) = f(x),\quad G'(x) = g(x)$$

이므로

$$(kF(x))' = kf(x) \quad (k\text{는 상수})$$
$$(F(x) + G(x))' = f(x) + g(x)$$
$$(F(x) - G(x))' = f(x) - g(x)$$

이다. 따라서

$$\int kf(x)\,dx = kF(x) = k\int f(x)\,dx$$

$$\int (f(x)+g(x))\,dx = F(x)+G(x) = \int f(x)\,dx + \int g(x)\,dx$$

$$\int (f(x)-g(x))\,dx = F(x)-G(x) = \int f(x)\,dx - \int g(x)\,dx$$

이다. 이것을 정리하면 다음과 같다.

정리 10.2

두 함수 f, g의 부정적분이 존재하면 다음이 성립한다.

$$\int kf(x)\,dx = k\int f(x)\,dx$$

$$\int (f(x)+g(x))\,dx = \int f(x)\,dx + \int g(x)\,dx$$

$$\int (f(x)-g(x))\,dx = \int f(x)\,dx - \int g(x)\,dx$$

예를 들어, $\int (x+2)\,dx$를 계산해보자.

$$\begin{aligned}\int (x+2)\,dx &= \int x\,dx + 2\int 1\,dx \\ &= \left(\frac{1}{2}x^2 + C_1\right) + 2(x+C_2) = \frac{1}{2}x^2 + 2x + C_1 + 2C_2\end{aligned}$$

이다. 여기서 $C = C_1 + 2C_2$라 나타내면

$$\int (x+2)\,dx = \frac{1}{2}x^2 + 2x + C$$

이다. 따라서 부정적분을 구할 때 각 항의 부정적분에서 나오는 상수는 묶어서 하나로 표현하면 되므로 부정적분에서는 상수를 마지막에 하나만 써주면 된다.

예제 10.4_ 다음 부정적분을 구하여라.

(1) $\int (2x+3)\,dx$

(2) $\int (5x^3 - 3x^2 + 2)\,dx$

풀이 (1) $\int (2x+3)\,dx = 2\int x\,dx + 3\int 1\,dx = x^2 + 3x + C$

(2) $\int (5x^3 - 3x^2 + 2)\,dx = 5\int x^3\,dx - 3\int x^2\,dx + 2\int 1\,dx$

$$= \frac{5}{4}x^4 - x^3 + 2x + C$$

문제 10.4 다음 부정적분을 구하여라.

(1) $\int (x-2)\,dx$　　(2) $\int (3x^2 - 6x + 4)\,dx$ ◀

예제 10.5_ 다음 부정적분을 구하여라.

(1) $\int (x+1)^2\,dx$　　(2) $\int (x+1)(2x-1)\,dx$

풀이 (1) $\int (x+1)^2\,dx = \int (x^2+2x+1)\,dx = \frac{1}{3}x^3 + x^2 + x + C$

(2) $\int (x+1)(2x-1)\,dx = \int (2x^2+x-1)\,dx = \frac{2}{3}x^3 + \frac{1}{2}x^2 - x + C$

문제 10.5 다음 부정적분을 구하여라.

(1) $\int (x-1)^3\,dx$　　(2) $\int (x^2-1)(4x+3)\,dx$ ◀

10.1 연습문제

1 다음 부정적분을 구하여라.

(1) $\int 5\,dx$　　(2) $\int x\,dx$

(3) $\int 3x^4\,dx$　　(4) $\int (2x-3)\,dx$

(5) $\int (12x^2+6)\,dx$　　(6) $\int \left(x^5 + \frac{3}{2}x^2 - 1\right)dx$

(7) $\int (x^6 - x^3 + 1)\,dx$　　(8) $\int (-5x^3 + x^2 + 4)\,dx$

(9) $\int (2x-1)^2\,dx$　　(10) $\int (3x+2)^2\,dx$

(11) $\int (2x-1)(x+5)\,dx$　　(12) $\int (4x+1)(2x+3)\,dx$

(13) $\int x(x-1)(x-2)\,dx$　　(14) $\int x(2x+1)(3x+2)\,dx$

2 다음 조건을 만족하는 함수 $f(x)$를 구하여라.

(1) $f'(x)=5x^4-2x^5$, $f(0)=4$

(2) $f'(x)=6x^2+2x$, $f(1)=5$

3 함수 $f(x)$의 그래프가 점 $(1,\ 0)$을 지나고 도함수가 $3x^2+2$일 때 $f(x)$를 구하여라.

4 곡선 $y=f(x)$가 점 $(1,\ 2)$를 지나고 곡선위의 임의의 점 $(x,\ y)$에서의 접선의 기울기가 $3x^2+4x-6$일 때 $f(-1)$의 값을 구하여라.

5 곡선 $y=f(x)$가 점 $(1, 0)$을 지나고 곡선 위의 점 $(x,\ y)$에서의 접선의 기울기가 $4x^3+6x^2-2x-2$일 때 방정식 $f(x)=0$의 근을 모두 구하여라.

6 다음 등식이 성립하지 않는 예를 들어라.

$$\int f(x)g(x)\,dx=\left(\int f(x)\,dx\right)\left(\int g(x)\,dx\right)$$

7 함수 $f(x)$의 부정적분 $F(x)$에 대하여

$$F(x)=xf(x)+3x^4-x^2$$

이 성립하고 $f(1)=5$일 때 $f(x)$를 구하여라.

8 움직이는 물체의 가속도가 $a(t)=12t+4$이고, 초기속도가 $v(0)=-6$, 초기위치가 $f(0)=3$일 때 물체의 위치함수 $f(t)$를 구하여라.

9 지상으로부터 $50m$ 높이에서 $v(0)=2\text{m/sec}$의 속도로 위로 던져 올린 물체의 t초 후 지상으로부터의 높이 $f(t)$를 구하여라. 단, $a(t)=-9.8\text{m/sec}^2$이고 공기 저항은 무시한다.

10 함수 $f(t)$가

$$f(x)=\int(1+2x+3x^2+4x^3+\cdots+50x^{49})\,dx$$

이고 $f(0)=1$일 때 $f\left(\frac{1}{2}\right)$을 구하여라.

수학카페

뷰티플 마인드(A Beautiful Mind)

1994년 노벨 경제학상을 수상한 수학자 존 내쉬(J.Nash, 1928–)의 일대기를 영화로 만든 것이다. 존 내쉬는 프린스턴 대학 출신의 천재 수학자로, 1949년 27쪽짜리 논문 하나로 150년 동안 지속되어 온 경제학 이론을 뒤집고 신경제학의 새로운 패러다임을 세웠다.

최고의 엘리트들이 모이는 프린스턴 대학원에 시험도 보지 않고 장학생으로 입학한 한 천재가 캠퍼스를 술렁이게 만든다. 너무도 내성적이라 무뚝뚝해 보이고 오만할 정도로 자기확신에 차 있는 수학과 새내기 존 내쉬이다. 그는 기숙사 유리창을 노트 삼아 문제를 풀고, 술집에서 미녀를 둘러싸고 벌이는 친구들의 경쟁을 보고 '균형이론'의 단서를 발견한다.

이후 1949년 발표한 논문으로 하루 아침에 학계의 스타로 떠오른다. MIT 교수로 승승장구하던 그는 정부 비밀요원을 만나 소련의 암호 해독 프로젝트에 비밀리에 투입된다. 자신의 수업을 듣던 물리학도 알리샤와 사랑에 빠진 그는 난생 처음 굳게 닫혔던 마음의 문을 열고 둘은 행복한 결혼에 골인한다. 하지만 점점 소련 스파이가 자신을 미행한다는 생각에 사로잡히는 존은 목숨의 위협에도 불구하고 아내에게 끝까지 자신의 일을 비밀로 하지만, 자신의 영혼의 빛이 점점 꺼져가고 있음을 깨닫지 못한다.

10.2 정적분

평면도형의 넓이나 입체의 부피를 구하는 방법을 생각해 보자. 먼저 주어진 도형을 작은 사각형이나 육면체 등으로 분할하고 이들의 넓이나 부피의 합으로 근사값을 구하자. 다음으로 주어진 도형을 더 작게 분할하는 과정을 통하여 근사값의 극한을 구하면 된다. 이러한 방법으로 주어진 도형의 넓이나 부피를 구하는 방법을 **구분구적법**이라 한다.

예를 들어, 곡선 $y=x^2$과 x축 및 직선 $x=1$로 둘러싸인 영역의 넓이를 구해 보자.

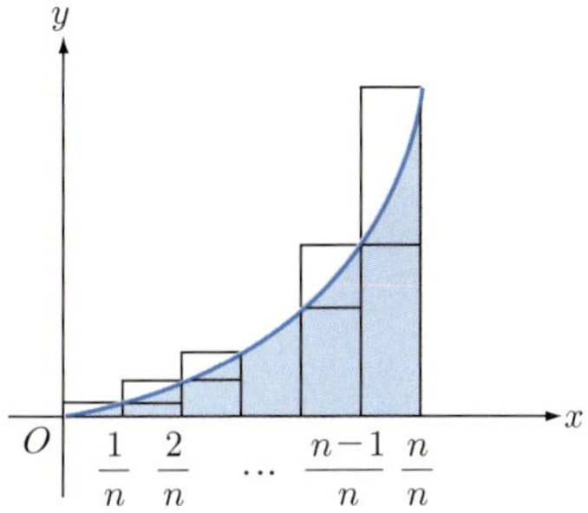

그림 10.1 $y=x^2$ 아래의 넓이

그림 10.1과 같이 구간 $[0,1]$을 n등분하면 각 분할점의 좌표는

$$0,\ \frac{1}{n},\ \frac{2}{n},\ \cdots,\ \frac{n}{n}=1$$

이고 이에 대응하는 y값은

$$0,\ \left(\frac{1}{n}\right)^2,\ \left(\frac{2}{n}\right)^2,\ \cdots,\ \left(\frac{n}{n}\right)^2$$

이다. 그림 10.1에서와 같은 외접 직사각형의 넓이의 합을 U_n이라 하면

$$\begin{aligned} U_n &= \frac{1}{n}\left(\frac{1}{n}\right)^2+\frac{1}{n}\left(\frac{2}{n}\right)^2+\cdots+\frac{1}{n}\left(\frac{n}{n}\right)^2 \\ &= \frac{1}{n^3}\sum_{k=1}^{n}k^2=\frac{1}{n^3}\frac{n(n+1)(2n+1)}{6} \end{aligned}$$

이고, 내접 직사각형의 넓이의 합을 L_n이라 하면

$$\begin{aligned} L_n &= \frac{1}{n}\left(\frac{1}{n}\right)^2 + \frac{1}{n}\left(\frac{2}{n}\right)^2 + \cdots + \frac{1}{n}\left(\frac{n-1}{n}\right)^2 \\ &= \frac{1}{n^3}\sum_{k=1}^{n-1} k^2 = \frac{1}{n^3}\frac{(n-1)n(2n-1)}{6} \end{aligned}$$

이다. 이제 분할점의 개수를 많이 하면 할수록 외접 직사각형의 넓이는 줄어들어 곡선 아래의 넓이와 같게 되고, 내접 직사각형의 넓이의 합은 커져서 곡선 아래의 넓이와 같게 됨을 그림을 통하여 알 수 있다. 따라서

$$\lim_{n\to\infty} U_n = \lim_{n\to\infty} \frac{1}{n^3}\frac{n(n+1)(2n+1)}{6} = \frac{1}{3}$$
$$\lim_{n\to\infty} L_n = \lim_{n\to\infty} \frac{1}{n^3}\frac{(n-1)n(2n-1)}{6} = \frac{1}{3}$$

이므로 구하는 영역의 넓이는 $\frac{1}{3}$이다. 이러한 개념을 일반화한 것이 정적분이다.

함수 $y = f(x)$가 폐구간 $[a, b]$에서 정의된 함수라 하자. 구간 $[a, b]$를 n개의 구간으로 나눈 분점을

$$a = x_0,\ x_1,\ \cdots,\ x_n = b$$

라 하고 $\Delta x_k = x_k - x_{k-1}$, $k = 1, \cdots, n$ 이라 하자. 이때 $P = \{x_0, x_1, \cdots, x_n\}$를 구간 $[a, b]$의 **분할**(partition)이라 하며 소구간 $[x_{k-1}, x_k]$의 최대길이를 $|P|$라 나타내자. 또, $k = 1, \cdots, n$ 에 대하여 $x_k{}^*$를 소구간 $[x_{k-1}, x_k]$의 임의의 점이라 할 때 극한

$$\lim_{n\to\infty}\sum_{k=1}^{n} f(x_k{}^*)\Delta x_k$$

가 존재하면 이 값을 구간 $[a, b]$에서 $f(x)$의 **정적분**(definite integral)이라 하고 $\int_a^b f(x)\,dx$라 나타내며 $f(x)$는 구간 $[a, b]$에서 **적분가능**(integrable)하다고 한다. 즉, $f(x)$가 적분가능하면

$$\int_a^b f(x)\,dx = \lim_{n\to\infty}\sum_{k=1}^{n} f(x_k{}^*)\Delta x_k$$

이다. 함수 $f(x)$가 구간 $[a, b]$에서 연속이면 이 구간에서 적분가능하다는 것이 알려져 있다.

예제 10.6_ 정적분의 정의를 이용하여 다음 적분을 구하여라.

(1) $\displaystyle\int_0^2 3\,dx$　　　　(2) $\displaystyle\int_0^1 x^2\,dx$

풀이 (1) 편의상 구간 [0, 2]를 n등분하면 분할점들은

$$0,\ \frac{2}{n},\ \frac{2\cdot 2}{n},\ \cdots,\ \frac{2\cdot n}{n}$$

이고 $\Delta x_k=\dfrac{2}{n}$이다. $x_k{}^*=\dfrac{2k}{n}$으로 택하면 $f(x_k{}^*)=3$이므로

$$\int_0^2 3\,dx=\lim_{n\to\infty}\sum_{k=1}^{n}3\cdot\frac{2}{n}=\lim_{n\to\infty}6=6$$

이다.

(2) 구간 [0, 1]를 n등분하면 분할점들은

$$0,\ \frac{1}{n},\ \frac{2}{n},\ \cdots,\ \frac{n}{n}$$

이고 $\Delta x_k=\dfrac{1}{n}$이다. $x_k{}^*=\dfrac{k}{n}$으로 택하면 $f(x_k{}^*)=\left(\dfrac{k}{n}\right)^2$이므로

$$\begin{aligned}\int_0^1 x^2\,dx&=\lim_{n\to\infty}\sum_{k=1}^{n}\left(\frac{k}{n}\right)^2\frac{1}{n}=\lim_{n\to\infty}\frac{1}{n^3}\sum_{k=1}^{n}k^2\\&=\lim_{n\to\infty}\frac{1}{n^3}\,\frac{n(n+1)(2n+1)}{6}=\frac{1}{3}\end{aligned}$$

이다.

문제 10.6 정적분의 정의를 이용하여 다음 적분을 구하여라.

(1) $\displaystyle\int_0^2 x\,dx$　　　　(2) $\displaystyle\int_0^1 x^3\,dx$

예제 10.7_ 극한 $L=\displaystyle\lim_{n\to\infty}\{1+2^2+\cdots+n^2\}\frac{1}{n^3}$을 정적분으로 나타내어라.

풀이 식을 변형하면

$$\begin{aligned}L&=\lim_{n\to\infty}\left\{\left(\frac{1}{n}\right)^2+\left(\frac{2}{n}\right)^2+\cdots+\left(\frac{n}{n}\right)^2\right\}\frac{1}{n}\\&=\lim_{n\to\infty}\sum_{k=1}^{n}\left(\frac{k}{n}\right)^2\frac{1}{n}\end{aligned}$$

이다. 이 식은 $\frac{k}{n}$에서 함수값이 $\left(\frac{k}{n}\right)^2$인 함수에 대하여, n등분한 소구간 하나의 길이가 $\frac{1}{n}$일 때의 정적분을 나타낸 것이다. 즉, 함수 $f(x)=x^2$의 구간 $[0, 1]$에서의 정적분을 나타낸 것이다. 따라서

$$L=\int_0^1 x^2\,dx$$

이다.

문제 10.7 극한 $\lim_{n\to\infty}\left\{\left(\frac{n+1}{n}\right)^3+\left(\frac{n+2}{n}\right)^3+\cdots+\left(\frac{n+n}{n}\right)^3\right\}\frac{1}{n}$을 정적분으로 나타내어라. ◀

정의를 이용하여 정적분을 계산하는 것은 대개의 경우 매우 복잡하다. 다음 정리는 정적분을 쉽게 계산할 수 있게 해주는 것으로 미분적분학에서 매우 중요하다.

정리 10.3 (미적분학의 기본정리)

함수 $f(x)$가 구간 $[a, b]$에서 적분가능하고 $F(x)$가 $f(x)$의 역도함수이면

$$\int_a^b f(x)\,dx=F(b)-F(a)$$

이다. 여기서 $F(b)-F(a)$를 $[F(x)]_a^b$ 또는 $F(x)|_a^b$라 나타내기도 한다.

증명

구간 $[a, b]$의 분할을

$$a=x_0,\ x_1,\ \cdots,\ x_n=b$$

라 하고 $\Delta x_k=x_k-x_{k-1},\ k=1,\ 2,\ \cdots,\ n$이라 하자. 그러면

$$\begin{aligned}&F(b)-F(a)\\&=F(x_n)-F(x_0)\\&=[F(x_n)-F(x_{n-1})]+[F(x_{n-1})-F(x_{n-2})]+\cdots+[F(x_1)-F(x_0)]\\&=\sum_{k=1}^{n}[F(x_k)-F(x_{k-1})]\end{aligned}$$

이다. 평균값의 정리에 의해 모든 $k=1, 2, \cdots, n$ 에 대하여

$$\frac{F(x_k)-F(x_{k-1})}{x_k - x_{k-1}} = F'(x_k{}^*)$$

를 만족하는 $x_k{}^*$가 $[x_{k-1}, x_k]$에 존재한다. 그런데 $F'(x)=f(x)$이므로

$$F(x_k)-F(x_{k-1}) = f'(x_k{}^*)\Delta x_k$$

이고, 따라서

$$F(b)-F(a) = \sum_{k=1}^{n} f(x_k{}^*)\Delta x_k$$

이다. 양변을 n에 대하여 극한을 취하면

$$F(b)-F(a) = \lim_{n\to\infty}\sum_{k=1}^{n} f(x_k{}^*)\Delta x_k$$

이다. 그런데 f는 구간 $[a, b]$에서 적분가능하므로 우변의 극한은 정적분의 정의에 의하여 $\int_a^b f(x)dx$와 같다. 따라서

$$\int_a^b f(x)dx = F(b)-F(a)$$

이다. ◀◀

예제 10.8_ 다음 정적분을 구하여라.

(1) $\int_0^1 x^2\,dx$　　　　(2) $\int_1^2 (x^3+1)\,dx$

풀이 (1) $\int_0^1 x^2\,dx = \left[\frac{1}{3}x^3\right]_0^1 = \frac{1}{3}$

(2) $\int_1^2 (x^3+1)\,dx = \left[\frac{1}{4}x^4+x\right]_1^2 = (4+2)-\left(\frac{1}{4}+1\right) = \frac{19}{4}$

문제 10.8 다음 정적분을 구하여라.

(1) $\int_1^2 (x^2+x)\,dx$　　　　(2) $\int_{-1}^2 (2x^2+1)\,dx$ ◀

정적분에서 $a=b$이면 $\Delta x=0$이므로

$$\int_a^a f(x)\,dx=0$$

이다. 또 a와 b의 순서가 뒤바뀌면 Δx의 부호가 반대가 되므로

$$\int_a^b f(x)\,dx=-\int_b^a f(x)\,dx$$

가 됨을 알 수 있다. 또 쉽게 증명할 수는 없지만, 모든 a, b, c에 대하여

$$\int_a^b f(x)\,dx=\int_a^c f(x)\,dx+\int_c^b f(x)\,dx$$

가 성립한다. 또, 정적분은 극한을 이용하여 정의되었으므로 극한의 기본적인 성질이 그대로 성립한다. 이상의 것을 정리하면 다음과 같다.

정리 10.4

두 함수 f, g가 적분가능하면

$$\int_a^b kf(x)\,dx=k\int_b^a f(x)\,dx,\ (k\text{는 상수})$$

$$\int_a^b (f(x)+g(x))\,dx=\int_a^b f(x)\,dx+\int_a^b g(x)\,dx$$

$$\int_a^b (f(x)-g(x))\,dx=\int_a^b f(x)\,dx-\int_a^b g(x)\,dx$$

$$\int_a^a f(x)\,dx=0$$

$$\int_a^b f(x)\,dx=-\int_b^a f(x)\,dx$$

$$\int_a^b f(x)\,dx=\int_a^c f(x)\,dx+\int_c^b f(x)\,dx$$

예제 10.9_ 정적분 $\displaystyle\int_{-1}^2 (1+2x-x^2)\,dx+\int_2^3 (1+2x-x^2)\,dx$의 값을 구하여라.

풀이 두 적분을 각각 계산하기보다는 정적분의 성질을 이용하는 것이 편리하다.

$$\int_{-1}^2 (1+2x-x^2)\,dx+\int_2^3 (1+2x-x^2)\,dx=\int_{-1}^3 (1+2x-x^2)\,dx$$

$$= \left[x + x^2 - \frac{1}{3}x^3\right]_{-1}^{3} = \frac{2}{3}$$

이다.

문제 10.9 정적분 $\int_1^3 (x^2+2x-1)\,dx - \int_1^2 (x^2+2x-1)\,dx$의 값을 구하여라. ◀

예제 10.10_ 정적분 $\int_0^3 |x^2-2x|\,dx$의 값을 구하여라.

풀이 절댓값의 성질에 의하여

$$|x^2-2x| = \begin{cases} -x^2+2x, & 0 \le x \le 2 \\ x^2-2x, & 2 \le x \le 3 \end{cases}$$

이므로

$$\int_0^3 |x^2-2x|\,dx = \int_0^2 (-x^2+2x)\,dx + \int_2^3 (x^2-2x)\,dx$$
$$= \left[-\frac{1}{3}x^3+x^2\right]_0^2 + \left[\frac{1}{3}x^3-x^2\right]_2^3 = \frac{8}{3}$$

이다.

문제 10.10 정적분 $\int_{-1}^3 |x^2-x-2|\,dx$의 값을 구하여라. ◀

10.2 연습문제

1 곡선 $y=x^3+1$과 x축 및 $x=2$로 둘러싸인 영역의 넓이를 구분구적법을 이용하여 구하여라.

2 정적분의 정의에 의하여 다음 적분을 구하여라.

(1) $\int_{0}^{2}(x+3)\,dx$ (2) $\int_{0}^{1}(x^2-1)\,dx$

3 다음 극한을 정적분으로 나타내어라.

(1) $\lim_{n\to\infty}\sum_{k=1}^{n}\frac{k}{n^2}$ (2) $\lim_{n\to\infty}\sum_{k=1}^{n}\left(1+\frac{2k}{n}\right)^2\frac{1}{n}$

(3) $\lim_{n\to\infty}\sum_{k=1}^{n}\left(1+\frac{2k}{n}\right)^2\frac{2}{n}$ (4) $\lim_{n\to\infty}\sum_{k=1}^{n}\left(\frac{3k}{n}\right)^5\frac{3}{n}$

4 정적분을 이용하여 다음 극한값을 구하여라.

(1) $\lim_{n\to\infty}\frac{1}{n^3}(1^2+2^2+\cdots+n^2)$

(2) $\lim_{n\to\infty}\frac{1}{n^5}[(n+2)^4+(n+4)^4+\cdots+(3\mathrm{n})^4]$

5 다음 정적분을 구하여라.

(1) $\int_{-3}^{2}0\,dx$ (2) $\int_{0}^{3}2\,dx$

(3) $\int_{-1}^{3}x^5\,dx$ (4) $\int_{2}^{6}(4x+3)\,dx$

(5) $\int_{0}^{4}(1+3x-x^2)\,dx$ (6) $\int_{3}^{0}(4x^3+1)\,dx$

(7) $\int_{1}^{2}(2x-1)^2\,dx$ (8) $\int_{-1}^{1}(2x-1)(x+5)\,dx$

(9) $\int_{-1}^{2}x(x-1)(x-2)\,dx$ (10) $\int_{-2}^{3}(x+2)(2x-3)\,dx$

6 정적분 $\int_{0}^{2}(x+1)^3\,dx+\int_{2}^{0}(x-1)^3\,dx$을 구하여라.

7 다음 정적분을 구하여라.

(1) $\int_{0}^{4}|2x-4|\,dx$ (2) $\int_{-2}^{2}|x^2-1|\,dx$

(3) $\int_0^3 [x]\,dx$　　　　(4) $\int_0^2 [x^2]\,dx$

8 다음 함수 $f(x)$는 구간 $[0,1]$에서 적분가능한지 판별하여라.

$$f(x)=\begin{cases}1, & x\text{는 유리수}\\ 0, & x\text{는 무리수}\end{cases}$$

9 $\int_a^b (1-x^2)\,dx$의 값이 최대가 되는 상수 a, b의 값과 이때의 정적분 값을 구하여라.

10 함수 $F(x)$가 $f(x)$의 역도함수이면 미적분학의 기본정리에 의하여

$$\int_a^x f(t)\,dt = F(x)-F(a)$$

이므로

$$\frac{d}{dx}\left(\int_a^x f(t)\,dt\right)=\frac{d}{dx}[F(x)-F(a)]=f(x)$$

이다. 이 사실을 이용하여, 모든 실수 x에 대하여

$$\int_1^x f(t)\,dt = x^4-2x^3+x^2+x-1$$

을 만족하는 함수 $f(x)$를 구하여라.

10.3 정적분의 응용

함수 $y=f(x)$가 구간 $[a,\ b]$에서 연속일 때 곡선 $y=f(x)$와 x축 및 두 직선 $x=a, x=b$로 둘러싸인 영역의 넓이 A를 구해보자. 우선 구간 $[a,\ b]$에서 $f(x)\geq 0$이라면 정적분의 정의에 의하여 넓이는

$$A=\int_a^b f(x)\,dx$$

이다. 또 구간 $[a,\ b]$에서 $f(x)<0$이라면 $-f(x)>0$이고 그림 10.2에서와 같이 A는 곡선 $y=-f(x)$와 x축 및 두 직선 $x=a, x=b$로 둘러싸인 영역의 넓이와 같다.

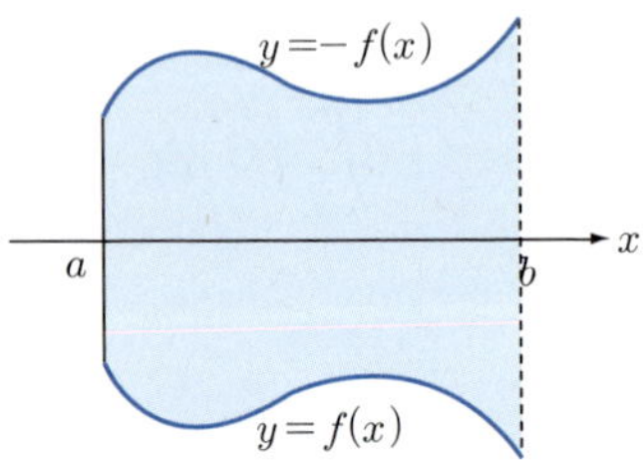

그림 10.2 $y=f(x)$와 $y=-f(x)$

따라서

$$A=\int_a^b(-f(x))\,dx=-\int_a^b f(x)\,dx$$

이다. 마지막으로 구간 $[a,\ c]$에서 $f(x)\geq 0$이고 구간 $[c,\ b]$에서 $f(x)<0$이라면

$$\begin{aligned}A&=\int_a^c f(x)\,dx+\int_c^b(-f(x))\,dx\\&=\int_a^c|f(x)|\,dx+\int_c^b|f(x)|\,dx\\&=\int_a^b|f(x)|\,dx\end{aligned}$$

이다. 따라서 다음 정리를 얻는다.

정리 10.5

함수 $y=f(x)$가 구간 $[a,\ b]$에서 연속일 때 곡선 $y=f(x)$와 x축 및 두 직선 $x=a$, $x=b$로 둘러싸인 영역의 넓이는

$$A=\int_a^b |f(x)|\,dx$$

이다.

예제 10.11_ 곡선 $y=x^2-2x$와 x축으로 둘러싸인 영역의 넓이를 구하여라.

풀이 곡선 $y=x^2-2x$의 그래프는 그림 10.3과 같으므로

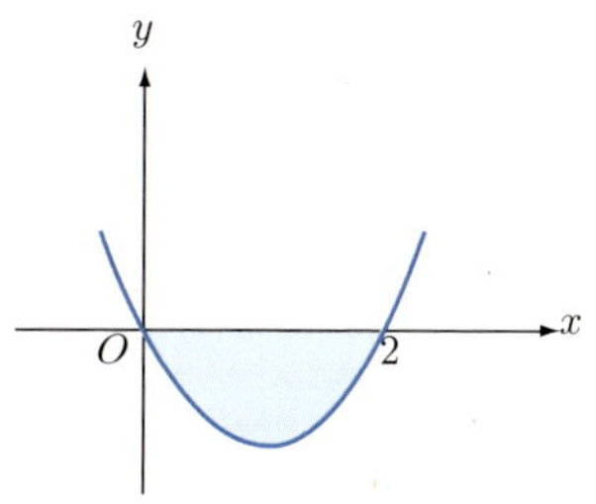

그림 10.3 $y=x^2-2x$

$$A=\int_0^2 |x^2-2x|\,dx=\int_0^2 (-x^2+2x)\,dx$$
$$=\left[-\frac{1}{3}x^3+x^2\right]_0^2=\frac{4}{3}$$

이다.

문제 10.11 곡선 $y=x^3+x^2-2x$와 x축으로 둘러싸인 영역의 넓이를 구하여라. ◀

두 함수 $y=f(x)$, $y=g(x)$가 구간 $[a,\ b]$에서 연속이고 $f(x)\geq g(x)$라 하자. 이때 두 곡선 $y=f(x)$, $y=g(x)$와 두 직선 $x=a$, $x=b$로 둘러싸인 영역의 넓이 A를 구해보자.

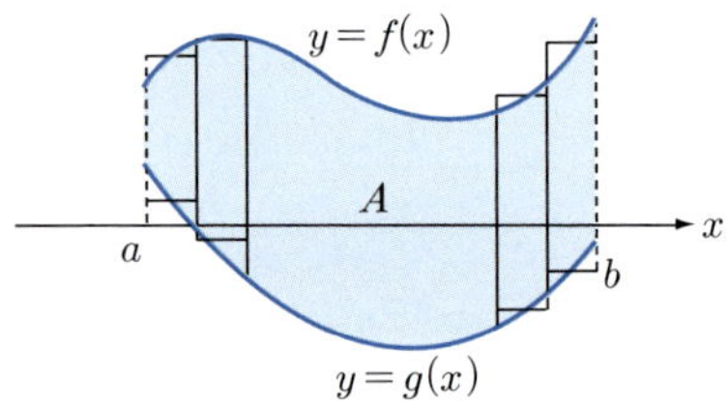

그림 10.4 $y=f(x)$와 $y=g(x)$ 사이의 넓이

그림 10.4와 같이 $[a,b]$를 n등분하여

$$a=x_0,\ x_1,\ x_2,\ \cdots,\ x_n=b$$

라 하고 $x_k{}^*$를 소구간 $[x_{k-1},x_k]$의 임의의 값이라 하면 k번째 소구간에서 생기는 사각형의 넓이의 근사값은

$$(f(x_k{}^*)-g(x_k{}^*))\Delta x_k$$

이다. 따라서 전체 사각형의 넓이의 합의 근사값은

$$\sum_{k=1}^{n}(f(x_k{}^*)-g(x_k{}^*))\Delta x_k$$

이고, 각 소구간의 크기를 작게 하면 할수록 이 값은 A에 더욱 근사하게 된다. 따라서

$$A=\lim_{n\to\infty}\sum_{k=1}^{n}(f(x_k{}^*)-g(x_k{}^*))\Delta x_k=\int_a^b(f(x)-g(x))\,dx$$

이다. 이상을 정리하면 다음과 같다.

정리 10.6

구간 $[a,\ b]$에서 두 곡선 $y=f(x)$, $y=g(x)$가 연속이고 $f(x)\geq g(x)$일 때 이 두 곡선과 두 직선 $x=a$, $x=b$로 둘러싸인 영역의 넓이는

$$A=\int_a^b(f(x)-g(x))\,dx$$

이다.

때로는 곡선의 방정식이 x가 y의 함수로 주어질 때가 있다. 즉 $x = y^2 + 1$과 같은 경우이다. 이때는 정리 10.6에서 변수 x와 y의 역할을 바꾸어 생각하면 된다. 따라서 두 곡선 $x = h(y)$, $x = k(y)$가 $c \le y \le d$에서 연속이고 $h(y) \ge k(y)$일 때 이 두 곡선과 두 직선 $y = c$, $y = d$로 둘러싸인 영역의 넓이는

$$A = \int_c^d (h(y) - k(y))\, dy$$

이다.

예제 10.12_ 두 곡선 $y = 2 - x^2$과 $y = x^2$으로 둘러싸인 영역의 넓이를 구하여라.

풀이 두 곡선의 교점은 $(-1,\ 1)$, $(1,\ 1)$이고 이 두 점 사이에서 $2 - x^2 \ge x^2$이다. 따라서

$$A = \int_{-1}^{1} ((2 - x^2) - x^2)\, dx = \int_{-1}^{1} (2 - 2x^2)\, dx$$

$$= \left[2x - \frac{2}{3}x^3\right]_{-1}^{1} = \frac{8}{3}$$

이다.

문제 10.12 곡선 $y = 2 - x^2$과 직선 $y = x$으로 둘러싸인 영역의 넓이를 구하여라. ◀

예제 10.13_ 곡선 $x = y^2$과 직선 $x = y + 2$으로 둘러싸인 영역의 넓이를 구하여라.

풀이 두 곡선의 교점은 $(1,\ -1)$, $(4,\ 2)$ 이고 $-1 \le y \le 2$일 때 $y + 2 \ge y^2$이다. 따라서

$$A = \int_{-1}^{2} (y + 2 - y^2)\, dy = \left[\frac{1}{2}y^2 + 2y - \frac{1}{3}y^3\right]_{-1}^{2} = \frac{9}{2}$$

이다.

문제 10.13 두 곡선 $x = y^2$과 $x = 2y - y^2$으로 둘러싸인 영역의 넓이를 구하여라. ◀

정적분을 이용하여 입체도형의 부피를 구해보자.

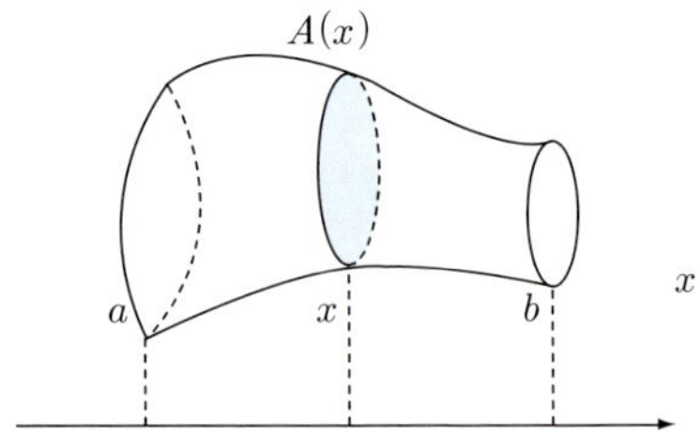

그림 10.5 입체도형의 부피

그림 10.5와 같이 x축 위의 두 점 a, b에서 x축에 수직인 평면 사이에 있고 x에서 수직으로 자른 단면의 넓이가 $A(x)$인 입체의 부피 V를 구해보자. 구간 $[a,\ b]$를 n등분하여

$$a = x_0,\ x_1,\ x_2,\ \cdots,\ x_n = b$$

로 분할하고 $x_k{}^*$를 소구간 $[x_{k-1}, x_k]$의 임의의 값이라 하자. 주어진 입체를 x_k에서 x축에 수직인 평면으로 자르면 각각의 잘라진 조각은 단면의 넓이가 $A(x_k{}^*)$이고 높이가 Δx_k인 기둥 모양에 근사하게 된다. 이 기둥의 부피는

$$A(x_k{}^*)\Delta x_k$$

이므로 기둥들의 부피의 합은

$$\sum_{k=1}^{n} A(x_k{}^*)\Delta x_k$$

이고, 각 소구간의 크기를 작게 하면 할수록 이 기둥들의 부피의 합은 주어진 입체도형의 부피에 근사하게 된다. 따라서 부피는

$$V = \lim_{n\to\infty}\sum_{k=1}^{n} A(x_k{}^*)\Delta x_k = \int_a^b A(x)\,dx$$

이다. 이상을 정리하면 다음과 같다.

정리 10.7

구간 $[a,\ b]$의 임의의 점 x에서 x축에 수직인 평면으로 자른 단면의 넓이가 $A(x)$인 입체의 부피는

$$V = \int_a^b A(x)\,dx$$

이다.

예제 10.14_ 밑면은 반지름의 길이가 1인 원이고 x축에 수직인 단면은 정사각형인 입체의 부피를 구하여라.

풀이 반지름의 길이가 1인 원의 방정식은 $x^2+y^2=1$이다. x축에 수직인 단면의 한 변의 길이는 $2y$이므로 단면의 넓이는

$$(2y)^2 = 4(1-x^2)$$

이다. 따라서

$$V = \int_{-1}^{1} 4(1-x^2)\,dx = 4\left[x - \frac{1}{3}x^3\right]_{-1}^{1} = \frac{16}{3}$$

이다.

문제 10.14 밑면은 곡선 $y=1-x^2$과 x축으로 둘러싸인 영역이고 x축에 수직인 단면은 정삼각형인 입체의 부피를 구하여라. ◀

곡선 $y=f(x)$가 구간 $[a, b]$에서 연속이고 $f(x) \ge 0$일 때 곡선 $y=f(x)$와 x축 및 두 직선 $x=a$, $x=b$로 둘러싸인 영역을 x축 둘레로 회전시켜 생기는 회전체의 부피를 구해보자. 회전체의 단면은 원이므로 단면의 넓이는

$$\pi(f(x))^2$$

이다. 따라서 회전체의 부피는

$$V = \pi\int_a^b (f(x))^2\,dx$$

이다.

위의 내용을 응용하면 다음 성질을 얻을 수 있다. y축의 구간 $[c, d]$의 임의의 점 y에서 y축에 수직인 평면으로 자른 단면의 넓이가 $A(y)$인 입체의 부피는

$$V = \int_c^d A(y)\,dy$$

이다. 또 곡선 $x = g(y)$가 구간 $[c,\ d]$에서 연속이고 $g(y) \geq 0$일 때 곡선 $x = g(y)$와 y축 및 두 직선 $y = c,\ y = d$로 둘러싸인 영역을 y축 둘레로 회전시켜 생기는 회전체의 부피는

$$V = \pi \int_c^d (g(y))^2\, dy$$

이다. 또 구간 $[a,\ b]$에서 $f(x) \geq g(x) \geq 0$일 때 연속인 두 곡선 $y = f(x)$, $y = g(x)$ 사이의 영역을 x축 둘레로 회전시켜 생기는 회전체의 부피는

$$V = \pi \int_a^b \{(f(x))^2 - (g(x))^2\}\, dx$$

이다.

예제 10.15_ 곡선 $y = \sqrt{x}$와 $x = 4$로 둘러싸인 영역을 x축 둘레로 회전했을 때 생기는 회전체의 부피를 구하여라.

풀이 $V = \pi \int_0^4 (\sqrt{x})^2\, dx = \pi \left[\dfrac{1}{2} x^2 \right]_0^4 = 8\pi$

문제 10.15 곡선 $y = x^2$과 y축 및 $y = 3$로 둘러싸인 영역을 y축 둘레로 회전했을 때 생기는 회전체의 부피를 구하여라. ◀

예제 10.16_ 곡선 $y = x^2$과 직선 $y = x$로 둘러싸인 영역을 x축 둘레로 회전했을 때 생기는 회전체의 부피를 구하여라.

풀이 교점의 좌표는 $(0,\ 0)$, $(1,\ 1)$이며 $0 \leq x \leq 1$에서 $x \geq x^2$이다. 따라서

$$V = \pi \int_0^1 (x^2 - x^4)\, dx = \pi \left[\frac{1}{3} x^3 - \frac{1}{5} x^5 \right]_0^1 = \frac{2}{15} \pi$$

이다.

문제 10.16 곡선 $y = 4 - x^2$과 직선 $y = x + 2$로 둘러싸인 영역을 x축 둘레로 회전했을 때 생기는 회전체의 부피를 구하여라. ◀

10.3 연습문제

1 다음 곡선과 x축 사이의 영역의 넓이를 구하여라.

(1) $y=x^2-4x$ (2) $y=x^3-x^2-6x$

2 다음 두 곡선 또는 직선으로 둘러싸인 영역의 넓이를 구하여라.

(1) $y=x^2,\ y=x+2$ (2) $y=x^2-1,\ y=-x^2+2x+3$

(3) $y=x^2-4x,\ y=-x^2$ (4) $x=4-y^2,\ x+y-2=0$

(5) $x=y^2+1,\ x=y+3$ (6) $x=y(y+1)(y-2),\ x=0$

3 곡선 $y=x^2$, 점 $(2,4)$에서 이 곡선의 접선, 그리고 x축으로 둘러싸인 영역의 넓이를 구하여라.

4 곡선 $y=x^3-ax^2-x+a$와 x축 사이의 두 영역의 넓이가 같을 때 상수 a의 값을 구하여라. 단, $a>1$

5 밑면은 타원 $9x^2+4y^2=36$이고 x축에 수직인 단면은 정삼각형인 입체의 부피를 구하여라.

6 곡선 $y=x^2+1$과 x축 및 $x=0,\ x=2$로 둘러싸인 영역을 x축 둘레로 회전시켰을 때 생기는 회전체의 부피를 구하여라.

7 곡선 $y=4-x^2$과 x축, y축으로 둘러싸인 영역에 대하여 다음을 구하여라.

(1) x축 둘레로 회전시켰을 때 생기는 회전체의 부피

(2) y축 둘레로 회전시켰을 때 생기는 회전체의 부피

8 곡선 $y=x^2$과 직선 $y=x$로 둘러싸인 영역을 y축 둘레로 회전시켰을 때 생기는 회전체의 부피를 구하여라.

9 반지름의 길이가 a인 구는 반지름의 길이가 a인 원 $x^2+y^2=a^2$을 x축 둘레로 회전시켰을 때 생긴다. 이를 이용하여 구의 부피를 구하여라.

10 원점에서 출발하여 직선 위를 움직이는 물체의 속도가 $v(t)=6t-3t^2$일 때 $t=0$에서 $t=4$까지 물체가 움직인 거리를 구하여라.

수학카페

불완전성 정리

수학은 증명할 수 없는 참이라고 받아들인 명제(공리라고 한다.)로부터 출발하여 연역적 추론을 통해서 수학적 명제(참과 거짓을 판별할 수 있는 주장)를 검증해나가는 과정이라고 할 수 있다. 이러한 공리들을 게임의 규칙이라고 생각한다면, 수학은 정해진 규칙 속에서 명제의 진실성을 밝히기 위한 길을 찾는 일종의 보드게임이라고 생각할 수 있다. 근대 수학자들은 수학의 규칙이 완벽해서 비록 어떤 명제의 참과 거짓을 현재 증명할 수는 없다고 하더라도 증명방법이 존재한다는 사실을 의심하지는 않았다. 그러나 1931년에 괴델이 증명한 수학의 불완전성 정리는 이러한 희망을 송두리째 앗아갔다. 불완전성 정리에 의하면 페아노 공리계를 포함하는 어떠한 공리계를 생각하더라도(페아노 공리계란 자연수의 연산을 가능하게 해주는 공리계이다. 따라서 자연수의 연산을 포함하는 어떠한 수학 규칙도) 우리가 참과 거짓을 판별할 수 없는 명제가 반드시 존재한다는 것이다. (심지어는 참과 거짓을 판별할 수 없는 명제가 판별할 수 있는 명제보다 훨씬 더 많다는 사실이 알려져 있다.) 다른 말로 하면, 수학이라는 보드게임은 규칙을 아무리 잘 만들려고 애를 쓰더라도 주어진 규칙으로는 정할 수 없는 상황이 게임 중에 발생하게 된다는 것이다. 불완전성 정리가 수학의 한계를 말해주는 것은 틀림없지만 수학자들은 다양한 규칙(공리계)들을 사용해서 주어진 문제를 해결해나갈 수 있다(규칙 1이 적용되지 않는 상황에는 규칙 2를 적용하면 되지 않겠는가? 비록 이 새로운 규칙 2는 다른 상황에서는 적용되지 않더라도)는 수학의 자유성을 높여주는 정리로 불완전성 정리를 이해한다.

Chapter 11

여러 가지 함수의 미분과 적분

11.1 초월함수의 미분
11.2 연쇄법칙과 음함수의 미분
11.3 여러 가지 적분법

11.1 초월함수의 미분

9장에서 우리는 다항함수를 미분하는 방법에 대해서 공부했다. 이번 절에서는 지수함수, 로그함수, 삼각함수와 같은 초월함수들을 미분하는 방법에 대해서 알아볼 것이다.

다음 정리는 지수함수의 미분법에 대해서 알려준다.

정리 11.1

함수 $f(x) = a^x$ (단, $a > 0$)의 도함수는

$$f'(x) = \ln a \cdot a^x$$

이다. 특히, $f(x) = e^x$의 도함수는 e^x이다.

예제 11.1_ 함수 $f(x) = 2^x$의 $x = 1$에서의 미분계수를 구하여라.

풀이 $f'(x) = \ln 2 \cdot 2^x$이므로 $f'(1) = (\ln 2) \cdot 2 \approx 1.386$이다.

문제 11.1 함수 $f(x) = e^x$의 $x = 2$에서의 미분계수를 구하여라. ◀

이제 로그함수의 미분법에 대해서 알아보자. 로그함수의 정의와 기본적인 성질들에 대해서는 6.2절을 통해 복습하기를 바란다.

정리 11.2

함수 $f(x) = \log_a x$ (단, $a > 0$)의 도함수는

$$f'(x) = \frac{1}{\ln a}\frac{1}{x}$$

이다. 특히, $f(x) = \ln x$의 도함수는 $f'(x) = \frac{1}{x}$이다.

예제 11.2_ $f(x)=2\ln x$ 의 $x=2$에서의 미분계수를 구하여라.

풀이 $f'(x)=\dfrac{2}{x}$이므로 $f'(2)=\dfrac{2}{2}=1$이다.

문제 11.2 $f(x)=3\log_3 x$의 $x=1$에서의 미분계수를 구하여라. ◀

다음 정리는 중요한 **삼각함수의 도함수**이다.

정리 11.3

각 삼각함수의 정의역에서 다음이 성립한다.

$$\frac{d}{dx}(\sin x)=\cos x$$

$$\frac{d}{dx}(\cos x)=-\sin x$$

$$\frac{d}{dx}(\tan x)=\sec^2 x$$

사인 함수와 코사인 함수의 도함수를 구하는 증명은 생략하기로 하고, 이를 이용하여 탄젠트 함수의 도함수를 구해보자.

$\tan x=\dfrac{\sin x}{\cos x}$이므로 나눗셈의 미분법칙을 이용하면

$$\frac{d}{dx}\tan x=\frac{d}{dx}\frac{\sin x}{\cos x}=\frac{(\sin x)'\cos x-\sin x(\cos x)'}{\cos^2 x}$$
$$=\frac{\cos^2 x+\sin^2 x}{\cos^2 x}=\sec^2 x$$

가 된다. 여기서 우리는 $\sin^2 x+\cos^2 x=1$이라는 사실을 사용하였다.

비슷한 방법으로 다양한 삼각함수의 도함수를 구할 수 있다.

예제 11.3_ $f(x)=\sec x$의 도함수를 구하여라.

풀이 $\sec x=\dfrac{1}{\cos x}$이므로 나눗셈의 미분법을 사용하면,

$$f'(x)=\frac{-(\cos x)'}{\cos^2 x}=\frac{1}{\cos x}\frac{\sin x}{\cos x}=\sec x\tan x$$

가 된다.

문제 11.3 $f(x) = \cot x = \dfrac{1}{\tan x}$ 의 도함수를 구하여라. ◀

예제 11.4_ 함수 $f(x) = \sin x + \dfrac{1}{2}\cos x$ 의 $x = \dfrac{\pi}{3}$ 에서의 미분계수를 구하여라.

풀이 $f'(x) = (\sin x)' + \dfrac{1}{2}(\cos x)' = \cos x - \dfrac{1}{2}\sin x$ 이므로

$$f'\left(\frac{\pi}{3}\right) = \cos\frac{\pi}{3} - \frac{1}{2}\sin\frac{\pi}{3} = \frac{1}{2} - \frac{1}{2}\frac{\sqrt{3}}{2} = \frac{2-\sqrt{3}}{4}$$

이 된다.

문제 11.4 함수 $f(x) = 5\tan x - \sin x$ 의 $x = \dfrac{\pi}{4}$ 에서의 미분계수를 구하여라. ◀

이제부터는 다항함수와 초월함수가 혼합된 조금 더 복합한 함수의 미분에 대해서 공부해보자. 9.2절에서 배운 정리 9.3이 유용하게 쓰일 것이다.

예제 11.5_ 함수 $f(x) = x^2 \sin x$, $g(x) = e^x \sin x$, $h(x) = x\tan x + e^x$ 의 도함수를 각각 구하여라.

풀이 곱의 미분법을 사용하면,

$$f'(x) = (x^2)'\sin x + x^2(\sin x)' = 2x\sin x + x^2\cos x$$

이다. 비슷한 방법으로

$$g'(x) = e^x\cos x - e^x\sin x = e^x(\cos x - \sin x)$$

가 되고

$$h'(x) = \tan x + x\sec^2 x + e^x$$

가 된다.

문제 11.5 다음 함수의 도함수를 각각 구하여라.

$$f(x) = 3^x \sin x + x^3$$

$$g(x) = \frac{1}{3}x\cos x + x^3 3^x$$ ◀

$x = a$에서 $y = f(x)$의 미분계수의 의미가 $(a, f(a))$에서 접선의 기울기라는 점을 배웠다. 이 사실을 이용하면 초월함수를 포함한 함수의 경우에도 접선의 방정식을 구할 수 있다.

예제 11.6_ 곡선 $y = e^x$ 위의 점 $(1, e)$에서 접선의 방정식을 구하여라.

풀이 $f(x) = e^x$라고 하면 $f'(x) = e^x$이므로 $f'(1) = e$이다. 따라서 점 $(1, e)$에서 접선의 기울기는 e이므로, 구하는 접선의 방정식은

$$y - e = e(x - 1)$$

이다. 즉, $y = ex$가 된다.

문제 11.6 곡선 $y = x\sin x$ 위의 점 $\left(\frac{\pi}{6}, \frac{\pi}{12}\right)$에서 접선의 방정식을 구하여라. ◀

11.1 연습문제

1 다음 함수에 대해서 $\frac{dy}{dx}$를 구하여라.

(1) $y = \csc x$

(2) $y = \sinh x$ (단, $\sinh x = \frac{e^x - e^{-x}}{2}$)

(3) $y = \cosh x$ (단, $\cosh x = \frac{e^x + e^{-x}}{2}$)

(4) $y = \ln(x^2 - 1)$

(5) $y = \ln\frac{(x+1)^2}{x^3}$

(6) $y = e^x + \log_5 x^2$

2 로피탈의 정리를 이용하여 다음 극한을 구하여라.

로피탈의 정리 : $f(0)=g(0)=0$이고 $f'(0)$, $g'(0)$이 존재하면, $\lim_{x\to 0}\frac{f(x)}{g(x)}=\lim_{x\to 0}\frac{f'(x)}{g'(x)}$가 성립한다.

(1) $\lim_{x\to 0}\frac{\sin x}{x}$

(2) $\lim_{x\to 0}\frac{\tan x}{\sin x}$

(3) $\lim_{x\to 0}\frac{e^x-1}{x}$

(4) $\lim_{x\to 0}\frac{\cos x-1}{\sin x}$

3 다음 각 곡선의 접선의 방정식을 구하여라.

(1) $y=xe^{2x}$; $x=1$

(2) $y=\ln x^2$; $x=e$

4 다음 함수의 그래프가 수평접선을 갖는 x값을 구하여라.

(1) $f(x)=\frac{\sec x}{1+\tan x}$

(2) $f(x)=e^x\sin x$

5 $y=Ax\cos x+Bx\sin x$가 방정식 $y''+y=\sin x$를 만족할 때 상수 A와 B의 값을 구하여라.

6 용수철 운동하는 물체의 위치함수가 $f(t)=3\cos t$로 주어질 때, 이 물체의 속도함수와 가속도함수를 구하여라.

7 도함수의 정의를 이용하여 극한 $\lim_{x\to 2}\frac{\ln x-\ln 2}{x^2-4}$를 구하여라.

8 다음 곡선에서 $x=a$일 때의 접선의 방정식이 원점을 지난다고 할 때 상수 a의 값을 구하여라.

(1) $y=\ln x$

(2) $y=e^x$

9 다음 함수 $f(x)$가 $x=1$에서 미분가능할 때 $a+b$의 값을 구하여라.

$$f(x)=\begin{cases}2\ln x+ax, & 0<x\le 1\\ b\sin\pi x+2x-3, & x>1\end{cases}$$

11.2 연쇄법칙과 음함수의 미분

미분의 연쇄법칙은 합성함수 $F(x) = (g \circ f)(x)$를 미분하는 방법을 알려준다. 연쇄법칙을 제시하기 전에 연쇄법칙이 어떤 모양이 되어야 할지 잠시 생각해보자. $y = g(t)$ 그리고 $t = f(x)$라고 하고 두 함수 모두 미분가능한 함수라고 하자. 이때 $y = g(f(x))$의 $x = a$에서 미분계수를 구하고자 한다. $b = f(a)$라고 하면 $y'(x = a) = g'(b)$라고 생각하기 쉽다. 그러나 $f(x) = 2x$ 그리고 $y = 2t$인 경우를 생각하면 y의 $x = 1$에서 미분계수는 2가 아니라 4이므로 이는 잘못된 추측이다.

미분의 정의를 이용하여 써보면 $\frac{dy}{dx} = \lim_{\Delta x \to 0} \frac{\Delta y}{\Delta x}$이므로 $\frac{\Delta y}{\Delta x} = \frac{\Delta y}{\Delta t} \frac{\Delta t}{\Delta x}$이고 t가 미분가능한 함수이므로 $\Delta x \to 0$이면 $\Delta t \to 0$이 된다. 따라서

$$\frac{dy}{dx} = \frac{dy}{dt} \frac{dt}{dx}$$

가 되어야 한다고 추측할 수 있다. (물론 Δt가 0인 경우에는 Δt로 나눌 수 없으므로 이는 엄밀한 증명이 아니다.) 엄밀한 증명은 생략하지만 일반적인 경우에도 위와 같이 $\frac{dy}{dx} = \frac{dy}{dt} \frac{dt}{dx}$가 성립함이 알려져 있고, 이를 **미분의 연쇄법칙**이라고 부른다.

정리 11.14(미분의 연쇄법칙)

$F(x) = (g \circ f)(x) = g(f(x))$이고 $f'(x)$와 $g'(f(x))$가 존재하면

$$\frac{d}{dx} F(x) = g'(f(x)) f'(x)$$

가 된다. 또는 $y = g(t)$와 $t = f(x)$가 미분가능하면

$$\frac{dy}{dx} = \frac{dy}{dt} \frac{dt}{dx}$$

이다.

예제 11.7_ 연쇄법칙을 이용하여 다음 함수의 도함수를 구하여라.

(1) $y = \sin x^2$　　　　(2) $y = (x^2+1)^3$

풀이 (1) $t = x^2$이라고 하면 연쇄법칙에 의해서

$$\frac{dy}{dx} = \frac{dy}{dt}\frac{dt}{dx} = \cos t \cdot 2x = 2x\cos x^2$$

(2) $t = x^2+1$이라고 하면 연쇄법칙에 의해서

$$\frac{dy}{dx} = \frac{dy}{dt}\frac{dt}{dx} = 3t^2 \cdot (2x) = 6x(x^2+1)^2$$

문제 11.7 연쇄법칙을 이용하여 다음 함수의 도함수를 구하여라.

(1) $y = \tan x^3$　　　　(2) $y = x e^{x^2}$　　　　(3) $y = \sin(\cos x)$ ◀

지금까지 우리가 공부한 함수들은 $y = f(x)$꼴로 표현된 함수(이러한 함수를 **양함수**라고도 부른다.)들의 미분법에 대해서 공부했다. 그러나 어떠한 경우에는 양함수 표현보다는 $F(x, y) = 0$의 형태로 곡선을 표현하는 것이 더 쉽다. 예를 들어, 원의 방정식 $x^2+y^2=1$의 경우 $y = f(x)$ 형태의 양함수로 표현하기 위해서는

$$y = \sqrt{1-x^2}\ (\text{위쪽 반원})\text{과}\quad y = -\sqrt{1-x^2}\ (\text{아래쪽 반원})$$

과 같이 두 개의 양함수가 필요하다.

더욱이 $y^5 + 3xy^4 + 5x^4y^3 + xy + 6 = 0$ 과 같이 표시되는 곡선은 양함수 표현을 찾을 수가 없다. (5차 이상의 방정식의 근의 공식이 없다는 사실은 노르웨이의 수학자 아벨이 증명했다.) 이상에서 살펴보았듯이 $F(x, y) = 0$의 형태로 표시된 방정식을 양함수로 표시하는 것은 때로는 어려울 수도 있다. 이러한 경우에 우리는 y를 x의 음함수라고 한다. 이때 $\frac{dy}{dx}$를 양함수 표현을 찾지 않고서 구할 수 있는데, 이러한 미분법을 음함수 미분법이라고 한다.

예를 들어, 원의 방정식 $x^2+y^2=1$에서 $\frac{dy}{dx}$를 구해보자. y가 x에 대한 함수라는 사실을 유념해서 양변을 x로 미분하면,

$$\frac{d}{dx}(x^2) + \frac{d}{dx}(y^2) = \frac{d}{dx}(1)$$

이고 연쇄법칙에 의해서

$$\frac{d}{dx}(y^2) = 2y\frac{dy}{dx}$$

이므로

$$2x + 2y\frac{dy}{dx} = 0, \text{ 즉 } \frac{dy}{dx} = -\frac{x}{y} \quad (\text{단, } y \neq 0)$$

임을 알 수 있다.

참고

그래프에서 $y=0$일 때는 수직접선을 가짐을 쉽게 확인할 수 있다.

예제 11.8_ $x^2 + y^2 = 1$ 위의 점 $(x_0,\ y_0)$(단, $y_0 \neq 0$)에서 접선의 방정식을 구하여라.

풀이 위에서 $\frac{dy}{dx} = -\frac{x}{y}$ 임을 안다. 따라서 점 $(x_0,\ y_0)$에서 접선의 방정식은

$$y - y_0 = -\frac{x_0}{y_0}(x - x_0)$$

이다. 양변에 y_0를 곱하면 $x_0x + y_0y = x_0^2 + y_0^2 = 1$이 구하는 접선의 방정식이다.

참고

사실 위 접선의 방정식은 $y_0 = 0$인 경우에도 성립한다.

문제 11.8 타원 $\frac{x^2}{9} + \frac{y^2}{4} = 1$ 위의 점 $(x_0,\ y_0)$에서 접선의 방정식을 구하여라. ◀

예제 11.9_ 곡선 $x^3 + 6xy + y^2 = 8$ 위의 점 $(1,\ 1)$에서 접선의 기울기를 구하여라.

풀이 양변을 x로 미분하면

$$3x^2 + 6y + 6x\frac{dy}{dx} + 2y\frac{dy}{dx} = 0$$

이므로

$$\frac{dy}{dx} = -\frac{3x^2+6y}{6x+2y}$$

이다. 따라서 $x=y=1$을 대입하면 점 $(1, 1)$에서 접선의 기울기(미분계수)가 $-\frac{9}{8}$ 임을 알 수 있다.

문제 11.9 곡선 $4x^2+9y^2=1$ 위의 점 $\left(\frac{1}{\sqrt{13}}, \frac{1}{\sqrt{13}}\right)$에서 접선의 기울기를 구하여라.

◀

음함수의 미분법을 사용하여 아래와 같이 역함수의 도함수를 구할 수 있다.

예제 11.10_ $y=\tan x$의 역함수 $y=\arctan x$는 실수 전체에서 정의된 함수이다.

$$\frac{d}{dx}\arctan x = \frac{1}{x^2+1}$$

임을 증명하여라.

풀이 $y=\arctan x$라고 하면 $x=\tan y$이다. $x=\tan y$의 양변을 x로 미분하면

$$\frac{dx}{dx} = \sec^2 y\,\frac{dy}{dx}$$

가 되고, 따라서

$$\frac{dy}{dx} = \frac{1}{\sec^2 y} = \frac{1}{1+\tan^2 y} = \frac{1}{1+x^2}$$

이 된다.

문제 11.10 $y=\sin x$의 역함수 $y=\arcsin x$에 대해서

$$\frac{d}{dx}\arcsin x = \frac{1}{\sqrt{1-x^2}}$$

이 됨을 증명하여라.

◀

11.2 연습문제

1 다음 함수에 대해서 $\frac{dy}{dx}$를 구하여라.

(1) $y=(x^3+2x^2-1)^5$

(2) $y=(1-x^2)^4$

(3) $\sin(\tan x)$

(4) $e^{\sin x}$

(5) $\ln(x^2+1)$

(6) $\arctan(x^2)$

(7) $\cos(e^{x^2})$

(8) $y=e^{2x}\sin 3x$

(9) $y=10^{x^2-1}$

(10) $y=e^{x\sin 2x}$

(11) $y=\ln(x+\sqrt{1+x^2})$

(12) $y=\ln|\sec x+\tan x|$

2 곡선 $x^3+y^3=3xy$ 위의 점 $(x_0,\ y_0)$에서 접선의 방정식을 구하여라. (단, $x_0\neq 0,\ y_0\neq 0,\ x_0\neq y_0^2$)

3 십자로 교차하는 기차레일 위에 두 기차 A, B가 있다. A 기차는 두 레일의 교차 지점에 있고, B 기차는 A 기차로부터 동쪽으로 500m 떨어진 지점에 있다고 하자. 교차점에서 출발한 A 기차가 북쪽으로 5m/s의 속력으로 움직이고 두 기차가 길이 500m인 체인으로 연결되어 있다고 할 때 A 기차가 원점으로부터 300m 떨어진 순간 B기차의 속력을 구하여라.

4 다음 함수의 도함수를 구하여라. (도움말 : 양변에 자연로그를 취해서 미분한다.)

(1) $y=\dfrac{(1+x^4)^3}{\sqrt{1+x^2}}(1-x^3)^2$

(2) $y=x^x$

(3) $y=x^{\sqrt{x}}$

(4) $x^y=y^x$

5 $F(x)=f(g(x))$이고 $f'(3)=4,\ g(1)=3,\ g'(1)=-2$일 때 $F'(1)$을 구하여라.

6 x에 관한 함수 $u(x)$에 대하여 $f(x)=\ln|u(x)|$일 때 $f'(x)$를 구하여라.

7 (1) $f(x)$가 기함수, 즉 $f(-x)=-f(x)$일 때 $f'(x)$는 기함수인지 우함수인지 밝혀라.

(2) $f(x)$가 우함수, 즉 $f(-x)=f(x)$일 때 $f'(x)$는 기함수인지 우함수인지 밝혀라.

11.3 여러 가지 적분법

이 절에서는 치환적분과 부분적분에 대해서 알아보고 이를 이용하여 초월함수를 포함한 여러 가지 함수들을 적분하는 방법에 대해서 알아볼 것이다.

먼저 치환적분에 대해서 살펴보자. 연쇄법칙에 의해 $f(g(x))$의 미분은 $f'(g(x))g'(x)$이므로

$$\int f'(g(x))g'(x)\,dx = f(g(x)) + C$$

가 된다. 여기서 $u = g(x)$라고 하면

$$\int f'(g(x))g'(x)\,dx = \int f'(u)\,du = f(u) + C = f(g(x)) + C$$

임을 알 수 있다.

예를 들어, $\int x\sqrt{x^2+1}\,dx$는 $u = x^2+1$이라고 놓으면 $du = 2x\,dx$이므로

$$\int x\sqrt{x^2+1}\,dx = \int \sqrt{u}\,\frac{du}{2} = \frac{1}{3}u^{3/2} + C = \frac{1}{3}(x^2+1)^{3/2} + C$$

가 된다.

예제 11.11_ 다음 부정적분을 구하여라.

(1) $\int x e^{x^2}\,dx$ (2) $\int x^2(1+10x^3)^2\,dx$

풀이 (1) $u = x^2$이라고 놓으면 $du = 2x\,dx$이므로 주어진 적분은

$$\int x e^{x^2}\,dx = \frac{1}{2}\int e^u\,du = \frac{1}{2}e^u + C = \frac{1}{2}e^{x^2} + C$$

가 된다.

(2) $u = 1+10x^3$이라고 하면 $du = 30x^2\,dx$이므로

$$\int x^2(1+10x^3)^2\,dx = \frac{1}{30}\int u^2\,du = \frac{1}{90}(1+10x^3)^3 + C$$

가 된다.

문제 11.11 다음 부정적분을 구하여라.

(1) $\int x\sqrt{1+x^2}\,dx$ (2) $\int \sin^2 x\cos x\,dx$ ◀

다음으로 부분적분법에 대해서 살펴보자. 9.4절에서 우리는 두 함수의 곱을 어떻게 미분하는지 배웠다. 즉, $\frac{d}{dx}(f(x)g(x))=f'(x)g(x)+f(x)g'(x)$임을 안다. 양변을 적분하면

$$f(x)g(x)=\int f'(x)g(x)\,dx+\int f(x)g'(x)\,dx$$

가 된다. 따라서,

$$\int f'(x)g(x)\,dx=f(x)g(x)-\int f(x)g'(x)\,dx$$

임을 알 수 있다.

이 적분 방법은 $f'(x)g(x)$의 적분보다 $f(x)g'(x)$의 적분이 더 쉬운 경우에 매우 유용하다. 이와 같이 적분하는 방법을 **부분적분법**이라고 한다.

예를 들어, $\int x\sin x\,dx$를 구해보자.

$$f'(x)=\sin x,\quad g(x)=x$$

라고 하면

$$f(x)=-\cos x,\quad g'(x)=1$$

이므로 부분적분법을 이용하면,

$$\begin{aligned}\int x\sin x\,dx&=-x\cos x+\int\cos x\,dx\\&=-x\cos x+\sin x+C\end{aligned}$$

임을 알 수 있다.

부분적분법을 $u=f(x)$, $v=g(x)$로 치환해서 다음 형태로 나타내기도 한다.

$$\int u\,dv=uv-\int v\,du$$

예제 11.12_ $\int \ln x\,dx$를 구하여라.

풀이 $\int \ln x\,dx = \int 1 \cdot \ln x\,dx$ 이고,

$$u = \ln x,\ dv = dx$$

로 치환하면,

$$du = \frac{1}{x}\,dx,\ v = x$$

이므로 부분적분법에 의해서

$$\int \ln x\,dx = x\ln x - \int 1\,dx = x\ln x - x + C$$

임을 알 수 있다.

문제 11.12 다음 적분들을 부분적분법을 이용하여 계산하여라.

(1) $\int x^2 \cos 2x\,dx$　　　(2) $\int x e^{-x}\,dx$ ◀

부분적분법은 부정적분뿐만 아니라 정적분의 경우에도 성립한다. 즉,

$$\int_a^b f'(x)g(x)\,dx = [f(x)g(x)]_a^b - \int_a^b f(x)g'(x)\,dx$$

이다.

예제 11.13_ 정적분 $\int_0^1 x(1+x)^3\,dx$를 구하여라.

풀이 $u = x,\ dv = (1+x)^3\,dx$라고 치환하면 $du = dx,\ v = \frac{1}{4}(1+x)^4$ 이므로 부분적분법에 의해서

$$\int_0^1 x(1+x)^3\,dx = \left[\frac{x}{4}(1+x)^4\right]_0^1 - \frac{1}{4}\int_0^1 (1+x)^4\,dx$$

$$= 4 - \left[\frac{(1+x)^5}{20}\right]_0^1 = \frac{49}{20}$$

가 됨을 알 수 있다.

문제 11.13 다음 정적분을 부분적분법을 사용하여 계산하여라.

(1) $\int_1^5 \ln 5x \, dx$ (2) $\int_1^e (\ln x)^2 \, dx$ ◀

11.3 연습문제

1 다음 적분을 계산하여라.

(1) $\int \sqrt{5x+1} \, dx$ (2) $\int \frac{\ln x}{x} \, dx$

(3) $\int_0^2 x \ln x$ (4) $\int x e^{3x} \, dx$

(5) $\int \cos x \ln(\sin x) \, dx$ (6) $\int \cos^2 x \, dx$

(7) $\int \sin^3 x \, dx$ (8) $\int \sec x \, dx$

(9) $\int \frac{1}{\sqrt{x}(\sqrt{x}+1)} \, dx$ (10) $\int \frac{\cos\sqrt{x}}{\sqrt{x}} \, dx$

(11) $\int \tan x \, dx$ (12) $\int \frac{(\tan^{-1} x)^2}{1+x^2} \, dx$

(13) $\int \tan^{-1} x \, dx$ (14) $\int e^x \sin x \, dx$

2 다음 유리함수들을 적분하여라.

(도움말 : 부분분수로 변환하여 적분하여라.)

(1) $\int \frac{1}{x^2-4} \, dx$ (2) $\int \frac{1}{(x+1)^2(x-2)} dx$

(3) $\int \frac{x^2+1}{x+1} dx$

3 다음 정적분을 계산하여라.

(1) $\int_0^1 \sqrt{1-x^2} \, dx$ (도움말 : $x = \sin t$로 치환)

(2) $\int_{1/2}^1 \frac{dx}{x\sqrt{2x-x^2}}$ (도움말 : $u = \frac{1}{x}$로 치환)

(3) $\int_{1}^{2} \frac{x}{\sqrt{3-x}} dx$

4 다음 방정식의 그래프로 둘러싸인 영역의 넓이를 구하여라.

(1) $y = xe^{-x^2}$, $y = 0$, $x = 0$, $x = 1$

(2) $y = \frac{(\ln x)^2}{x}$, $y = 0$, $x = 1$, $x = e^2$

(3) $y = \cos\sqrt{x}$, $y = 0$, $x = 0$, $x = \frac{\pi^2}{4}$

(4) $y = x^2 e^x$, $y = xe^x$

5 f가 연속함수이고 $\int_0^4 f(x)dx = 10$일 때 $\int_0^2 xf(x^2)dx$를 계산하여라.

6 (1) $f(x)$가 연속함수이면 임의의 상수 a에 대하여 다음식이 성립함을 보여라.

$$\int_0^a \frac{f(x)}{f(x)+f(a-x)} dx = \int_0^a \frac{f(a-x)}{f(x)+f(a-x)} dx$$

(2) (1)의 결과를 이용하여 정적분 $\int_0^{\pi/2} \frac{\sin x}{\sin x + \cos x} dx$를 계산하여라.

7 함수 $f(x)$가 구간 $[0, \pi]$에서 연속일 때 $u = \pi - x$라 치환하여 다음 식이 성립함을 보여라.

$$\int_0^\pi xf(\sin x)dx = \frac{\pi}{2}\int_0^\pi f(\sin x)dx$$

8 곡선 $y = x\sqrt{\sin x}$와 직선 $y = 0$, $x = 0$, $x = \pi$로 둘러싸인 영역을 x축으로 회전했을 때 생기는 입체의 부피를 구하여라.

9 곡선 $y = \ln x$와 직선 $y = 0$, $x = e$로 둘러싸인 영역에 대하여 다음을 구하여라.

(1) 넓이

(2) x축으로 회전했을 때 생기는 입체의 부피

(3) y축으로 회전했을 때 생기는 입체의 부피

Chapter 12

행렬

12.1 행렬의 정의와 연산

12.2 일차변환

12.3 역행렬과 행렬식

12.1 행렬의 정의와 연산

인터넷에서 원하는 자료를 찾을 때, 검색엔진에서 키워드 검색 기능을 활용해 본 적이 있을 것이다. 검색어를 포함하고 있는 수많은 웹페이지 중 사용자가 원하는 웹페이지를 선별해서 보여주기 위해서는 수학 모델을 사용한다. 혹은 패턴 인식이나 인공지능 기술을 위한 기계 학습에서도 수학 모델이 중요하다. 이러한 모델에서 행렬 연산이 핵심적인 역할을 수행한다. 4차 산업혁명 시대를 맞아서 행렬의 중요성이 점차 증대될 것으로 예상된다.

행렬(matrix)이란 실수를 아래와 같이 직사각형 모양으로 배열해 놓은 것이다.

$$M=\begin{pmatrix} a_{11} & a_{12} & \cdots & a_{1n} \\ a_{21} & a_{22} & \cdots & a_{2n} \\ \cdot & \cdot & \cdots & \cdot \\ \cdot & \cdot & \cdots & \cdot \\ \cdot & \cdot & \cdots & \cdot \\ a_{m1} & a_{m2} & \cdots & a_{mn} \end{pmatrix}$$

정사각형 형태로 배열된 수들 중 하나의 가로 줄에 있는 수들을 **행**(row), 하나의 세로 줄에 있는 수들을 **열**(column)이라고 부른다. 위와 같은 행렬은 m개의 행과 n개의 열로 이루어져 있다. 이와 같은 경우 $m\times n$ 행렬이라고 부른다. 특별히 $m=n$인 행렬을 n차 **정사각행렬**이라고 한다. 예를 들어,

$$A=\begin{pmatrix} 1 & 2 \\ 3 & 4 \end{pmatrix},\quad B=(5\ \ 6),\quad C=\begin{pmatrix} 1 & 2 & 3 \\ 4 & 5 & 6 \end{pmatrix}$$

에서 A는 2×2 행렬 (혹은 2차 정사각행렬), B는 1×2 행렬, C는 2×3 행렬이다. 행렬에 등장하는 각각의 수들을 **성분**이라고 한다. 행렬의 성분을 나타낼 때는 행과 열을 이용해서 위치를 특정하는 방법을 이용한다. 예를 들어, 위에서 A행렬의 2행 2열 성분은 4이다. 행렬을 표시할 때는 보통 영문 대문자로, 행렬의 성분은 영문 소문자로 표시한다. 행렬 A의 i행 j열 성분은 a_{ij}와 같이 나타낸다.

자리를 아끼고 싶을 때는 모든 성분을 나열하는 대신

$$A=(a_{ij})_{1\le i\le m,1\le j\le n}$$

와 같이 표기한다. A행렬의 행의 개수와 열의 개수를 알고 있는 경우는 간단히

$$A=(a_{ij})$$

와 같이 나타낼 수도 있다.

정의 12.1

두 행렬 A와 B에 대해서, 두 행렬 A, B의 행의 개수와 열의 개수가 같고, 같은 위치에 있는 성분이 모두 같으면 두 행렬이 같다고 하고, $A=B$로 표시한다.

예제 12.1_ 행렬 A, B가

$$A=\begin{pmatrix}1 & 2\\ a & 4\end{pmatrix},\ B=\begin{pmatrix}1 & 2\\ 3 & b\end{pmatrix}$$

이고 $A=B$일 때 $a+b$의 값을 구하여라.

풀이 A행렬의 2행 1열 성분과 B행렬의 2행 1열 성분이 같아야 하므로 $a=3$이다. 마찬가지로 A행렬의 2행 2열 성분과 B행렬의 2행 2열 성분이 같아야 하므로 $b=4$이다. 따라서 $a+b=7$이다.

문제 12.1 행렬

$$A=\begin{pmatrix}1 & 2\\ 3 & 4\end{pmatrix},\ B=\begin{pmatrix}x^2 & x+1\\ 3 & 4\end{pmatrix}$$

에서 $A=B$일 때 x를 구하여라. ◀

이제 행렬의 연산을 정의하기로 하자. 먼저 두 행렬의 덧셈과 실수곱을 정의하기로 한다.

정의 12.2

두 $m\times n$ 행렬 $A=(a_{ij})$, $B=(b_{ij})$에 대해서, 두 행렬의 합 $A+B$는

$$A+B=(a_{ij}+b_{ij})$$

로 정의된 $m\times n$ 행렬이다. 또한 실수 c에 대해서 실수 c와 행렬 $A=(a_{ij})$의 곱 cA는

$$cA:=(ca_{ij})$$

로 정의된 $m\times n$ 행렬이다.

다음 예제와 문제를 통해서 행렬의 덧셈과 실수곱 연산에 익숙해지기를 바란다.

예제 12.2_ 행렬 A, B, C가

$$A=\begin{pmatrix}1&2\\3&4\end{pmatrix},\ B=\begin{pmatrix}4&3\\2&1\end{pmatrix},\ C=\begin{pmatrix}0&1\\1&0\end{pmatrix}$$

로 정의되었을 때, $A+B$, $3C$, $A+2C$를 구하여라.

풀이 $A+B$를 계산하기 위해서는 같은 위치에 있는 성분끼리 더하면 된다. 따라서

$$A+B=\begin{pmatrix}1+4&2+3\\3+2&4+1\end{pmatrix}=\begin{pmatrix}5&5\\5&5\end{pmatrix}$$

이다. $3C$를 구하기 위해서는 모든 성분에 3을 곱하면 된다. 즉,

$$3C=\begin{pmatrix}3\times0&3\times1\\3\times1&3\times0\end{pmatrix}=\begin{pmatrix}0&3\\3&0\end{pmatrix}$$

이다. 마지막으로

$$A+2C=\begin{pmatrix}1&2\\3&4\end{pmatrix}+\begin{pmatrix}0&2\\2&0\end{pmatrix}=\begin{pmatrix}1&4\\5&4\end{pmatrix}$$

이다.

문제 12.2 행렬 A, B, C가

$$A=\begin{pmatrix}1&1\\2&2\end{pmatrix},\ B=\begin{pmatrix}-1&2\\-2&1\end{pmatrix},\ C=\begin{pmatrix}1&0\\0&1\end{pmatrix}$$

로 정의되었을 때, $A+2B+3C$를 구하여라. ◀

실수의 덧셈에서 0이 중요한 역할을 수행하는 것과 마찬가지로 행렬의 덧셈 연산에서는 모든 성분이 0인 행렬이 중요하다. 모든 성분이 0인 행렬을 $\boldsymbol{O}$행렬이라고 부른다. 예컨대, 3×3 $\boldsymbol{O}$행렬은

$$\boldsymbol{O}=\begin{pmatrix}0&0&0\\0&0&0\\0&0&0\end{pmatrix}$$

이다. 다음은 행렬의 덧셈과 실수곱 연산에 대한 기본적인 성질로, 행렬 연산에서도 실수의 덧셈과 곱셈에서 성립하는 사실이 모두 성립한다는 것을 보여준다.

정리 12.3

행렬 A, B, C가 $m \times n$ 행렬이고, $\boldsymbol{O}$이 $m \times n$행렬, c, d가 실수일 때 다음이 성립한다.

(1) $A+B=B+A$

(2) $A+(B+C)=(A+B)+C$

(3) $A+\boldsymbol{O}=A$

(4) $A+(-A)=\boldsymbol{O}$

(5) $1 \cdot A=A$

(6) $(cd)A=c(dA)$

(7) $(c+d)A=cA+dA$

(8) $c(A+B)=cA+cB$

이제 두 행렬을 곱하는 방법에 대해서 살펴볼 것이다. 앞에서 정의한 행렬의 덧셈이 같은 위치에 있는 성분끼리 더하는 것임을 고려하면, 곱셈 역시 같은 위치에 있는 성분을 곱하는 것으로 정의하는 것이 자연스럽게 보일지도 모르겠다. 그러나 두 행렬의 곱셈의 정의는 처음 보기에는 다소 복잡한 방식으로 정의된다. 일견 보기에는 부자연스러워 보이지만, 행렬의 유용성의 대부분은 사실 이 곱셈의 정의로부터 기인한다. 이후의 절에서 행렬 곱셈을 이러한 방식으로 정의하는 이유의 일부를 배울 것이다.

정의 12.4

$m \times n$ 행렬 A와 $n \times p$ 행렬 B의 곱셈은 $AB=(c_{ij})$는

$$C_{ij}=\sum_{k=1}^{n} a_{ik}b_{kj}$$

로 정의된 $m \times p$ 행렬이다.

행렬 곱셈

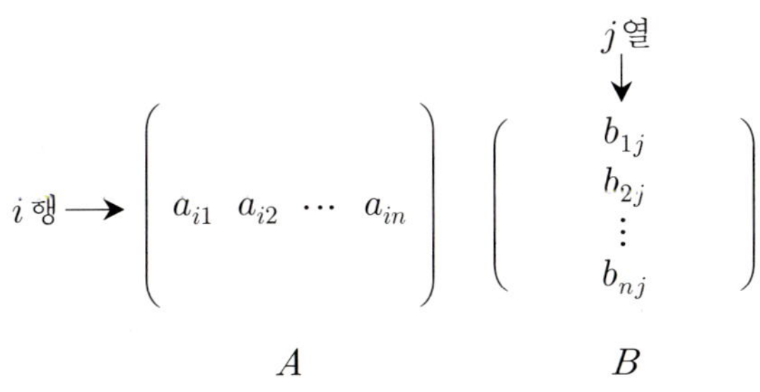

$$c_{ij}=a_{i1}b_{1j}+a_{i2}b_{2j}+\cdots+a_{\in}b_{nj}$$

참고

두 행렬을 더할 때는 두 행렬의 행과 열의 개수가 모두 같아야 했던 반면, 두 행렬 A, B를 곱해서 AB 행렬을 얻을 때는 A행렬의 열의 개수와 B행렬의 행의 개수가 일치하면 된다. 따라서 AB가 정의되어도, BA는 정의가 되지 않을 수도 있다. A가 2×3, B가 3×3행렬이라면 AB는 2×3행렬이지만, BA는 정의되지 않는다.

예제 12.3_ 다음 행렬

$$A=\begin{pmatrix}1 & -1\\0 & 1\end{pmatrix},\ B=\begin{pmatrix}2 & 5\\1 & 3\end{pmatrix}$$

에 대해서 AB와 BA를 구하여라.

풀이 행렬 곱셈의 정의에 의해서

$$AB=\begin{pmatrix}1 & -1\\0 & 1\end{pmatrix}\begin{pmatrix}2 & 5\\1 & 3\end{pmatrix}=\begin{pmatrix}1\times2+(-1)\times1 & 1\times5+(-1)\times3\\0\times2+1\times1 & 0\times5+1\times3\end{pmatrix}=\begin{pmatrix}1 & 2\\1 & 3\end{pmatrix}$$

이고

$$BA=\begin{pmatrix}2 & 5\\1 & 3\end{pmatrix}\begin{pmatrix}1 & -1\\0 & 1\end{pmatrix}=\begin{pmatrix}2\times1+5\times0 & 2\times(-1)+5\times1\\1\times1+3\times0 & 1\times(-1)+3\times1\end{pmatrix}=\begin{pmatrix}2 & 3\\1 & 2\end{pmatrix}$$

이다.

위 예제는 $AB=BA$가 일반적으로 성립하지 않음을 보여준다.

문제 12.3 다음 행렬

$$A=\begin{pmatrix}1 & -1 & 1\\0 & 1 & 2\\-1 & 2 & 3\end{pmatrix},\ B=\begin{pmatrix}2 & 5 & 1\\1 & 3 & 1\\0 & 0 & 3\end{pmatrix}$$

에 대해서 AB와 BA를 구하여라. ◀

n차 정사각행렬의 성분 a_{ij} 중에서 $i=j$가 같은 성분, 즉 a_{11}, a_{22}, $\cdots$, a_{nn}을 행렬의 (주)**대각성분**이라고 부른다. 특히 대각성분이 모두 1이고 그 외의 성분은 0인 행렬을 **항등행렬** 혹은 **단위행렬**이라고 부르고 I_n과 같이 표시한다. 또한 실수의 거듭제곱과 마찬가지로, n이 자연수일 때 $A^n=A\cdot A\cdots A$는 A가 n번 곱해졌음을 뜻한다.

다음은 행렬의 곱셈에 관한 기본적인 성질이다.

정리 12.5

행렬 A, B, C와 실수 k에 대하여 다음이 성립한다.(단, 행렬 A, B, C의 크기(행의 개수와 열의 개수)는 아래 연산이 잘 정의되도록 하였다.)

(1) $(AB)C = A(BC)$

(2) $A(B+C) = AB + AC$ 그리고 $(A+B)C = AC + BC$

(3) $k(AB) = (kA)B = A(kB)$

(4) $AO = OA = O$

(5) $AI_n = A$ 그리고 $I_m A = A$

예제 12.4_ 행렬

$$A = \begin{pmatrix} 1 & 1 \\ 0 & 1 \end{pmatrix},\ B = \begin{pmatrix} 1 & x \\ y & 1 \end{pmatrix}$$

에 대해서 $AB = I_2$일 때 $x + y$를 구하여라.

풀이 행렬 곱셈과 항등행렬 I_2의 정의에 의해서

$$AB = \begin{pmatrix} y+1 & x+1 \\ y & 1 \end{pmatrix} = \begin{pmatrix} 1 & 0 \\ 0 & 1 \end{pmatrix}$$

이므로 $x = -1$, $y = 0$을 얻는다. 따라서 $x + y = -1$이다.

문제 12.4 행렬

$$A = \begin{pmatrix} 2 & 1 \\ 1 & 1 \end{pmatrix},\ B = \begin{pmatrix} 1 & x \\ y & 2 \end{pmatrix}$$

에 대해서 $AB = I_2$일 때 $x + y$를 구하여라. ◀

12.1 연습문제

1 두 행렬

$$A=\begin{pmatrix} 0 & 0 & 1 \\ -8 & 3 & -1 \end{pmatrix},\ B=\begin{pmatrix} 1 & 1 & -1 \\ 0 & 1 & 2 \end{pmatrix}$$

에 대하여, $A-2B$를 구하여라.

2 두 행렬

$$A=\begin{pmatrix} 0 & -7 & -2 \\ 1 & 1 & -4 \end{pmatrix},\ B=\begin{pmatrix} -1 & 1 \\ 2 & -24 \\ 0 & -1 \end{pmatrix}$$

에 대하여, AB를 구하여라.

3 행렬 $A=\begin{pmatrix} 1 & 1 \\ 0 & 1 \end{pmatrix}$일 때 A^n을 구하여라.

4 다음을 만족하는 2차 정사각행렬 X를 구하여라.

$$X-2\begin{pmatrix} 1 & 2 \\ 3 & 4 \end{pmatrix}=I_2$$

5 다음을 만족하는 2차 정사각행렬 X를 구하여라.(단, Y 역시 2차 정사각행렬이다.)

$$X+Y=I_2,\quad X-Y=\begin{pmatrix} 1 & 2 \\ 4 & 3 \end{pmatrix}$$

6 행렬 $A=\begin{pmatrix} 1 & 3 \\ 2 & 7 \end{pmatrix}$에 대해서, $A^2=kA-I_2$를 만족하는 k를 구하여라.

7 행렬 $A=\begin{pmatrix} 1 & 3 \\ 2 & 7 \end{pmatrix}$에 대해서, A^3과 A^4을 구하여라.(힌트: 위의 문제를 이용하면, 계산에 필요한 시간을 줄일 수 있다.)

8 두 행렬

$$A=\begin{pmatrix}1 & 2\\ 2 & 1\end{pmatrix},\ B=\begin{pmatrix}1 & x\\ 3 & 1\end{pmatrix}$$

이 $AB=BA$를 만족할 때 x를 구하여라.

9 두 행렬

$$A=\begin{pmatrix}1 & 2\\ 2 & 1\end{pmatrix},\ B=\begin{pmatrix}1 & x\\ y & 1\end{pmatrix}$$

이 $AB=BA$를 만족할 때 y^2-x+1의 최솟값을 구하여라.

10 2차 정사각행렬 A가

$$A^2=\begin{pmatrix}0 & 2\\ -2 & 0\end{pmatrix},\ A^3=\begin{pmatrix}-2 & 2\\ -2 & -2\end{pmatrix}$$

을 만족할 때 A를 구하여라.

12.2 일차변환

컴퓨터 프로그램에서 그림을 회전시키는 경우를 생각해보자. 원래 그림에 포함되어 있는 점이 그림을 회전시킨 후 옮겨진 위치를 알 필요가 있을 것이다. 이러한 경우 필요한 것이 일차변환의 일종인 회전변환이다. 우리는 평면에서 평면으로의 일차변환만을 공부할 예정이다. 보다 일반적인 일차변환에 대해서는 공학수학이나 선형대수학 시간에 배울 수 있을 것이다.

변환(transformation)이란 평면 위의 한 점을 다른 점에 대응시키는 함수이다. 변환 $T: \mathbb{R}^2 \to \mathbb{R}^2$이 **일차변환**이라는 것은 평면 위의 점 (x, y)를 $(ax+by, cx+dy)$(단, a, b, c, d는 실수)와 같이 정의된 변환을 뜻한다. 여기서 '일차'란 옮겨간 점의 식이 x와 y에 대한 일차식이라는 의미이다. 일차변환을 공부할 때는 일차변환을 행렬로 표시하는 것이 편하다. 이를 위해서 필요한 경우 평면 $\mathbb{R}^2$ 상에 있는 점 (x, y)를 $\begin{pmatrix} x \\ y \end{pmatrix}$로 표시할 것이다. 그러면 일차변환

$$T(x, y) = (ax+by, cx+dy)$$

는 행렬을 이용하여

$$T\begin{pmatrix} x \\ y \end{pmatrix} = \begin{pmatrix} a & b \\ c & d \end{pmatrix}\begin{pmatrix} x \\ y \end{pmatrix}$$

으로 나타낼 수 있다. 행렬 $A = \begin{pmatrix} a & b \\ c & d \end{pmatrix}$이라고 하고, $\mathbf{x} = \begin{pmatrix} x \\ y \end{pmatrix}$이라고 하면

$$T\mathbf{x} = A\mathbf{x}$$

로 간단히 나타낼 수도 있다.

예제 12.5_ 행렬 $A = \begin{pmatrix} 1 & 1 \\ 1 & -1 \end{pmatrix}$일 때 $T\mathbf{x} = A\mathbf{x}$로 정의된 일차변환 T에 대해서 $T\begin{pmatrix} 1 \\ 1 \end{pmatrix}$을 구하여라.

풀이 일차변환 T의 정의에 의해서

$$T\begin{pmatrix} 1 \\ 1 \end{pmatrix} = \begin{pmatrix} 1 & 1 \\ 1 & -1 \end{pmatrix}\begin{pmatrix} 1 \\ 1 \end{pmatrix} = \begin{pmatrix} 2 \\ 0 \end{pmatrix}$$

이다.

문제 12.5 행렬 $A=\begin{pmatrix}1 & 2\\1 & 1\end{pmatrix}$일 때 $T\mathbf{x}=A\mathbf{x}$로 정의된 일차변환 T에 대해서 $T\begin{pmatrix}1\\0\end{pmatrix}$을 구하여라. ◀

이제 일차변환 중 **회전변환**에 대해서 살펴보자.

평면 위의 점 $(x,\ y)$를 원점을 중심으로 해서 θ(rad)만큼 회전시킨다면(수학에서는 별다른 이야기가 없다면 반시계방향이다.), 옮겨간 점의 위치는

$$(\cos\theta x-\sin\theta y,\ \sin\theta x+\cos\theta y)$$

가 된다. 특별히 $(x,\ y)=(\cos\alpha,\ \sin\alpha)$인 경우를 생각해보면 위 공식은 결국 삼각함수의 덧셈 공식에 해당함을 알 수 있다.

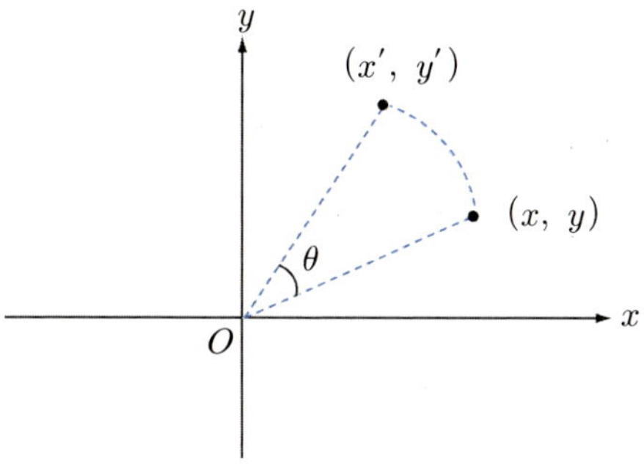

정리 12.6

평면 위의 점 $(x,\ y)$를 원점을 중심으로 θ만큼 반시계 방향으로 회전이동한 점을 $(x',\ y')$이라고 하면

$$\begin{pmatrix}x'\\y'\end{pmatrix}=\begin{pmatrix}\cos\theta & -\sin\theta\\ \sin\theta & \cos\theta\end{pmatrix}\begin{pmatrix}x\\y\end{pmatrix}$$

으로 주어진다.

다음 두 예제에서 보듯이, 하나의 점이 아니라 도형의 방정식을 일차변환으로 이동시킬 수도 있다.

예제 12.6_ 평면 위의 점 $(1,\ 2)$를 원점을 중심으로 $45°$ 회전이동한 점의 위치를 구하여라.

풀이 원점을 중심으로 $\frac{\pi}{4}$만큼 회전이동한 것이므로,

$$\begin{pmatrix} \frac{\sqrt{2}}{2} & -\frac{\sqrt{2}}{2} \\ \frac{\sqrt{2}}{2} & \frac{\sqrt{2}}{2} \end{pmatrix} \begin{pmatrix} 1 \\ 2 \end{pmatrix} = \begin{pmatrix} -\frac{\sqrt{2}}{2} \\ \frac{3\sqrt{2}}{2} \end{pmatrix}$$

이다.

문제 12.6 평면 위의 점 $(3,\ 0)$를 원점을 중심으로 $60°$ 회전이동한 점의 위치를 구하여라. ◀

예제 12.7_ 평면에서 $(x-1)^2+(y-2)^2=\frac{1}{4}$로 주어진 원을 원점을 중심으로 $45°$ 회전시켜서 얻어지는 원의 방정식을 구하여라.

풀이 주어진 원은 중심이 $(1,\ 2)$이고 반지름이 $\frac{1}{2}$이다. 회전 후 생기는 원은 중심이 $(1,\ 2)$를 $\frac{\pi}{4}$만큼 회전시킨 점으로 주어지고, 반지름은 $\frac{1}{2}$인 원이다. 위의 예제로부터 구하는 원의 방정식은

$$\left(x+\frac{\sqrt{2}}{2}\right)^2+\left(y-\frac{3\sqrt{2}}{2}\right)^2=\frac{1}{4}$$

이다.

문제 12.7 평면에서 $(x-3)^2+y^2=1$로 주어진 원을 원점을 중심으로 $60°$만큼 회전시켜서 얻어지는 원의 방정식을 구하여라. ◀

예제 12.8_ 직선 $x+y=1$이 일차변환 $T(x,\ y)=(x-y,\ x+2y)$에 의해서 옮겨가는 직선의 방정식을 구하여라.

풀이 직선 위의 점 $(x,\ y)$가 일차변환 T에 의해서 옮겨간 점을 $(x',\ y')$이라고 하면 $x'=x-y,\ y'=x+2y$를 만족한다. 두 식을 연립하여 풀면, $x=\frac{2x'+y'}{3}$이고 $y=\frac{y'-x'}{3}$이다. 이를 $x+y=1$에 대입하면 $x'+2y'=3$을 얻는다. 따라서 주어진 일차변환에 의해서 옮겨가는 직선의 방정식은 $x+2y=3$이다.

문제 12.8 직선 $y=1$이 일차변환 $T(x, y)=(x-y, x+y)$에 의해서 옮겨가는 직선의 방정식을 구하여라. ◀

다음 예제는 일차변환이 연립방정식과 깊은 연관이 있음을 시사한다.

예제 12.9_ 행렬 $A=\begin{pmatrix} 1 & 2 \\ -1 & 1 \end{pmatrix}$에 대해서 일차변환 $T\mathbf{x}=A\mathbf{x}$로 정의되었다. 이때 $T\mathbf{x}=\begin{pmatrix} 1 \\ 1 \end{pmatrix}$을 만족하는 $\mathbf{x}$를 구하여라.

풀이 $\mathbf{x}=\begin{pmatrix} x \\ y \end{pmatrix}$이라고 하면, 일차변환 정의로부터

$$\begin{pmatrix} 1 & 2 \\ -1 & 1 \end{pmatrix}\begin{pmatrix} x \\ y \end{pmatrix}=\begin{pmatrix} x+2y \\ -x+y \end{pmatrix}=\begin{pmatrix} 1 \\ 1 \end{pmatrix}$$

을 얻는다. 따라서 연립방정식

$$\begin{aligned} x+2y&=1 \\ -x+\ \ y&=1 \end{aligned}$$

를 풀어야 한다. 두 식을 더하면 $3y=2$이므로 $y=\frac{2}{3}$이고, 이로부터 $x=-\frac{1}{3}$임을 알 수 있다. 그러므로 구하는 $\mathbf{x}$는 $\left(-\frac{1}{3}, \frac{2}{3}\right)$이다.

문제 12.9 행렬 $A=\begin{pmatrix} -3 & -1 \\ 4 & 1 \end{pmatrix}$에 대해서 일차변환 $T\mathbf{x}=A\mathbf{x}$로 정의되었다. 이때 $T\mathbf{x}=\begin{pmatrix} 1 \\ 1 \end{pmatrix}$을 만족하는 $\mathbf{x}$를 구하여라. ◀

12.2 연습문제

1 행렬 $A=\begin{pmatrix} 1 & 3 \\ 3 & 1 \end{pmatrix}$에 대해서 선형변환 $T\mathbf{x}=A\mathbf{x}$로 정의되었다. 이때 $T\mathbf{x}=\begin{pmatrix} 5 \\ 5 \end{pmatrix}$을 만족하는 $\mathbf{x}$를 구하여라.

2 행렬 $A=\begin{pmatrix} 1 & 3 \\ -2 & 1 \end{pmatrix}$와 $B=\begin{pmatrix} -1 & 2 \\ -3 & 1 \end{pmatrix}$에 대해서 선형변환 T와 U가 $T\mathbf{x}=A\mathbf{x}$,

$U\mathbf{x} = B\mathbf{x}$로 정의되었다. 이때 $T(1,1) + U(1,1)$을 구하여라.

3 행렬 $A = \begin{pmatrix} 1 & 3 \\ -2 & 1 \end{pmatrix}$와 $B = \begin{pmatrix} -1 & 2 \\ -3 & 1 \end{pmatrix}$에 대해서 선형변환 T와 U가 $T\mathbf{x} = A\mathbf{x}$, $U\mathbf{x} = B\mathbf{x}$로 정의되었다. 이때 $U(T(1,1))$을 구하여라.

4 행렬 $A = \begin{pmatrix} 3 & 1 \\ 2 & 1 \end{pmatrix}$와 $B = \begin{pmatrix} 1 & -1 \\ -2 & 3 \end{pmatrix}$에 대해서 선형변환 T와 U가 $T\mathbf{x} = A\mathbf{x}$, $U\mathbf{x} = B\mathbf{x}$로 정의되었다. 이때 $U(T(x,\ y))$을 구하여라.

5 평면 위의 점 $(x,\ y)$를 원점을 중심으로 $\dfrac{\pi}{3}$ 회전한 점의 좌표가 $(1,\ 1)$일 때 점 $(x,\ y)$를 구하여라.

6 선형변환 $T\mathbf{x} = \begin{pmatrix} 2 & 0 \\ 0 & 1 \end{pmatrix}\mathbf{x}$에 의해서 타원 $x^2 + \dfrac{y^2}{4} = 1$이 옮겨가는 도형의 방정식을 구하여라.

7 직선 $x + y = 1$을 원점을 중심으로 $\dfrac{\pi}{6}$만큼 회전시켜서 얻어지는 직선의 방정 식을 구하여라.

8 일차변환 $T\mathbf{x} = \begin{pmatrix} 2 & 0 \\ 0 & 1 \end{pmatrix}\mathbf{x}$에 의해서 영역 $\{(x,\ y) : \max\{|x|, |y|\} \le 1\}$이 옮겨가는 영역을 R이라고 할 때 영역 R의 넓이를 구하여라. (단, $\max\{a,\ b\}$는 a, b 중 작지 않은 수를 뜻한다.)

9 평면 위의 한 점 $(x,\ y)$를 원점으로부터 거리가 2배 떨어진 점으로 옮기는 일차변환을 하나 구하여라.

10 평면 위의 한 점 $(x,\ y)$과 원점을 잇는 직선이 x축의 양의 방향과 이루는 각을 α라고 하고, 일차변환 T에 의해서 옮겨간 점을 $(x',\ y')$라고 하자. 점 $(x',\ y')$과 원점을 잇는 직선이 x축의 양의 방향과 이루는 각이 $\alpha + \theta$이고, $\sqrt{x'^2 + y'^2} = 2\sqrt{x^2 + y^2}$일 때 선형변환 T를 구하여라.

12.3 역행렬과 행렬식

지난 절에서 행렬과 연립방정식 사이에 관계가 있음을 살펴본 바 있다. 연립방정식

$$ax + by = s$$
$$cx + dy = t$$

는 행렬로

$$\begin{pmatrix} a & b \\ c & d \end{pmatrix}\begin{pmatrix} x \\ y \end{pmatrix} = \begin{pmatrix} s \\ t \end{pmatrix}$$

와 같이 나타낼 수 있다. 이때 $A = \begin{pmatrix} a & b \\ c & d \end{pmatrix}$, $\mathbf{x} = \begin{pmatrix} x \\ y \end{pmatrix}$, $\mathbf{b} = \begin{pmatrix} \mathrm{s} \\ \mathrm{t} \end{pmatrix}$이라고 하면, 주어진 연립방정식은

$$A\mathbf{x} = \mathbf{b}$$

가 된다. 2차 정사각행렬 B가 $BA = I_2$라는 성질을 만족한다고 하자. 그러면 위 식에서 양변에 B행렬을 곱해

$$B(A\mathbf{x}) = B\mathbf{b}$$

를 얻는다. 그런데,

$$B(A\mathbf{x}) = (BA)\mathbf{x} = I_2\mathbf{x} = \mathbf{x}$$

이므로 $\mathbf{x} = B\mathbf{b}$임을 알 수 있다.

일반적으로 n차 정사각행렬 A에 대해서 $AB = BA = I_n$을 만족하는 n차 정사각행렬 B를 A의 역행렬이라고 한다.

정의 12.7

행렬 A가 n차 정사각행렬일 때

$$AB = BA = I_n$$

을 만족하는 행렬 B를 A의 **역행렬**이라고 하고, A^{-1}으로 표시한다.

예를 들어, 행렬 $A=\begin{pmatrix}2 & 1\\ 1 & 1\end{pmatrix}$라면

$$A\begin{pmatrix}1 & -1\\ -1 & 2\end{pmatrix}=\begin{pmatrix}1 & -1\\ -1 & 2\end{pmatrix}A=\begin{pmatrix}1 & 0\\ 0 & 1\end{pmatrix}$$

임을 확인할 수 있다. 따라서 $A^{-1}=\begin{pmatrix}1 & -1\\ -1 & 2\end{pmatrix}$이다.

일반적으로 행렬 A에 대해서 역행렬이 항상 존재하는 것은 아니다. 예를 들면

$$C=\begin{pmatrix}1 & 1\\ 1 & 1\end{pmatrix}$$

이라고 하자. 만약 C의 역행렬이 존재한다면

$$\begin{pmatrix}1 & 1\\ 1 & 1\end{pmatrix}\begin{pmatrix}a & b\\ c & d\end{pmatrix}=\begin{pmatrix}1 & 0\\ 0 & 1\end{pmatrix}$$

을 만족하는 a, b, c, d가 존재해야 한다. 그러나

$$\begin{pmatrix}1 & 1\\ 1 & 1\end{pmatrix}\begin{pmatrix}a & b\\ c & d\end{pmatrix}=\begin{pmatrix}a+c & b+d\\ a+c & b+d\end{pmatrix}$$

이므로 $a+c=1$과 $a+c=0$을 동시에 만족할 수는 없다. 따라서 행렬 C에 대하여 역행렬이 존재하지 않는다.

주어진 행렬에 대해서 역행렬은 존재하지 않을 수는 있지만, 만약 역행렬이 있다면 역행렬은 유일하다.

정리 12.8

행렬 A가 n차 정사각행렬일 때 A의 역행렬은 유일하다.

참고

행렬 B, C가 A의 역행렬이라고 하자. 즉, $AB=BA=I_n$이고 $AC=CA=I_n$이다. 그러면

$$B=BI_n=B(AC)=(BA)C=I_nC=C$$

이므로 $B=C$이다.

행렬 A가 n차 정사각행렬이고, $\mathbf{x}=(x_1, x_2, \dots, x_n)$, $\mathbf{b}=(b_1, b_2, \dots, b_n)$일 때

$$A\mathbf{x} = \mathbf{b}$$

와 같은 행렬방정식을 생각할 수 있다. 위 정리는 A의 역행렬이 존재한다면, 위 방정식을 만족하는 $\mathbf{x}$가 유일하다는 것을 알려준다.

특별히 A가 2차 정사각행렬인 경우는 역행렬을 쉽게 계산할 수 있다.

정리 12.9

$A = \begin{pmatrix} a & b \\ c & d \end{pmatrix}$으로 주어진 행렬 A는 $ad - bc \neq 0$이면 역행렬이 존재하고,

$$A^{-1} = \frac{1}{ad - bc}\begin{pmatrix} d & -b \\ -c & a \end{pmatrix}$$

이다.

위 정리의 증명은 두 행렬을 곱해보면 항등행렬이 됨을 확인하는 방법으로 얻을 수 있다. 여기서 $ad - bc$를 **행렬식**이라고 부른다.

정의 12.10

행렬 $A = \begin{pmatrix} a & b \\ c & d \end{pmatrix}$의 행렬식 $\det A$를

$$\det A = ad - bc$$

으로 정의한다.

위 정리는 2차 정사각행렬 A의 행렬식 $\det A$가 0이 아니면, A의 역행렬이 존재함을 알려준다. 여기서 $ad - bc$가 등장하는 이유를 조금 더 자세히 살펴보자. 행렬 A에 대응하는 연립방정식

$$\begin{aligned} ax + by &= s \\ cx + dy &= t \end{aligned}$$

를 생각하자. 만약 행렬 A가 역행렬이 존재한다면, 위 연립방정식의 해는 $A^{-1}\begin{pmatrix} s \\ t \end{pmatrix}$으로 유일하게 결정된다. 주어진 연립방정식이 유일한 해를 가지기 위해서는 직선

$ax+by=s$와 직선 $cx+dy=t$가 서로 평행하지 않아야 한다. 즉 두 직선의 기울기가 달라야 한다. 이로부터

$$\frac{-a}{b} \neq \frac{-c}{d}$$

(단, b, d는 0이 아닌 실수)를 얻고, 이로부터 $ad \neq bc$, 즉 $ad-bc \neq 0$임을 얻는다.(b나 d가 0인 경우도 비슷한 방법으로 생각해볼 수 있다.) 따라서 행렬식 $\det A \neq 0$을 만족하면, 대응하는 두 직선이 평행하지 않고, 따라서 해가 유일하게 된다.

예제 12.10_ 행렬 $A=\begin{pmatrix}1 & 2\\ 3 & 4\end{pmatrix}$의 역행렬이 존재한다면 역행렬을 구하여라.

풀이 행렬 A의 행렬식 $\det A = 4-6=-2 \neq 0$이므로 A의 역행렬이 존재한다. 그리고

$$A^{-1}=\frac{1}{-2}\begin{pmatrix}4 & -2\\ -3 & 1\end{pmatrix}=\begin{pmatrix}-2 & 1\\ \frac{3}{2} & -\frac{1}{2}\end{pmatrix}$$

이다.

문제 12.10 행렬 $A=\begin{pmatrix}3 & 2\\ 3 & 3\end{pmatrix}$의 역행렬이 존재한다면 역행렬을 구하여라. ◀

다음은 역행렬의 기본적인 성질들이다.

정리 12.11

행렬 A, B가 n차 정사각행렬이고, A^{-1}과 B^{-1}이 존재한다고 하자.

(1) $(AB)^{-1}=B^{-1}A^{-1}$

(2) $(A^{-1})^{-1}=A$

(3) $k \neq 0$인 실수일 때 $(kA)^{-1}=\frac{1}{k}A^{-1}$

(4) 자연수 n에 대해서, $(A^{n})^{-1}=(A^{-1})^{n}$

예제 12.11_ 행렬 $A=\begin{pmatrix}3 & 2\\ 1 & 1\end{pmatrix}$에 대해서, $(A+A^{-1})^{-1}$을 구하여라.

풀이 $A^{-1}=\begin{pmatrix}1 & -2\\ -1 & 3\end{pmatrix}$이므로

$$A+A^{-1}=\begin{pmatrix}4 & 0\\ 0 & 4\end{pmatrix}$$

이다. 따라서

$$(A+A^{-1})^{-1}=\frac{1}{4}\begin{pmatrix}1 & 0\\ 0 & 1\end{pmatrix}$$

이다.

문제 12.11 행렬 $A=\begin{pmatrix}1 & 1\\ 0 & 1\end{pmatrix}$일 때 A^5의 역행렬을 구하여라. ◀

이제 A가 3차 정사각행렬인 경우 역행렬을 구하는 방법을 생각해보자.(A가 4차 이상인 경우는 공학수학이나 선형대수학 시간에 배우도록 하자.) A의 역행렬이 존재한다고 하면

$$A=\begin{pmatrix}a_{11} & a_{12} & a_{13}\\ a_{21} & a_{22} & a_{23}\\ a_{31} & a_{32} & a_{33}\end{pmatrix}$$

이라고 할 때

$$\begin{pmatrix}a_{11} & a_{12} & a_{13}\\ a_{21} & a_{22} & a_{23}\\ a_{31} & a_{32} & a_{33}\end{pmatrix}\begin{pmatrix}x_{11} & x_{12} & x_{13}\\ x_{21} & x_{22} & x_{23}\\ x_{31} & x_{32} & x_{33}\end{pmatrix}=\begin{pmatrix}1 & 0 & 0\\ 0 & 1 & 0\\ 0 & 0 & 1\end{pmatrix}$$

을 만족하는 행렬

$$\begin{pmatrix}x_{11} & x_{12} & x_{13}\\ x_{21} & x_{22} & x_{23}\\ x_{31} & x_{32} & x_{33}\end{pmatrix}$$

가 존재해야 한다. 따라서 X를 구하기 위해서는 9개의 미지수와 9개의 식으로 이루어진 연립방정식을 풀어야 한다.(사실 각 식에는 3개의 변수만이 등장하므로, 3개의 미지수와 3개의 식으로 이루어진 연립방정식을 3번 푸는 과정이다.) 위 연립방정식의 해가 존재한다면, 그 해 X가 A의 역행렬이 된다.

참고

주의 깊은 독자는 $XA = I_3$도 확인해야 하지 않는가라는 의문이 들 수도 있다. 다행히도 $AX = I_3$을 만족하면 $XA = I_3$은 자동으로 만족하게 된다.

예제 12.12_ 행렬 $A = \begin{pmatrix} 1 & 1 & 1 \\ 0 & 1 & 1 \\ 0 & 0 & 1 \end{pmatrix}$의 역행렬을 구하여라.

풀이 역행렬을

$$X = \begin{pmatrix} x_{11} & x_{12} & x_{13} \\ x_{21} & x_{22} & x_{23} \\ x_{31} & x_{32} & x_{33} \end{pmatrix}$$

라고 하면

$$AX = \begin{pmatrix} x_{11}+x_{21}+x_{31} & x_{12}+x_{22}+x_{32} & x_{13}+x_{23}+x_{33} \\ x_{21}+x_{31} & x_{22}+x_{32} & x_{23}+x_{33} \\ x_{31} & x_{32} & x_{33} \end{pmatrix} = \begin{pmatrix} 1 & 0 & 0 \\ 0 & 1 & 0 \\ 0 & 0 & 1 \end{pmatrix}$$

를 얻는다. 3행 1열 성분으로부터 $x_{31} = 0$을 얻고, 2행 1열 성분으로부터 $x_{21} = 0$, 마지막으로 1행 1열 성분으로부터 $x_{11} = 1$을 얻는다. 마찬가지로 방식으로 계산하면

$$X = \begin{pmatrix} 1 & -1 & 0 \\ 0 & 1 & -1 \\ 0 & 0 & 1 \end{pmatrix}$$

문제 12.12 행렬 $A = \begin{pmatrix} 1 & 2 & -1 \\ 0 & 1 & 3 \\ 0 & 0 & 1 \end{pmatrix}$의 역행렬을 구하라. ◀

2차 정사각행렬에서 행렬식을 계산하면, 역행렬의 존재 여부를 알 수 있었다. 3차 정사각행렬의 경우에도 연립방정식을 풀지 않고, 역행렬의 존재 여부를 알아내는 방법이 있다. 2차 정사각행렬과 마찬가지로, 3차 정사각행렬에서도 행렬식을 정의할 수 있다.

정의 12.12

행렬

$$A = \begin{pmatrix} a_{11} & a_{12} & a_{13} \\ a_{21} & a_{22} & a_{23} \\ a_{31} & a_{32} & a_{33} \end{pmatrix}$$

의 행렬식 $\det A$는

$$\det A = a_{11}a_{22}a_{33} - a_{11}a_{23}a_{32} - a_{12}a_{21}a_{33} + a_{12}a_{23}a_{31} + a_{13}a_{21}a_{32} - a_{13}a_{22}a_{31}$$

로 정의한다.

위에서 정의한 행렬식이 보통 아래의 2가지 방법으로 계산한다.

$$\det A = a_{11} \cdot \det\begin{pmatrix} a_{22} & a_{23} \\ a_{32} & a_{33} \end{pmatrix} - a_{12} \cdot \det\begin{pmatrix} a_{21} & a_{23} \\ a_{31} & a_{33} \end{pmatrix} + a_{13} \cdot \det\begin{pmatrix} a_{21} & a_{22} \\ a_{31} & a_{32} \end{pmatrix}$$

우변에서 a_{11} 뒤에 있는 행렬은 행렬 A에서 1행과 1열을 지워서 얻은 행렬이고, a_{12} 뒤에 나오는 행렬은 행렬 A에서 1행과 2열을 지운 행렬이고, 마찬가지로 a_{13} 뒤에 나오는 행렬은 행렬 A에서 1행과 3열을 지운 행렬이다. a_{12} 앞에는 부호가 '−'임에 주의하길 바란다.

혹은 아래와 같이 왼쪽 위에서 오른쪽 아래로의 대각선(①)과 파란색 점선으로 표시된 사선(②와 ③)의 각 3개의 성분들을 모두 곱하여 더하고, 오른쪽 위에서 왼쪽 아래로의 대각선(④)과 검은색 실선으로 표시된 사선 (⑤와 ⑥)을 곱하여 빼는 방식을 이용한다.

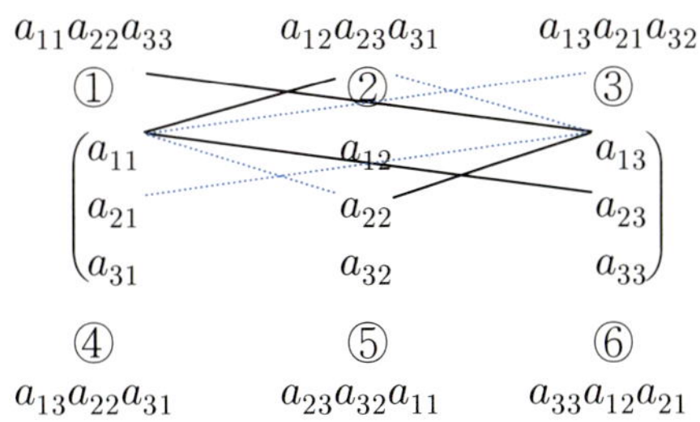

3차 정사각행렬의 행렬식은 복잡해보이지만, 다음 장에서 벡터의 외적을 계산할 때 유용하게 쓰이므로 꼭 알아두기를 바란다. 아래의 정리는 2차 정사각행렬의 행렬식과 마찬가지로 3차 정사각행렬의 행렬식 역시 역행렬의 존재성을 판별할 때 쓸 수 있음을 알려준다.

정리 12.13

3차 정사각행렬 A에 대해서 $\det A \neq 0$이면 A^{-1}가 존재한다.

예제 12.13_ 행렬

$$A=\begin{pmatrix}1&2&3\\0&2&1\\1&2&0\end{pmatrix}$$

이 역행렬을 가짐을 보여라.

풀이 행렬식을 계산해보면

$$1\det\begin{pmatrix}2&1\\2&0\end{pmatrix}-2\det\begin{pmatrix}0&1\\1&0\end{pmatrix}+3\det\begin{pmatrix}0&2\\1&2\end{pmatrix}=-2+2-6=-6$$

이다. $\det A\neq 0$이므로 A의 역행렬이 존재한다.

문제 12.13 다음 행렬의 행렬식을 구하여라.

$$\begin{pmatrix}0&-1&0\\0&1&-1\\4&0&-1\end{pmatrix}$$

12.3 연습문제

1 다음 행렬의 행렬식을 구하여라.

$$\begin{pmatrix}a&b&c\\0&d&e\\0&0&f\end{pmatrix}$$

2 행렬 $A=\begin{pmatrix}1&2\\0&-1\end{pmatrix}$과 $B=\begin{pmatrix}3&2\\2&1\end{pmatrix}$에 대해서

$$(A+B)(A^{-1}+B^{-1})$$

를 계산하여라.

3 행렬 $A=\begin{pmatrix}1&x\\x&1\end{pmatrix}$와 $B=\begin{pmatrix}x^2&1\\x&-1\end{pmatrix}$가 모두 역행렬이 존재하지 않는 x를 구하여라.

4 행렬 $A=\begin{pmatrix}1&1\\1&-1\end{pmatrix}$, $D=\begin{pmatrix}2&0\\0&1\end{pmatrix}$에 대하여 행렬 $B=ADA^{-1}$으로 정의되었다. 이때 B^5을 구하여라.

5 다음 행렬이 역행렬이 존재하지 않는 실수 x를 모두 구하여라.

$$\begin{pmatrix} 1-x & 2 & 2 \\ 1 & 2-x & -1 \\ 3 & 3 & -x \end{pmatrix}$$

6 다음 연립방정식의 해가 무한히 많을 때, 실수 a의 값을 구하여라.

$$a^2x+3y=0$$
$$ax+y=a$$

7 행렬

$$A=\begin{pmatrix} \cos\theta & -\sin\theta \\ \sin\theta & \cos\theta \end{pmatrix}$$

에 대해서 A^{-1}을 구하여라.

8 다음 행렬

$$A=\begin{pmatrix} 1 & 0 & 0 \\ 0 & \cos\theta & -\sin\theta \\ 0 & \sin\theta & \cos\theta \end{pmatrix}$$

의 역행렬을 구하여라.

9 연립방정식

$$x-2y+3z=10$$
$$2x-y+2z=8$$
$$x-y-az=2$$

의 해가 존재하지 않을 때, a를 구하여라.

10 두 실수 a, b가 $a+b=10$을 만족하고

$$A=\begin{pmatrix} 1 & a & 3 \\ 1 & 1 & 3 \end{pmatrix},\ B=\begin{pmatrix} 1 & b \\ 2 & 3 \\ 1 & -1 \end{pmatrix}$$

일 때 AB의 역행렬이 존재하지 않는다. 이때 a와 b를 구하여라.

Chapter 13

벡터와 벡터함수

13.1 벡터

13.2 벡터의 내적과 외적

13.3 직선과 평면의 방정식

13.4 벡터함수와 곡선

13.1 벡터

벡터는 크기와 방향을 가지는 양을 뜻한다. 크기와 방향을 동시에 가지는 양의 예들은 실생활에서 쉽게 접할 수 있다. 예를 들면, 동남풍이 시속 5km/h로 분다는 일기예보에는 바람의 방향과 바람의 세기를 동시에 전달하고 있다. 다른 예로 도쿄는 서울에서 남동쪽으로 1160km가 떨어져 있다고 이야기할 때 도쿄의 위치는 서울을 기준으로 방향(남동쪽)과 크기(1160km)를 갖는 양으로 표현된다. 이와 같이 크기와 방향을 모두 가지는 양(즉, 벡터)은 실생활은 물론 과학 전 분야에 걸쳐서 중요하게 사용되고 있다. 수학적으로 벡터는 **유향선분**을 이용하여 나타낸다. 공간상의 두 점 A와 B를 잇는 유향선분은

$$\overrightarrow{AB}$$

와 같이 표기하고 이는 점 A에서 출발해서 점 B에서 끝나는 선분을 나타낸다. 이때 A를 **시점**, B를 **종점**이라고 부르고 그림 13.1과 같이 화살표를 이용하여 표시한다.

그림 13.1 유향선분 AB

벡터의 방향은 이 유향선분의 방향으로 벡터의 크기는 유향선분의 길이를 이용해서 나타낸다. 우리는 벡터를 문자 위의 화살표를 써서 $\vec{a}$와 같이 나타낸다. 이때 **벡터의 크기**(즉, 화살표의 길이)를 $|\vec{a}|$로 표기한다. 벡터는 크기와 방향을 가지는 양으로 정의되어 있으므로 크기와 방향이 같으면 같은 벡터로 생각한다. 즉, 벡터의 시점과 종점이 달라도 두 벡터의 크기와 방향이 같다면 같은 벡터이다.

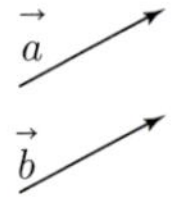

그림 13.2 같은 벡터의 예

특히 크기가 0인 벡터를 **영벡터**라고 하고 이때는 방향을 정의하지 않는다. 그

표기는 $\vec{0}$와 같이 하고 스칼라와 혼동할 염려가 없을 때는 0으로 표기하기도 한다.

이제부터는 벡터들 사이의 기본적인 연산에 대해서 공부해보자.

두 벡터 $\vec{a}$ 와 $\vec{b}$가 주어졌다고 하자. 먼저 두 벡터의 합 $\vec{a}+\vec{b}$는 $\vec{a}$벡터의 종점을 $\vec{b}$ 벡터의 시점과 일치시켰을 때, $\vec{a}$벡터의 시점으로부터 $\vec{b}$벡터의 종점으로 향하는 벡터로 정의한다.

$$\overrightarrow{AB}+\overrightarrow{BC}=\overrightarrow{AC}$$

이다.

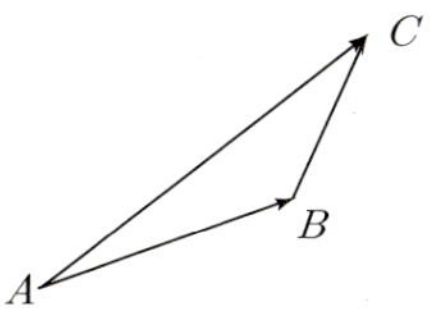

그림 13.3 두 벡터의 합. $\overrightarrow{AB}+\overrightarrow{BC}=\overrightarrow{AC}$

다음으로는 **스칼라**(벡터와 달리 크기만을 가지는 양으로 우리가 지금까지 공부했던 실수가 대표적인 스칼라이다.) c와 벡터 $\vec{a}$ 사이의 곱에 대해서 알아보자. 만약 c가 양수이면 벡터의 방향은 변함이 없고 벡터의 크기에 c배 하는 것으로 이해한다. $c=0$이면 $c\vec{a}$는 영벡터가 된다. 만약 $c=-1$이면, $c\vec{a}=-\vec{a}$ 벡터는 벡터의 크기는 $\vec{a}$ 벡터의 크기이고 방향은 $\vec{a}$의 반대방향인 벡터로 정의한다. 따라서 일반적인 음수 c에 대해서 $c\vec{a}$는 벡터의 크기는 $|c||\vec{a}|$가 되고 방향은 반대방향이 된다.

이제 이를 이용하여 두 벡터의 차를 정의할 수 있다. $\vec{a}-\vec{b}=\vec{a}+(-\vec{b})$이므로 두 벡터의 차를 정의할 수 있다. 유향선분을 이용하면

$$\overrightarrow{AB}-\overrightarrow{AC}=\overrightarrow{CB}$$

가 됨을 정의에서 확인할 수 있다. (반드시 직접 해보기를 권한다.)

지금까지 벡터의 정의와 기본적인 연산에 대해서 살펴보았다. 위의 정의는 직관적이라는 장점이 있지만 벡터의 연산을 수학적으로 표현하기는 어려운 단점이 있다. 이러한 벡터들을 수학적으로 더 쉽게 다루기 위해서 우리는 좌표계를 이용하여 벡터를 성분으로 표시하는 방법에 대해서 알아볼 것이다.

공간상의 점 P는 직교좌표계를 이용하면 $(x,\ y,\ z)$와 같이 표시할 수 있다. 우

리는 이를 원점 O를 시점으로 하고 점 P를 종점으로 하는 벡터의 표현으로 이해할 것이다. 즉, $\overrightarrow{OP} = (x, y, z)$로 표시할 수 있다. 이를 점 P의 **위치벡터**라고 부르고 각각의 좌표를 **벡터의 성분**이라고 한다. 위치벡터를 이용하면 공간상의 벡터 $\overrightarrow{PQ}$를 성분을 이용하여 쉽게 표시할 수 있다. 점 Q의 위치벡터를 (x_2, y_2, z_2)라고 하고 점 P의 위치벡터를 (x_1, y_1, z_1)이라고 하면

$$\overrightarrow{PQ} = (x_2 - x_1, y_2 - y_1, z_2 - z_1)$$

이 됨을 쉽게 확인 할 수 있다. (점 P를 원점으로 이동하면 점 Q의 성분이 위와 같이 됨을 확인할 수 있다.)

위와 같이 벡터를 성분을 이용하여 표기하면 위에서 배운 벡터의 연산은 성분을 표시하여 아래와 같이 간략하게 나타낼 수 있다.

정리 13.1

$\vec{a} = (a_1, a_2, a_3)$ 그리고 $\vec{b} = (b_1, b_2, b_3)$라고 하자. 또한 c는 실수이다. 그러면

$$\begin{aligned} \vec{a} + \vec{b} &= (a_1 + b_1, a_2 + b_2, a_3 + b_3) \\ \vec{a} - \vec{b} &= (a_1 - b_1, a_2 - b_2, a_3 - b_3) \\ c\vec{a} &= (ca_1, ca_2, ca_3) \\ |\vec{a}| &= \sqrt{a_1^2 + a_2^2 + a_3^2} \end{aligned}$$

이 성립한다.

예제 13.1_ $\vec{a} = (1, 2, 3)$, $\vec{b} = (3, 2, 1)$일 때 다음 연산을 구하여라.

(1) $2\vec{a}$ (2) $2\vec{a} + 3\vec{b}$ (3) $|\vec{a} - \vec{b}|$

풀이

(1) $2\vec{a} = (2, 4, 6)$

(2) $2\vec{a} + 3\vec{b} = (2, 4, 6) + (9, 6, 3) = (11, 10, 9)$

(3) $|\vec{a} - \vec{b}| = |(-2, 0, 2)| = \sqrt{4+0+4} = 2\sqrt{2}$

문제 13.1 $\vec{a} = (1, 1, 2)$, $\vec{b} = (-2, 1, 5)$일 때 다음 연산을 구하여라.

(1) $2\vec{a}$ (2) $2\vec{a} + 3\vec{b}$ (3) $|\vec{a} - \vec{b}|$ ◀

벡터를 꼭 3차원 공간에서 생각할 필요는 없다. 일반적인 n차원 공간에서 벡터

는 아래와 같이 성분을 이용해서 나타낼 수 있고, 벡터 사이의 연산도 비슷하게 정의할 수 있다.

$$\vec{a} = (a_1,\ a_2,\ \cdots,\ a_n)$$

예를 들어, (2, 3)은 2차원 공간(즉 평면)상의 위치벡터로 이해할 수 있고, $(2, 3) + (1, 2) = (3, 5)$와 같이 연산할 수 있다.

두 벡터의 방향이 서로 평행할 때 두 벡터 $\vec{a}$, $\vec{b}$ 사이에는 다음과 같은 관계가 성립한다.

$$\vec{a} = c\vec{b} \quad (\text{단, } c\text{는 0이 아닌 상수})$$

특히, $c > 0$이면, 두 벡터의 방향이 같고, $c < 0$이면 서로 반대방향이다.

크기가 1인 벡터를 단위벡터라고 한다. 0이 아닌 벡터 $\vec{a}$는 자신의 크기의 역수를 곱해서 크기가 1이고 같은 방향을 가지는 벡터를 얻을 수 있다. 즉 $\vec{a}$가 0이 아닌 벡터일 때 $\dfrac{\vec{a}}{|\vec{a}|}$는 $\vec{a}$와 같은 방향을 가지는 단위벡터이다.

예제 13.2_ 벡터 $\vec{a} = (1, 2, 2)$ 와 같은 방향인 단위벡터를 구하여라.

풀이 $|\vec{a}| = \sqrt{1+4+4} = 3$이므로, 구하는 벡터는 $\left(\dfrac{1}{3}, \dfrac{2}{3}, \dfrac{2}{3}\right)$이다.

문제 13.2 벡터 $\vec{a} = (1, -2, 2)$와 반대방향인 단위벡터를 구하여라. ◀

벡터의 성분 표시를 이용하면 3차원 공간상의 임의의 벡터 $(x,\ y,\ z)$를 아래와 같이 표현할 수 있음을 확인할 수 있다.

$$(x,\ y,\ z) = x(1,\ 0,\ 0) + y(0,\ 1,\ 0) + z(0,\ 0,\ 1)$$

즉, 세 벡터 (1, 0, 0), (0, 1, 0), (0, 0, 1)을 이용하여 공간상의 임의의 벡터를 표현할 수 있다. 이러한 이유에서 이 세 벡터를 표준기저벡터라고 부르고 각기 $\vec{i} = (1,\ 0,\ 0)$, $\vec{j} = (0,\ 1,\ 0)$, $\vec{k} = (0,\ 0,\ 1)$로 정의한다.

2차원 평면에서는 $\vec{i} = (1,\ 0)$, $\vec{j} = (0,\ 1)$ 두 벡터로 임의의 벡터들을 표현할 수 있음을 확인할 수 있고 역시 표준기저벡터라고 부른다.

예제 13.3_ $\vec{a}=(1,1,2)$, $\vec{b}=(-2,1,5)$ 일 때 $\vec{a}-2\vec{b}$를 표준기저벡터를 이용하여 표시하여라.

풀이 $\vec{a}-2\vec{b}=(1,1,2)-(-4,2,10)=(5,-1,-8)=5\vec{i}-\vec{j}-8\vec{k}$

문제 13.3 $\vec{a}=(1,1)$, $\vec{b}=(-2,1)$일 때 $\overrightarrow{2a}-\vec{b}$를 표준기저벡터를 이용하여 표시하여라. ◀

13.1 연습문제

1 $\vec{a}=(1,1,2)$, $\vec{b}=(-2,1,3)$, $\vec{c}=(-1,1,1)$로 주어졌을 때, 다음을 계산하여라.

(1) $|\vec{a}|+|\vec{b}|+|\vec{c}|$

(2) $|\vec{a}+\vec{b}+\vec{c}|$

(3) $\left|\dfrac{\vec{a}}{|\vec{a}|}\right|$

2 실수 c와 3차원 벡터 $\vec{a}$에 대해서 $|c\vec{a}|=|c||\vec{a}|$임을 증명하여라.

3 양의 실수 r과 $\vec{a}=(1,1,1)$에 대하여 $|\vec{x}-\vec{a}|=1$을 만족하는 벡터 $\vec{x}$의 자취를 구하여라.

4 실수 s, t와 평행하지 않은 두 3차원 벡터 $\vec{a}$, $\vec{b}$에 대해서

$$s\vec{a}+t\vec{b} \quad (0\le s,\ t\le 1)$$

가 나타내는 영역은 무엇인가?

5 두 벡터 $\vec{v}=(1,\ 1)$과 $\vec{w}=(2,\ 2)$에 대해서

$$|\vec{x}-\vec{v}|=|\vec{x}-\vec{w}|$$

를 만족하는 벡터 $\vec{x}$의 자취를 구하여라.

6 벡터 $\vec{u}=(1,\ 2,\ 3)$에 대해서, $\vec{u}$와 평행하면서, 크기가 1인 벡터를 구하여라.

7 표준기저 $(\vec{i},\ \vec{j},\ \vec{k})$에 대해서 $a\vec{i}+b\vec{j}+c\vec{k}=\vec{0}$을 만족하는 실수 a, b, c를 구하여라.

수학카페

EBS 다큐 사라진 천재 수학자

푸앵카레 추측이 무엇인지에 대한 쉬운 설명을 곁들인 재미있는 다큐멘터리이다. 페렐만은 수학계의 노벨상이라고 불리는 필즈메달 수상도 거부한 채 은둔생활을 하고 있기 때문에 사라진 천재 수학자라는 제목이 붙었다. 푸앵카레 추측이란 위상기하학에서 가장 중요한 문제 중의 하나로 100만 불의 상금이 걸린 문제였다.

13.2 벡터의 내적과 외적

지난 절에서 우리는 벡터의 정의와 벡터들 사이의 연산에 대해서 배웠다. 이 절에서는 두 벡터들 사이의 곱셈에 대해서 배울 것이다. 두 **벡터의 곱셈**에 해당하는 두 가지 연산은 각각 **내적**과 **외적**이라고 불리는데 내적은 두 벡터를 곱하면 스칼라를 얻고, 외적은 두 벡터를 곱한 결과가 다시 벡터가 된다.
먼저 두 벡터의 내적에 대해서 알아보자.

정의 13.1

두 벡터 $\vec{a}$, $\vec{b}$의 내적은 $\vec{a} \cdot \vec{b}$로 표기하고

$$\vec{a} \cdot \vec{b} = |\vec{a}||\vec{b}| \cos\theta$$

로 정의한다. 여기에서 θ는 두 벡터 $\vec{a}$와 $\vec{b}$ 사이의 각으로 0부터 π 사이의 값으로 정의한다.

다음의 정리는 내적을 계산할 때 매우 유용하게 쓰인다. 증명은 코사인 제 2법칙을 쓰면 간단히 할 수 있지만 생략하기로 한다.

정리 13.2

두 벡터 $\vec{a} = (a_1, a_2, a_3)$, $\vec{b} = (b_1, b_2, b_3)$의 내적은

$$\vec{a} \cdot \vec{b} = a_1 b_1 + a_2 b_2 + a_3 b_3$$

이다.

참고

두 평면 벡터 $\vec{a} = (a_1, a_2)$, $\vec{b} = (b_1, b_2)$의 내적을 성분으로 표시하면 $\vec{a} \cdot \vec{b} = a_1 b_1 + a_2 b_2$ 이다.

내적의 정의에서 두 벡터 $\vec{a}$, $\vec{b}$ 사이의 각을 θ라고 하면

$$\cos\theta = \frac{\vec{a}\cdot\vec{b}}{|\vec{a}||\vec{b}|}$$

이고, 벡터의 성분 표현을 알 때 좌변을 쉽게 계산할 수 있으므로 두 벡터가 이루는 각의 크기도 쉽게 알 수 있다. 특히 $\cos\frac{\pi}{2} = 0$이므로 $\vec{a}\cdot\vec{b} = 0$이면 두 벡터가 서로 직교함을 알 수 있다. 또한 $|\cos\theta| \le 1$이므로 다음의 부등식을 얻을 수 있다.

정리 13.3(코시-슈바르츠 부등식)

임의의 두 벡터 $\vec{a}$, $\vec{b}$에 대해서

$$|\vec{a}\cdot\vec{b}| \le |\vec{a}||\vec{b}|$$

가 성립한다.

예제 13.4_ $\vec{a} = (2, -1, 1)$, $\vec{b} = (1, 1, 2)$일 때 두 벡터의 내적과 끼인각을 구하여라.

풀이 $\vec{a}\cdot\vec{b} = 2\times1 + (-1)\times1 + 1\times2 = 3$이고,

$\cos\theta = \frac{\vec{a}\cdot\vec{b}}{|\vec{a}||\vec{b}|} = \frac{3}{\sqrt{6}\sqrt{6}} = \frac{1}{2}$이므로 끼인각 θ는 $\frac{\pi}{3}$임을 알 수 있다.

문제 13.4 $\vec{a} = (-1, 1)$, $\vec{b} = (1, 1)$일 때 두 벡터의 내적과 끼인각을 구하여라. ◀

지금까지 벡터의 내적에 대해서 알아보았다. 이제 두 벡터의 외적에 대해서 알아볼 것이다. 벡터의 외적이 내적과 가장 큰 차이점은 두 벡터의 내적은 스칼라가 되지만 벡터의 외적은 벡터가 된다는 사실이다. 내적을 정의했을 때와 마찬가지로 먼저 기하학적인 정의를 주고, 벡터의 성분으로 외적을 어떻게 표현할 수 있는지 알아볼 것이다.

정의 13.2

3차원 공간의 두 벡터 $\vec{a}$, $\vec{b}$에 대하여 두 벡터의 외적 $\vec{a}\times\vec{b}$는 아래와 같이 정의한다.

$$\vec{a}\times\vec{b} = |\vec{a}||\vec{b}|\sin\theta\,\vec{n}$$

여기서 θ는 두 벡터의 끼인각으로 역시 0부터 π 사이의 값으로 정의하고 $\vec{n}$은 크기가 1이고 방향은 두 벡터 $\vec{a}$와 $\vec{b}$의 동시에 수직한 방향 중 오른손 법칙에 의해서 정해진 방향을 취한다.

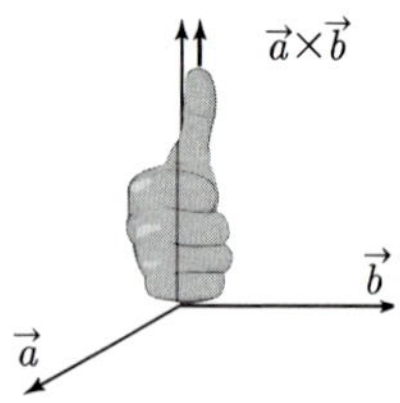

그림 13.4 오른손 법칙

예제 13.5_ $\vec{i}\times\vec{j}$를 구하여라.

풀이 오른손 법칙에 의해서 $\vec{i}\times\vec{j}$의 방향은 $\vec{k}$ 방향이고, 두 벡터 $\vec{i}$, $\vec{j}$는 수직이므로, $\vec{i}\times\vec{j}$의 크기는 1이다. 따라서, $\vec{i}\times\vec{j}=\vec{k}$이다.

문제 13.5 $\vec{k}\times\vec{i}$를 구하여라. ◀

내적의 경우와 마찬가지로 두 벡터의 외적도 두 벡터의 성분을 이용해서 계산할 수 있다.

정리 13.4

두 벡터 $\vec{a}=(a_1, a_2, a_3)$, $\vec{b}=(b_1, b_2, b_3)$의 외적은

$$\vec{a}\times\vec{b} = (a_2b_3 - a_3b_2,\ a_3b_1 - a_1b_3,\ a_1b_2 - a_2b_1)$$

이다.

참고

두 벡터의 외적은 다음과 같이 행렬식을 이용해서 기억하는 것이 편하다.

$$\vec{a} \times \vec{b} = \begin{vmatrix} \vec{i} & \vec{j} & \vec{k} \\ a_1 & a_2 & a_3 \\ b_1 & b_2 & b_3 \end{vmatrix} = \left(\begin{vmatrix} a_2 & b_3 \\ b_2 & b_3 \end{vmatrix}, \ -\begin{vmatrix} a_1 & a_3 \\ b_1 & b_3 \end{vmatrix}, \begin{vmatrix} a_1 & a_2 \\ b_1 & b_2 \end{vmatrix} \right).$$

(물론 행렬의 성분이 벡터가 될 수는 없다. 위 식은 단지 기억의 편의를 위한 것이다.)

예제 13.6_ 두 벡터 $\vec{a} = (2, -1, 1)$, $\vec{b} = (1, 1, 2)$의 외적을 구하여라.

풀이 $\vec{a} \times \vec{b} = \begin{vmatrix} \vec{i} & \vec{j} & \vec{k} \\ 2 & -1 & 1 \\ 1 & 1 & 2 \end{vmatrix} = \left(\begin{vmatrix} -1 & 1 \\ 1 & 2 \end{vmatrix}, -\begin{vmatrix} 2 & 1 \\ 1 & 2 \end{vmatrix}, \begin{vmatrix} 2 & -1 \\ 1 & 1 \end{vmatrix} \right) = (-3, -3, 3)$

문제 13.6 두 벡터 $\vec{a} = (1, -2, 3)$, $\vec{b} = (-1, -1, 3)$의 외적을 구하여라. ◀

외적의 정의로부터 다음의 정리는 자명하다.

정리 13.5

두 벡터 $\vec{a}$, $\vec{b}$로 이루어진 평행사변형의 넓이는 $|\vec{a} \times \vec{b}|$이다.

예제 13.7_ 두 벡터 $\vec{a} = (2, -1, 1)$, $\vec{b} = (1, 1, 2)$로 이루어진 평행사변형의 넓이를 구하여라.

풀이 위의 예제에서 $\vec{a} \times \vec{b} = (-3, -3, 3)$이다. 따라서 평행사변형의 넓이는

$$|(-3, -3, 3)| = \sqrt{9+9+9} = 3\sqrt{3}$$

이다.

문제 13.7 두 벡터 $\vec{a} = (1, -2, 3)$, $\vec{b} = (-1, -1, 3)$으로 이루어진 평행사변형의 넓이를 구하여라. ◀

13.2 연습문제

1 다음을 계산하여라.

(1) $(\vec{i}+\vec{j})\times\vec{k}$

(2) $(1, 2, 3)\cdot((2, 1, 3)\times(4, 2, 6))$

2 두 3차원 벡터 $\vec{a}$, $\vec{b}$에 대해서 $\vec{a}\times\vec{b}=-\vec{b}\times\vec{a}$임을 증명하여라.

3 벡터 $(1, 2, 3)$의 종점에서 벡터 $(0, 1, 10)$으로 수선의 발을 내린 점을 P라고 할 때 $|\overrightarrow{OP}|$를 구하여라.

4 세 점 $P(2, 2, 0)$, $Q(-1, 0, 2)$, $R(0, 4, 3)$으로 이루어진 삼각형의 넓이를 구하여라.

5 두 벡터 $(2, 1, 1)$과 $(1, 1, -1)$에 수직인 단위벡터를 구하여라.

6 한 변의 길이가 2인 정삼각형의 두 꼭지점이 각각 원점과 $(\sqrt{2}, \sqrt{2})$에 있을 때, 나머지 하나의 꼭지점의 좌표를 구하여라.

7 세 벡터 $\vec{v}=(1, 1, 1)$, $\vec{w}=(1, 2, 3)$, $\vec{u}=(2, 3, 5)$에 의해서 생기는 평행육면체의 부피가 $|\vec{v}\cdot(\vec{w}\times\vec{u})|$임을 이용하여, 평행육면체의 부피를 구하여라.

8 세 벡터 $(1, 0, 1)$, $(0, 1, 0)$, $(2, 2, 2)$가 한 평면 위에 있음을 보여라. (힌트: 세 벡터가 이루는 평행육면체의 부피를 생각해보라.)

9 벡터 $\vec{x}$가 $\vec{x}\cdot(1, 1)=2$와 $\vec{x}\cdot(1, 0)=3$일 때 벡터 $\vec{x}$를 구하여라.

13.3 직선과 평면의 방정식

이 절에서는 3차원 공간에서 직선과 평면의 방정식을 지금까지 배운 벡터의 성질들을 이용해서 공부할 것이다. 먼저 공간상의 점 $P(x_0, y_0, z_0)$를 지나는 직선을 표현하는 방법에 대해서 생각해보자. 공간상에서 주어진 점 P를 지나는 직선은 무수히 많지만 특정한 방향과 평행한 직선은 단 하나뿐이다. 따라서 3차원 공간에서 직선을 결정하기 위해서 그 직선이 지나는 한 점과 직선의 방향만 알고 있으면 충분하다. 직선이 점 $P(x_0, y_0, z_0)$를 지나고, 벡터 $\vec{d}=(l, m, n)$에 평행하다고 하자. 이러한 직선 위의 임의의 점을 $Q(x, y, z)$라고 하면, $\overrightarrow{PQ}=(x-x_0, y-y_0, z-z_0)$는 주어진 벡터 $\vec{d}=(l, m, n)$에 평행하다. 따라서 어떠한 실수 t가 존재해서 $\overrightarrow{PQ}=t\vec{d}$가 된다. 이로부터 다음 정리를 얻는다.

정리 13.6

점 $P(x_0, y_0, z_0)$를 지나고, 벡터 $\vec{d}=(l, m, n)$에 평행한 직선의 방정식은 아래와 같이 표시할 수 있다.

$$x=x_0+lt,\ y=y_0+mt,\ z=z_0+nt \quad (\text{단, } t\text{는 실수})$$

혹은

$$\frac{x-x_0}{l}=\frac{y-y_0}{m}=\frac{z-z_0}{n}$$

이때 주어진 벡터 $\vec{d}=(l, m, n)$을 **직선의 방향벡터**라고 부른다.

예제 13.8_ 두 점 $P(1, 1, 1)$, $Q(2, 2, 2)$를 지나는 직선의 방정식을 구하여라.

풀이 직선의 방향벡터가 $\overrightarrow{PQ}=(1, 1, 1)$이므로 구하는 직선의 방정식은

$$x-1=y-1=z-1$$

이다.

문제 13.8 두 점 $P(2, -1, 1)$, $Q(3, 1, 2)$를 지나는 직선의 방정식을 구하여라.

이제 공간에서 평면을 나타내는 방법에 대해서 생각해보자. 3차원 공간의 평면에 속해 있는 같은 시점 P를 가지는 두 개의 평행하지 않은 벡터를 생각하자. 그러면 평면상의 임의의 점 Q는 이 두 벡터를 이용해서 표현할 수 있다. 이 두 벡터에 동시에 수직인 벡터를 $\vec{n}$이라고 하면, 평면 위에 있는 임의의 벡터와 $\vec{n}$은 수직하다. 즉, $\overrightarrow{PQ} \cdot \vec{n} = 0$을 만족한다. 이로부터 다음의 정리를 얻는다.

정리 13.7

공간상에 한 점 $P(x_0, y_0, z_0)$를 지나고 벡터 $\vec{n} = (a, b, c)$에 수직인 평면의 방정식은

$$a(x - x_0) + b(y - y_0) + c(z - z_0) = 0$$

으로 주어진다.

위 정리에서 벡터 $\vec{n}$을 **법선벡터**라고 부른다.

예제 13.9_ 직선 $\dfrac{x-1}{2} = y - 2 = \dfrac{z+3}{-1}$에 수직하고 점 $(1, 1, 1)$을 지나는 평면의 방정식을 구하여라.

풀이 직선의 방향벡터는 $(2, 1, -1)$이고, 이 벡터가 구하는 평면의 법선벡터가 된다. 평면이 $(1, 1, 1)$을 지나므로, 구하는 평면의 방정식은

$$2(x-1) + (y-1) - (z-1) = 0$$

이다.

문제 13.9 직선 $\dfrac{x-3}{-2} = \dfrac{y}{1} = \dfrac{z-3}{-1}$에 수직하고 원점을 지나는 평면의 방정식을 구하여라. ◀

예제 13.10_ 세 점 $O(0, 0, 0)$, $P(1, 1, 1)$, $Q(1, 2, 3)$을 지나는 평면의 방정식을 구하여라.

풀이 평면의 법선벡터는 $\overrightarrow{OP} \times \overrightarrow{OQ} = \begin{vmatrix} \vec{i} & \vec{j} & \vec{k} \\ 1 & 1 & 1 \\ 1 & 2 & 3 \end{vmatrix} = (1, -2, 1)$이고 원점을 지나므로, 구하는 평면의 방정식은 $x - 2y + z = 0$이다.

문제 13.10 세 점 $P(1, 0, 1)$, $Q(0, 0, 3)$, $R(-1, 1, 1)$을 지나는 평면의 방정식을 구하여라. ◀

이제 점과 평면 사이의 거리를 구하는 방법을 알아보자.

정리 13.8

공간 위에 한 점 $P(x_0, y_0, z_0)$로부터 평면 $ax+by+cz+d=0$까지의 거리 l은 다음과 같이 주어진다.

$$l=\frac{|ax_0+by_0+cz_0+d|}{\sqrt{a^2+b^2+c^2}}$$

예제 13.11_ 점 $(1, 1, 1)$과 평면 $x+y+z=0$ 사이의 거리를 구하여라.

풀이 평면과 점 사이의 거리 공식에 의하여

$$l=\frac{|3|}{\sqrt{1^2+1^2+1^2}}=\sqrt{3}$$

문제 13.11 점 $(1, 1, 1)$과 평면 $x+y+z=6$ 사이의 거리를 구하여라. ◀

13.3 연습문제

1 점 $(1, 1, 1)$을 지나고 직선 $\frac{x-2}{3}=\frac{y-1}{-2}=-z$에 평행한 직선의 방정식을 구하여라.

2 공간상의 두 정점 $P(x_1, y_1, z_1)$, $Q(x_2, y_2, z_2)$로부터 같은 거리에 있는 점의 자취의 방정식을 구하여라.

3 다음 두 직선이 만나지 않음을 증명하여라.

$$l_1 : \frac{x-2}{-1} = \frac{y-1}{2} = \frac{z-5}{2}, \quad l_2 : x-1 = \frac{y-2}{-1} = \frac{z-1}{3}$$

4 평행한 두 평면

$$10x + 2y - 2z - 5 = 0, \quad ax + y + bz + c = 0$$

사이의 거리가 $\frac{\sqrt{3}}{6}$일 때 평면의 방정식 $ax + y + bz + c = 0$를 구하여라.

5 두 평면 $2x - y - 4 = 0$, $y + 2z = 0$의 교선의 방정식을 구하여라.

6 두 평면 $x + y + z = 1$, $2x - y + z = 3$이 이루는 각을 θ라고 할 때 $\sin\theta$ 를 구하여라.

7 다음 두 직선이 한 점에서만 만날 때, a의 값을 구하여라.

$$\frac{x-1}{2} = \frac{y-3}{3} = z-1, \quad \frac{x-3}{a} = \frac{y-6}{3} = z-2$$

8 직선 $\frac{x-1}{2} = \frac{y-1}{3} = \frac{z-2}{5}$와 평면 $x + y + z = 14$의 교점을 구하여라.

9 다음 세 직선이 이루는 삼각형을 포함하는 평면의 방정식을 구하여라.

$$x-1 = y-2 = z-3, \quad \frac{x+1}{2} = \frac{y+2}{3} = \frac{z+3}{4}, \quad \frac{x+1}{2} = \frac{y}{5} = \frac{z-1}{8}$$

10 직선 $\frac{x-1}{2} = \frac{y-1}{3} = \frac{z-1}{2}$과 평면 $x + 2y - 4z = 1$ 사이의 거리를 구하라.

13.4 벡터함수와 곡선

지금까지 공간에서 벡터를 이용해서 직선과 평면의 방정식을 얻는 방법에 대해서 공부했다. 이번 절에서는 공간곡선을 어떻게 수학적으로 공부할 수 있는지 알아볼 것이다. 직관적으로는 공간곡선은 고무줄(실직선 혹은 선분)을 늘리거나 구부려서 얻은 것이라고 생각할 수 있다.

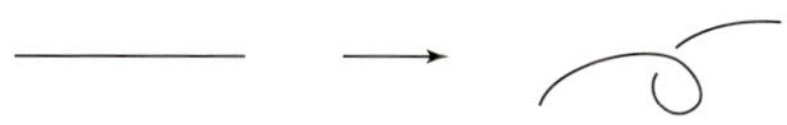

그림 13.5 곡선

수학적으로는 함수 $f(t)$, $g(t)$, $h(t)$가 실수 t의 연속함수일 때 실수 t를 벡터 $(f(t),\ g(t),\ h(t))$와 대응시키는 함수의 그래프라고 할 수 있다. 이러한 함수 $\vec{r}(t)$를 **벡터함수**라고 한다. 즉, $\vec{r}(t)=(f(t),\ g(t),\ h(t))$이다. 또한 우리는 곡선 C를 위와 같이 벡터함수로 표현하는 것을 **매개화**라고 한다.

예제 13.12_ $\vec{r}(t)=(\cos t,\ \sin t,\ t)$, $0\le t\le 2\pi$로 매개화된 곡선의 그래프를 그려라.

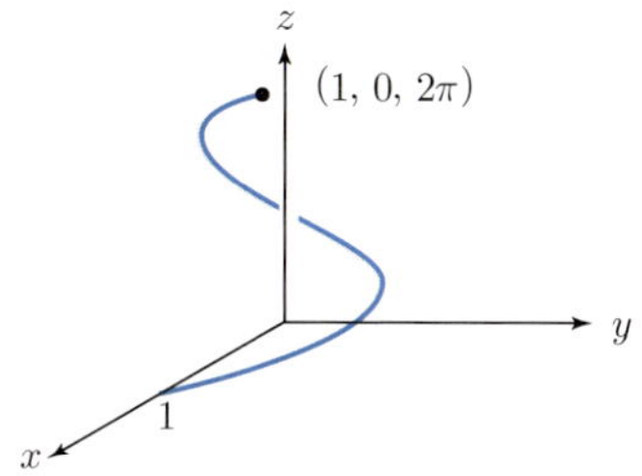

그림 13.6 나선의 그래프

문제 13.12 $\vec{r}(t)=(\cos 2t,\ \sin 2t,\ t)$, $0\le t\le 2\pi$로 매개화된 곡선의 그래프를 그려라. ◀

벡터함수 $\vec{r}(t)=(f(t),\ g(t),\ h(t))$의 미분은 각각의 성분함수 $f(t)$, $g(t)$, $h(t)$가 미분가능한 경우 $\vec{r}\,'(t)=(f'(t),\ g'(t),\ h'(t))$라고 정의한다. 벡터함수의 도함수는 주어진 점에서 접선벡터를 나타낸다.

예제 13.13_ 벡터함수 $\vec{r}(t) = (\cos t,\ t - \sin t,\ te^t)$에 대해서 $\vec{r}\,'(t)$를 구하여라.

풀이 벡터함수의 미분의 정의에서

$$\vec{r}\,'(t) = (-\sin t,\ 1 - \cos t,\ (t+1)e^t)$$

를 얻는다.

문제 13.13 벡터함수 $\vec{r}(t) = (\cos t,\ \sin t,\ t)$에 대해서 $\vec{r}\,'(t) \cdot \vec{r}(t)$를 구하여라. ◀

벡터함수의 미분에 대해서 다음이 성립한다.

정리 13.9

$\vec{r}(t)$, $\vec{s}(t)$가 미분가능한 벡터함수이고, $f(t)$는 실함수일 때 다음이 성립한다.

(1) $\dfrac{d}{dt}(f(t)\vec{r}(t)) = f'(t)\vec{r}(t) + f(t)\vec{r}\,'(t)$

(2) $\dfrac{d}{dt}\vec{r}(t) \cdot \vec{s}(t) = \vec{r}\,'(t) \cdot \vec{s}(t) + \vec{r}(t) \cdot \vec{s}\,'(t)$

(3) $\dfrac{d}{dt}\vec{r}(t) \times \vec{s}(t) = \vec{r}\,'(t) \times \vec{s}(t) + \vec{r}(t) \times \vec{s}\,'(t)$

위 정리의 증명은 벡터함수의 미분의 정의로부터 분명하므로 생략하기로 한다.

예제 13.14_ 벡터함수 $\vec{r}(t)$가 정의역에서 미분가능한 함수이고 $|\vec{r}(t)| = C$를 만족한다(여기서 C는 양의 상수). 그러면 $\vec{r}(t) \cdot \vec{r}\,'(t) = 0$임을 보여라.

풀이 $|\vec{r}(t)|^2 = C^2$ 이고 내적의 정의에 의해서 $\vec{r}(t) \cdot \vec{r}(t) = C^2$을 얻는다. 양변을 t로 미분하면 $2\vec{r}(t) \cdot \vec{r}\,'(t) = 0$ 이므로 $\vec{r}(t) \cdot \vec{r}\,'(t) = 0$이다.

문제 13.14 $\vec{r}(t) = (\cos t,\ \sin t,\ 1)$일 때 $\vec{r}(t) \cdot \vec{r}\,'(t) = 0$임을 보여라. ◀

벡터함수 $\vec{r}(t)$의 도함수가 접선벡터임을 이용하여 곡선의 접하는 직선의 방정식을 구할 수 있다. $t = t_0$에서 주어진 곡선에 접하는 직선의 방정식은

$$\vec{l}(t) = \vec{r}(t_0) + t\,\vec{r}'(t_0)$$

가 된다.

예제 13.15_ 나선 $\vec{r}(t) = (\cos t,\ \sin t,\ t)$(단, t는 실수) 위의 한 점 $(-1, 0, \pi)$에서 접선의 방정식을 구하여라.

풀이 $\vec{r}'(t) = (-\sin t,\ \cos t,\ 1)$이므로, 주어진 점에서 접선벡터는 $t=\pi$를 대입하여 $(0, -1, 1)$을 얻는다. 따라서, 접선의 방정식은

$$l(t) = (-1,\ -t,\ \pi + t)$$

가 된다.

문제 13.15 벡터함수 $\vec{r}(t) = (t,\ t^2,\ t^3)$, $t \geq 0$가 나타내는 곡선 위의 한 점 $(1, 1, 1)$에서 접선의 방정식을 구하여라. ◀

이제 공간곡선의 길이를 구하는 방법을 알아보자.

벡터함수 $\vec{r}(t)$, $a \leq t \leq b$로 주어진 곡선의 길이는 다음과 같이 적분을 통해서 구할 수 있다.

정리 13.10 (곡선의 길이)

미분가능한 벡터함수 $\vec{r}(t)$가 $a \leq t \leq b$인 구간에서 나타내는 곡선의 길이는

$$\int_a^b \left| \frac{d}{dt}\vec{r}(t) \right| dt$$

로 주어진다.

예제 13.16_ 나선 $\vec{r}(t) = (\cos t,\ \sin t,\ t)$, $0 \leq t \leq 2\pi$의 길이를 구하여라.

풀이 $$\int_0^{2\pi} \left| \frac{d}{dt}\vec{r}(t) \right| dt = \int_0^{2\pi} |(-\sin t,\ \cos t,\ 1)| dt = \int_0^{2\pi} \sqrt{2}\, dt = 2\sqrt{2}\,\pi$$

문제 13.16 나선 $\vec{r}(t) = (\cos 2t,\ \sin 2t,\ 2t)$, $0 \leq t \leq \pi$의 길이를 구하여라. ◀

참고

위의 문제는 곡선의 길이는 곡선의 벡터함수 표현에 의존하지 않는다는 것을 보여준다.

13.4 연습문제

1 다음 벡터함수가 나타내는 곡선의 그래프를 그려라.

(1) $\vec{r}(t) = (t,\ t,\ t)$, t는 실수

(2) $\vec{r}(t) = (4\cos t,\ 9\sin t)$, $0 \le t \le 2\pi$

(3) $\vec{r}(t) = (4\cos t,\ 9\sin t,\ -t)$, $0 \le t \le 2\pi$

2 위의 연습문제 1번의 벡터함수들의 대해서 $t=1$인 곡선 위의 한 점에서 접선의 방정식을 구하여라.

3 벡터함수 $\vec{r}(t)$가 두 번 미분가능한 함수라고 하자. 또한 모든 점에서 접선벡터의 크기가 일정하다고 하자. 그러면 $\vec{r}''(t)$와 $\vec{r}'(t)$가 서로 직교함을 보여라.

4 공간을 움직이는 물체의 위치가 $\vec{s}(t) = (f(t), g(t), h(t))$인 벡터함수로 주어졌을 때, 이 물체의 속력은 $\left|\dfrac{d}{dt}\vec{s}(t)\right|$로 주어진다. 공간상에서 시간 t에 따른 위치가 $\vec{s}(t) = (-2t^2, 10t, t^3)$으로 주어지는 물체의 속력이 최소가 되는 시간 t를 구하여라.

5 곡선 $\vec{r}(t) = (t, t^2, t^3)$ 위의 한 점$(1,1,1)$에서 $\vec{r}'(1)$과 $\vec{r}''(1)$에 동시에 수직한 벡터를 하나 구하여라.

6 곡선 $\vec{r}(t) = \left(\dfrac{t^3}{3}, \dfrac{t^2}{4}, \dfrac{t^2}{4}\right)$로 주어진 곡선에 대해서 점 $(0,0,0)$에서 점 $(72,9,9)$까지의 거리를 구하여라.

7 매개곡선 $\vec{r}(t) = (4\cos t,\ 3\sin t)$와 직선 $x + y = 1$의 교점을 구하여라.

8 어떤 물체의 시간 t에서 위치벡터가 $\vec{r}(t) = (t - \sin t,\ 1 - \cos t,\ 2)$일 때 $t = 0$에서 $t = 2\pi$까지 움직인 거리를 구하여라.

9 사이클로이드 $x = r(t - \sin t)$, $y = r(1 - \cos t)$의 한 주기의 호의 길이를 구하여라. (도움말: 주기는 2π이다.)

문제 및
연습문제 풀이

1장 식의 계산

1.1 (1) $\frac{8}{27}$ (2) $\frac{27}{8}$ (3) 9 (4) 1

1.2 (1) $-\frac{1}{2}$ (2) 8

1.3 (1) $36x^6y^8$ (2) $\frac{xy^4}{z^2}$ (3) $2x^2y$ (4) $8x^{11/4}y^3$

1.4 (1) $2x^2-9x+3$ (2) $6x^2-11xy+2z+4+\sqrt{2}$

1.5 (1) x^2-3 (2) $10x^2+11x-6$ (3) $4x^2-12x+9$ (4) $x^3-3x^2\sqrt{x}+3x^2-x\sqrt{x}$

1.6 (1) $3x(x-2)$ (2) $(x+3)(x-2)$ (3) $(2x-1)(x-3)$ (4) $(2x-3y)(2x+3y)$

1.7 (1) $(3x+y)^2$ (2) $2(x-\sqrt{3})^2(x+\sqrt{3})^2$ (3) $(2x-y)^3$ (4) $(3x^2-2)(9x^4+6x^2+4)$

1.8 (1) $(x-2)(x-\sqrt{3})(x+\sqrt{3})$ (2) $(x+y+1)(3x-y+1)$

1.9 $a=3,\ b=-12,\ c=2$

1.10 (1) $4x^2+2x,\ -7x+1$ (2) $x^2-2x+4,\ -4$

1.11 0

1.12 $p(x)=(x-5)(x-\sqrt{3})(x+\sqrt{3})$

1.13 $p(x)=\frac{2}{5}(x-1)(x+3)^2$

1.14 (1) $\frac{x-2}{x+4}$ (2) $\frac{2}{(x+1)(x+4)}$ (3) $\frac{x+3}{(x-2)(x+1)}$ (4) $\frac{2}{(x+1)(x-1)}$

1.15 (1) $\frac{x^2+2x+3}{x+2}$ (2) $\frac{x^2-15x+6}{2(x+3)^2(x-3)}$ (3) $\frac{x(x+y)}{y(x-y)}$ (4) $-\frac{2x+h}{x^2(x+h)^2}$

1.16 (1) $-1 \le x \le 1$ (2) $-1 < x < 1$

1.17 (1) $\sqrt{\frac{1}{1-x^2}}$ (2) $2x\sqrt{2x}$

1.18 $\frac{7-2\sqrt{10}}{3}$

연습문제 1.1

1. (1) $\frac{1}{2}$ (2) $\frac{1}{4}$ (3) $\frac{10}{3}$ (4) $\frac{16}{9}$

(5) $\frac{1}{3}$ (6) 12

2. (1) $\frac{2}{x^2}$ (2) $\frac{9x^2}{4}$ (3) $\frac{x^6}{64}$ (4) $\frac{16x^{4/3}}{y^2z^{2/3}}$

(5) $\frac{3y^{25/6}}{x^{1/2}}$ (6) $\frac{a^{1/2}}{b^4xy^{7/3}}$

3. $-\frac{97}{18}$

4. 11, 12

5. $\frac{1.5\times10^8}{3\times10^5}$초$=500$초

6. $2^{40}-2^{10}<4^{21}-4^{20}$

7. $0.1\times2^{10}\text{mm}=10.24\text{cm}$

8. $\frac{2\times2^{10}}{64}=32$배

9. $\frac{2}{3}$

10. 36

11. $2^{2/3}$

연습문제 1.2

1. (1) $x-1$ (2) x^4-9y^2

(3) $12x^4-2x^3-13x^2+6x$ (4) $3x^2+5xy+2x+2y^2-8$

2. (1) $(x-\sqrt{10})(x+\sqrt{10})$ (2) $(x+4)(x+6)$

(3) $(x-4)(x-6)$ (4) $(x+8)^2$

(5) $(3x-1)(5x+2)$ (6) $x^2(x+5)(x+7)$

(7) $(x+1)(x-1)^2$ (8) $3x^{-1/2}(x-1)(x-2)$

(9) $(1+x)^{-2/3}(1+2x)$ (10) $x(xy-7)^2$

(11) $(x-1)(x+1)(x^2+x+1)(x^2-x+1)$

(12) $(a+b)(x-y)(x+y)$

3. $10^5-10^3-10^2+1$

4. 1,800

5. c가 빗변인 직각삼각형

6. 1

7. $\frac{17}{2}$

8. $5\cdot2^{2018}$

9. $\frac{1}{2}$, 1, 2

10. -2, 3

11. 65

연습문제 1.3

1. $a=-2,\ b=2,\ c=3$

2. 128

3. 몫 $3x^2-8x+5$, 나머지 $-15x-2$

4. (1) $(2x-1)(2x^2+2x-1)$ (2) $(x+1)(3x^3-4x^2+2x-1)+3$

5. (1) $p(x)=2x(x-3)(x-5)$ (2) $p(x)=4(x-3)^2(x-5)^2$

6. (1) $(x-2)(x+2)(x+3)$ (2) $(x-3)(x+3)(x+5)(3x-2)$
   (3) $(x-1)(x+2)^2(x-3)(x+3)$ (4) $(x-1)(x+1)(x+2)(x+4)$

7. $a=-7,\ b=-60$

8. (1) $\frac{2}{3}$ (2) $1,\ -2$ (3) 2 (4) $1,\ 2$

9. 1

10. $4+2\sqrt{2}\,\text{m}$

연습문제 1.4

1. (1) $\frac{x+2}{x}$ (2) $\frac{2x}{3}$
   (3) $\frac{x-5}{x-3}$ (4) $\frac{(2x+y)}{(x-2y)}$
   (5) $\frac{1}{(x+1)(x+2)}$ (6) $\frac{-8x+35}{(x+5)(x-1)}$
   (7) $\frac{1}{x}$ (8) $\frac{1}{x-3}$
   (9) $-\frac{3x^2+3xh+h^2}{(x+h)^3x^3}$ (10) $\frac{y-x}{xy}$

2. (1) $\frac{x^2+x+2}{\sqrt{x}\sqrt{x+2}}$ (2) $\frac{1}{\sqrt{1-x^2}}$
   (3) $\sqrt{x}-1$ (4) $2x$

3. (1) $-1-\sqrt{2}$ (2) $\frac{\sqrt{10}+2}{3}$
   (3) $-2\sqrt{3}-2\sqrt{2}$ (4) $\frac{x(\sqrt{3}-\sqrt{x})}{3-x}$

4. (1) $\frac{4}{3(\sqrt{5}+1)}$ (2) $\frac{1}{\sqrt{x+h}+\sqrt{x}}$

5. (1) $R=\frac{R_1R_2}{R_1+R_2}$ (2) $R=\frac{20}{3}\Omega$

6. (1) $v=\dfrac{14}{\dfrac{4}{x}+\dfrac{10}{3x}}$ (2) 시속 4km

7. (1) $A=-1, B=2$ (2) $A=1,\ B=2,\ C=4$

8. 42m

2장 방정식과 부등식

2.1 (1) $x=\dfrac{5}{2}$ (2) $x=7$ (3) $x=0$ (4) $x=-2$

2.2 (1) $x=-\dfrac{8}{3}$ (2) $x=1$

2.3 $r=\sqrt{\dfrac{GmM}{F}}$

2.4 (1) $x=2,\ -\dfrac{4}{3}$ (2) $x=0,\ 6$

2.5 (1) $x=3,\ -4$ (2) $x=\dfrac{3}{2},\ 2$

2.6 (1) $x=-\dfrac{\sqrt{2}}{2}$ (2) $x=\dfrac{-1\pm\sqrt{3}\,i}{2}$

2.7 (1) 서로 다른 두 실근 (2) 서로 다른 두 허근

2.8 (1) $x^2-5x-24=0$ (2) $x^2+x+\dfrac{5}{2}=0$

2.9 (1) $x=\pm 2,\ \pm 2i$ (2) $x=0,\ \pm 3$
(3) $x=3,\ \pm i$ (4) $x=0, \pm 2,\ \pm\sqrt{3}$

2.10 (1) $x=\pm 1,\ \pm 2$ (2) $x=5,\ 6$
(3) $x=\pm\dfrac{1}{3},\ \pm 1$ (4) $x=1,\ \dfrac{1\pm\sqrt{3}\,i}{2}$

2.11 (1) $x=2,\ y=-3,\ z=-2$ (2) $x=7,\ y=1,\ z=-2$

2.12 (1) $(-2,\ 7), (4,\ 1)$ (2) $(4,\ 2), (-4,\ -2), (2,\ -4), (-2,\ 4)$

2.13 (1) $x\geq 2$ (2) $2\leq x<5$

2.14 5℃에서 10℃

2.15 (1) $x\leq -1,\ x\geq 4$ (2) $x<-1,\ x>2$

2.16 (1) $\dfrac{1}{2}\leq x\leq 1$ (2) $x<-1$

2.17 코시-슈바르츠 부등식에 의해

$$n^2 = \left(\sqrt{a_1}\frac{1}{\sqrt{a_1}} + \cdots + \sqrt{a_n}\frac{1}{\sqrt{a_n}}\right)^2 \le (a_1 + \cdots + a_n)\left(\frac{1}{a_1} + \cdots + \frac{1}{a_n}\right)$$

이다. 그런데 $a_1 + \cdots + a_n = 1$이므로 증명된다.

연습문제 2.1

1. (1) $x = 2$ (2) $x = \frac{8}{11}$ (3) $x = -1$ (4) $x = 5$

(5) $x = 1$ (6) $x = 1, -5$

2. $-1/3$

3. $10/7$

4. 2

5. 1

6. $50g$

7. (1) $r = 100\left(\sqrt{\frac{p}{a}} - 1\right)$, (2) 연 10%

연습문제 2.2

1. (1) $x = -2, 4$ (2) $x = -\frac{3}{2}, 1$

(3) $x = 4 \pm \sqrt{3}$ (4) $x = \frac{2 \pm \sqrt{2}i}{3}$

(5) $x = \frac{\sqrt{5} \pm \sqrt{3}i}{2}$ (6) $x = -\frac{4}{3}$

(7) $x = -10 \pm 4\sqrt{10}$ (8) $x = 1, \frac{a+1}{a}$

2. -2

3. 2

4. 13

5. (1) $1, 3, 2 \pm \sqrt{7}$ (2) $0, 2, 1 \pm \sqrt{3}$

6. (1) $x^2 - 3x - 18 = 0$ (2) $-3, 6$

7. 4, 5

8. 일곱 살

9. 12m

10. (1) 8초 후 (2) 2초, 6초 후

연습문제 2.3

1. (1) $x=1, \pm 3$　　(2) $x=-1, -1\pm 2i$

(3) $x=1, \dfrac{-1\pm\sqrt{3}i}{2}$　　(4) $x=-3, \pm 3i$

(5) $x=1, -1\pm\sqrt{2}i$　　(6) $x=\pm\dfrac{1}{2}, \pm\dfrac{1}{\sqrt{2}}i$

(7) $x=-\dfrac{3}{4}, -\dfrac{3}{2}$　　(8) $x=\pm 3$

2. 1

3. (1) $p=q=1$　　(2) $1, -i$

4. $-1, 7$

5. (1) $(-1, 2, -3)$　　(2) $(3, -2, 7)$

(3) $(-4, -11), (4, -11)$　　(4) $(-\sqrt{6}, 6)$

6. $x=\dfrac{3}{2}, y=-2$

7. 4

8. $a=-8, b\neq 3$

9. (1) $\dfrac{1{,}000{,}000}{x}-75{,}000=\dfrac{1{,}000{,}000}{x+3}$　　(2) 5개

10. (1) $\begin{cases} x+y=17 \\ xy=60 \end{cases}$　　(2) 5, 12, 13

연습문제 2.4

1. (1) $x\geq 40$　　(2) $\dfrac{1}{3}<x\leq\dfrac{4}{3}$

(3) $x\leq-\dfrac{1}{2}, x\geq\dfrac{7}{2}$　　(4) $-1<x<1$

(5) $x<-2, x>7$　　(6) $-3\leq x\leq -2$

(7) $x<1-\sqrt{5}, x>1+\sqrt{5}$　　(8) $x\leq -2, x\geq\dfrac{1}{2}$

(9) $x<\dfrac{5}{3}, x>3$

(10) $x\leq-\sqrt{11}, 1\leq x\leq 2, x\geq\sqrt{11}$

2. 4

3. $k>\sqrt{12}, k<-\sqrt{12}$

4. (1) 산술평균과 기하평균 관계식에 의해서

$$1 = \sqrt{\frac{b}{a} \cdot \frac{a}{b}} \le \frac{b/a + a/b}{2}$$

(2) 코시-슈바르츠 부등식에 의해

$(ab+bc+ca)^2 \le (a^2+b^2+c^2)(c^2+b^2+a^2)$

양변 모두 양수이므로 제곱근을 취하면 된다.

5. $\frac{2}{3}$

6. 0

7. 50

8. $\frac{1}{3}$초 이상 7.5초 이하

9. $30 \le v \le 90$

3장 도 형

3.1 (1) $\sqrt{5}$ (2) $\pm\frac{3\sqrt{2}}{2}$

3.2 (1) $(-1,\ 4)$ (2) 5

3.3 $m=-2$

3.4 (1) $y=-3x-2$ (2) $y=2x-1$

3.5 (1) $y=-3x+8$ (2) 기울기 $-\frac{2}{3}$, y절편 2

3.6 $x=3$

3.7

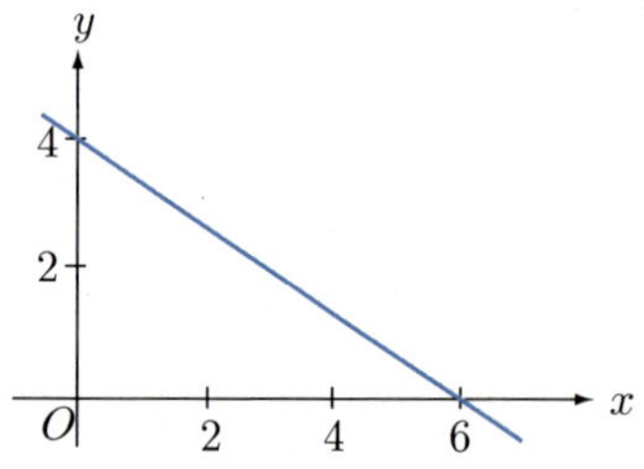

3.8 $y=2x-8$

3.9 $y=-\frac{1}{3}x-1$

3.10 (1) 기울기: 0.02, 연 평균온도의 상승률

T절편: 8.5, 1900년의 평균기온

(2) 12.5

3.11 (1) $\sqrt{a^2+1}$ (2) $\frac{4}{\sqrt{13}}$

3.12 $(x-2)^2+(y+1)^2=7$

3.13 중심은 $(-2, 3)$, 반지름의 길이는 4

3.14 $(x-1)^2+(y+1)^2=25$

3.15 $(x-3)^2+(y-4)^2=\frac{4}{5}$

3.16

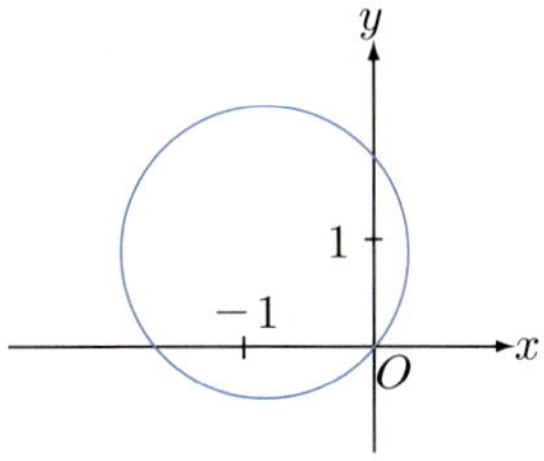

3.17 (1)

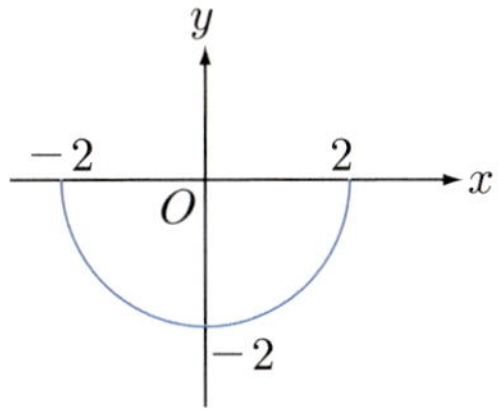

(2)

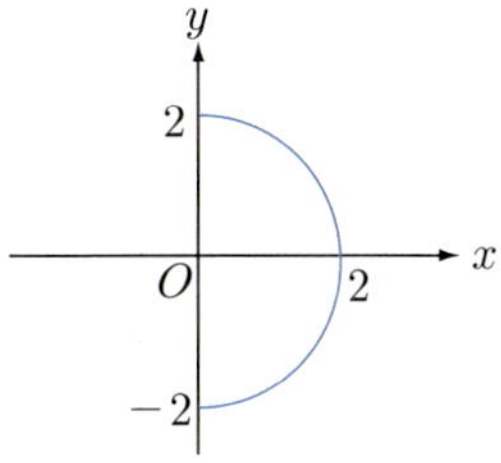

3.18

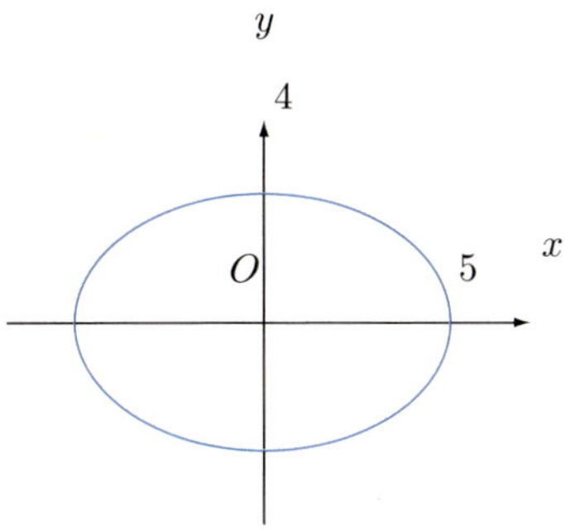

연습문제 3.1

1. (1) 5 (2) $6\sqrt{2}$

2. 4.5

3. $(a, -b)$, $(-a, b)$, $(-a, -b)$, (b, a)

4. 90도

5. $(0, 1)$

6. 2

7. -13

8. 3

9. $xy=\frac{1}{18}$

연습문제 3.2

1. (1) $-\frac{1}{2}$ (2) 0

2. $-\frac{1}{4}$

3. (1) $y=\frac{1}{5}x+3$ (2) $y=-x+a+b$

4. (1) $y=-2x+4$ (2) $y=2$ (3) $x=-1$ (4) $y=-\frac{1}{2}x+2$

5. $y=\frac{1}{2}x-\frac{5}{2}$ 또는 $x-2y-5=0$

6. $k=-1$

7. $\frac{1}{8}$

8. $-\frac{7}{2}$

9. 3

10. $\frac{1}{3}$

연습문제 3.3

1. (1) $m=-2$ (2) $m=3$ (3) $m=-\frac{1}{3}$

2. (1) $y=-2x+4$ (2) $y=\frac{1}{2}x+2$ (3) $y=2x-3$ (4) $y=-2x+5$

3. (1) $\frac{3}{5}$ (2) $\sqrt{10}$

4. $y=2x-1,\ y=\frac{1}{2}x+2$

5. $\sqrt{5}$

6. 0

7. 1

8. 4

9. $a=-3,\ b=-15$

10. $-\frac{9}{4}$

연습문제 3.4

1. (1) $(-2, 1),\ \sqrt{10}$ (2) $(2, 0),\ 2\sqrt{3}$

2. $(x-2)^2+(y-1)^2=50$

3. $(x-1)^2+(y+2)^2=25$

4. $\sqrt{31}$

5. $\frac{x^2}{4}+\frac{y^2}{2}=1$

6. $2\sqrt{13}$

7. 9

8. 16

9. (1)

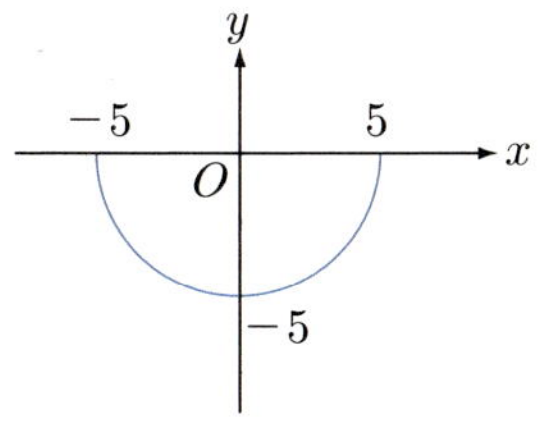

(2)

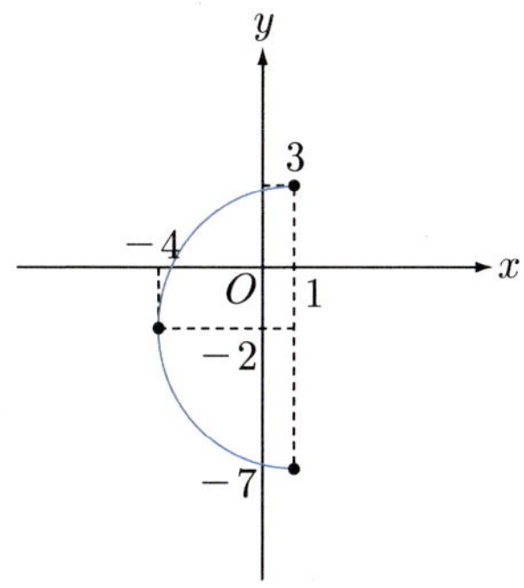

10.

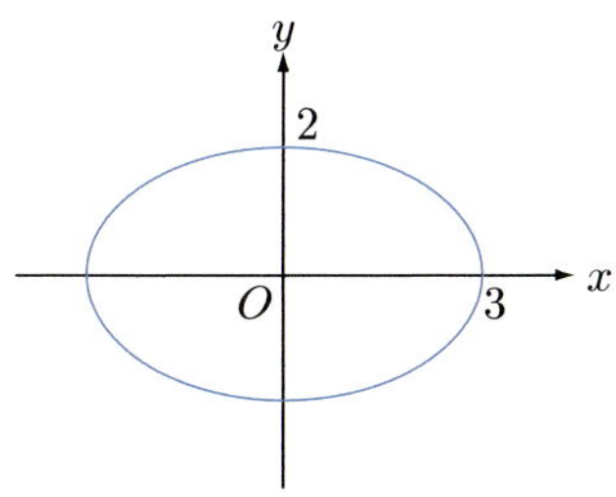

4장 집합과 함수

4.1 (1) $\{1, 5, 7, 11, 13, 17, 19\}$ (2) $\{1, 2\}, \{1, 2, 3\}, \{1, 2, 4\}, \{1, 2, 3, 4\}$

4.2 (1) $\{x \in \mathbb{R} : 1 \leq x \leq 4\}$ (2) $\{x \in \mathbb{R} : x \geq -1\}$

4.3 $A \cup B = (-\infty, 2]$, $A \cap B = [-10, 1)$,

$A - B = [1, 2]$, $B - A = (-\infty, -10)$

4.4 $A \times B = \{(1, 3), (1, 4), (1, 5), (2, 3), (2, 4), (2, 5)\}$

$B \times A = \{(3, 1), (3, 2), (4, 1), (4, 2), (5, 1), (5, 2)\}$

4.5 (1) 4 (2) 1 (3) 0 (4) -3

4.6 (1) $\mathbb{R}$ (2) $x \geq 2$ (3) $\mathbb{R} - \{-4, 4\}$ (4) $(-1,1]$

4.7 (1) $\dfrac{1}{a+1}$ (2) $\dfrac{1}{-a+1}$

(3) $\dfrac{1}{a+h+1}$ (4) $-\dfrac{1}{(a+h+1)(a+1)}$

4.8 $(x-3)^2$

4.9 (1) $(f+g)(4) = 5$, $(f-g)(4) = -1$, $(fg)(3) = 4\sqrt{3}$, $\left(\dfrac{f}{g}\right)(3) = \dfrac{\sqrt{3}}{4}$

(2) $(f+g)(x) = \sqrt{x} + \sqrt{25 - x^2}$, $0 \leq x \leq 5$

$$(f-g)(x)=\sqrt{x}-\sqrt{25-x^2},\ 0\le x\le 5$$

$$(fg)(x)=\sqrt{x}\sqrt{25-x^2},\ 0\le x\le 5$$

$$\left(\frac{f}{g}\right)(x)=\frac{\sqrt{x}}{\sqrt{25-x^2}},\ 0\le x<5$$

4.10 (1) $(f\circ g)(0)=4$, $(g\circ f)(2)=0$

(2) $(f\circ g)(x)=\dfrac{2\sqrt{4-x}}{\sqrt{4-x}-1}$, $(-\infty,\ 3)\cup(3,\ 4]$

$(g\circ f)(x)=\sqrt{\dfrac{2x-4}{x-1}}$, $(-\infty,\ 1)\cup[2,\ \infty)$

4.11 $(f\circ g)(n)=500(n^2+n+3)$, 노동자의 수에 따른 공장의 하루 매출액

4.12 $f(a)=f(b)$라 하면 $2a+1=2b+1$이다. 따라서 $a=b$이므로 일대일 함수이다.

4.13 3

4.14 (1) $f^{-1}(x)=\dfrac{1}{2}(x-1)$ (2) $f^{-1}(x)=(3x+2)^{1/3}$

4.15 정리 4.9에 의해서 $f\circ f^{-1}=I$이고 $f^{-1}\circ f=I$이다. 다시 정리 4.9에서 함수 f^{-1}에 대하여 두 성질은 만족하는 함수는 f^{-1}의 역함수라 했으므로 $(f^{-1})^{-1}=f$이다.

4.16 (1)

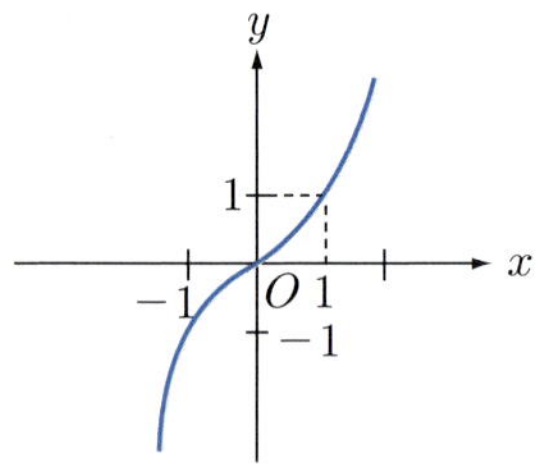

(2)

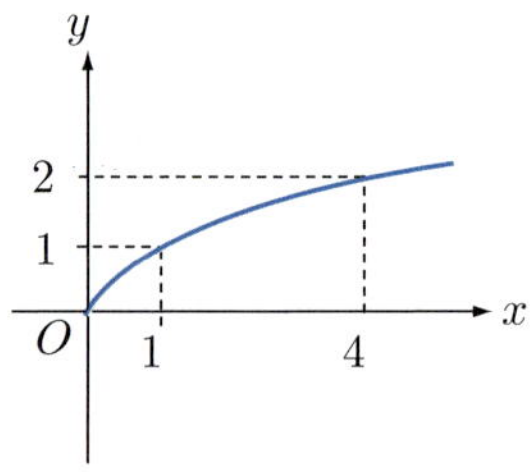

4.17

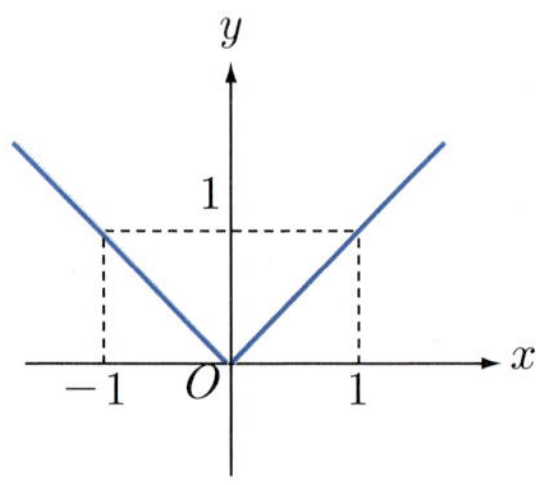

4.18 x절편 $\dfrac{2}{3}$, y절편 -2

4.19 (1)

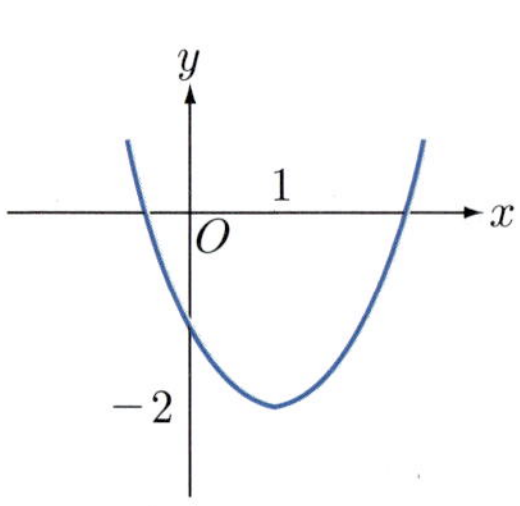

(2)

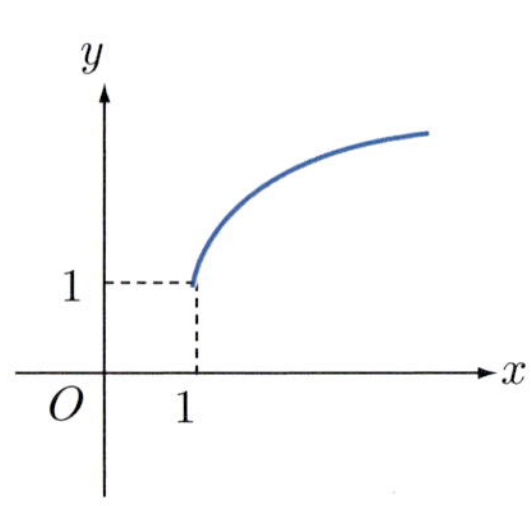

4.20 (1) 우함수 (2) 기함수

4.21 $(f+g)(-x)=f(-x)+g(-x)=-f(x)-g(x)$

$$=-(f(x)+g(x))=-(f+g)(x)$$

이므로 $f+g$는 기함수이고

$(fg)(-x)=f(-x)g(-x)=(-f(x))(-g(x))$

$$=f(x)g(x)=(fg)(x)$$

이므로 fg는 우함수이다.

4.22 (1)

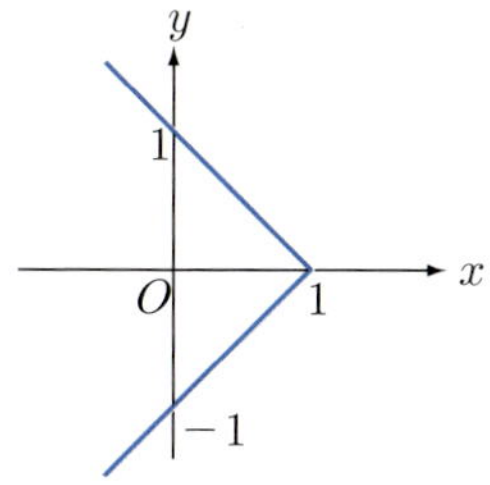

(2)

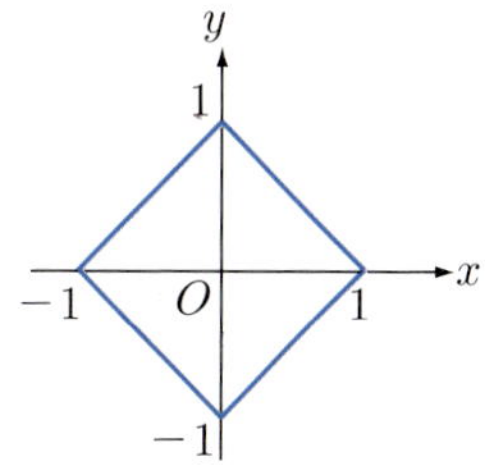

4.23

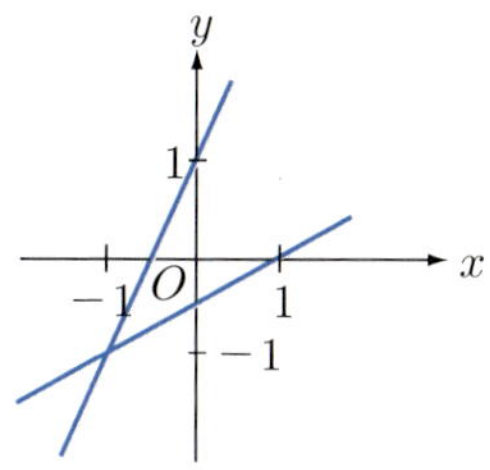

4.24 (1)

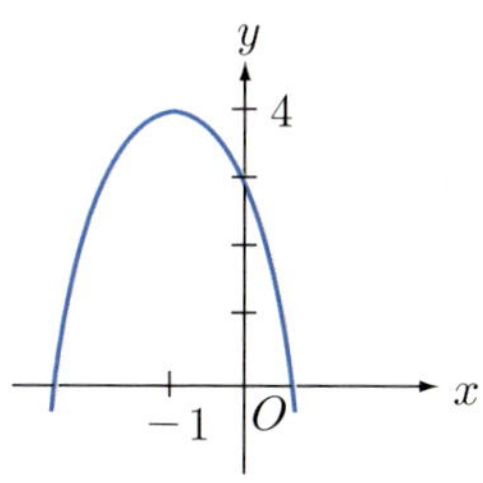

(2)

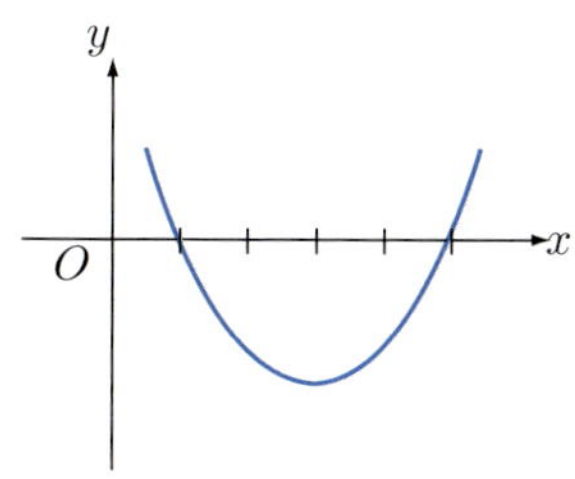

4.25 $a=2, 6$

4.26 (1)

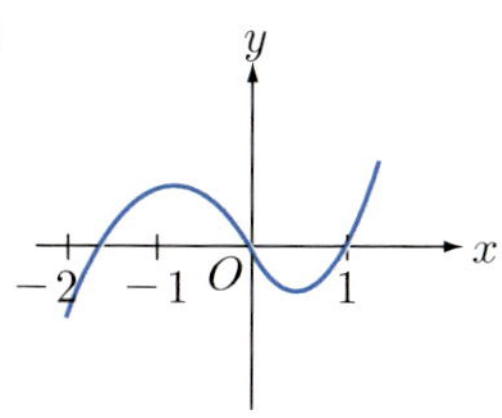

(2)

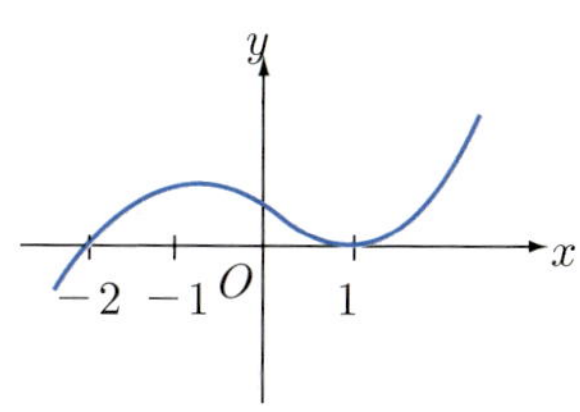

4.27 (1) $-3<x<5$

(2) $x\le -1,\ 1\le x\le 3$

4.28 (1) 점근선 $x=1, y=-1$

(2) 점근선 $x=\frac{1}{2},\ y=2$

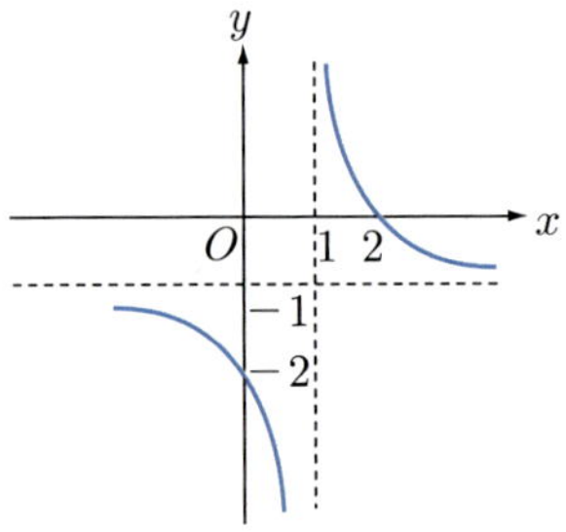

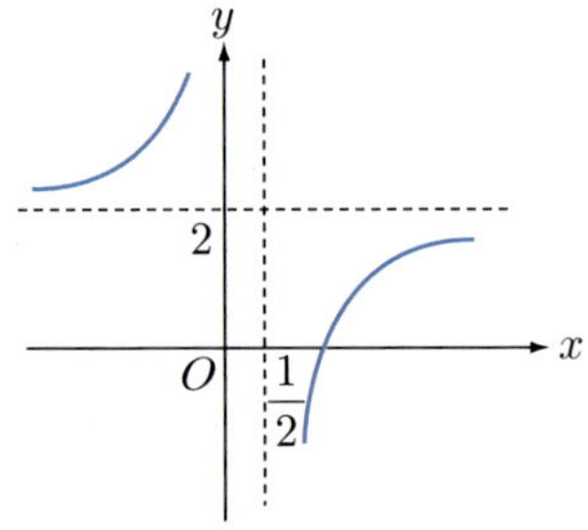

4.29 (1)

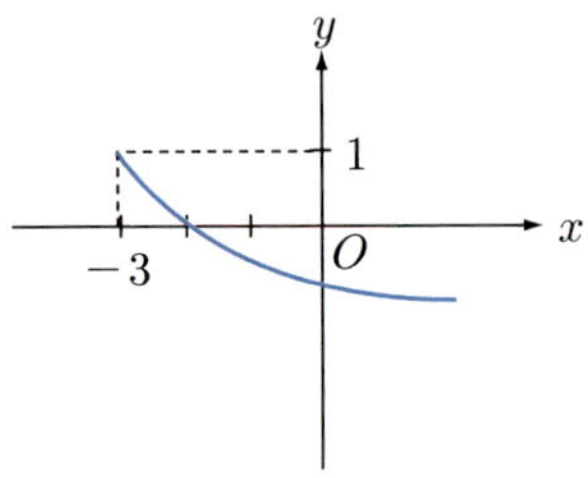

(2)

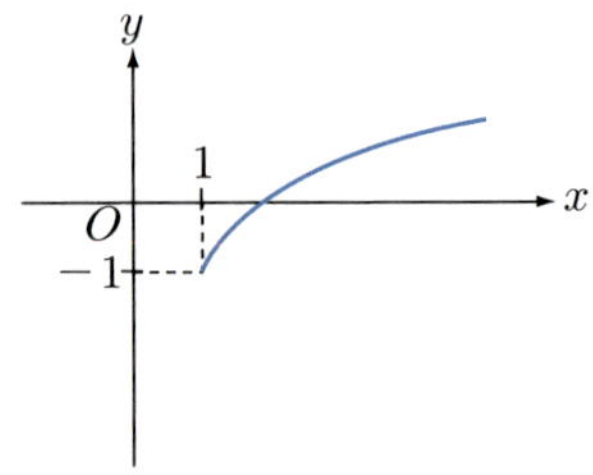

연습문제 4.1

1. (1) $\{2\}$ (2) $\{-2,2\}$ (3) $\{0\}$ (4) $\varnothing$

(5) $\{-12, -9, -6, -3, 0, 3, 6, 9, 12, 15\}$

2. $A \cup B = \{a, b, c, d, e, f, i, o, u\}$, $A \cap B = \{a, e\}$,

$A - B = \{b, c, d, f\}$, $B - A = \{i, o, u\}$

3. $A \cup B = (-5, \infty)$, $A \cap B = (-1, 5)$, $A - B = (-5, -1]$, $B - A = [5, \infty)$

4. 6명 **5.** 2개

6. 8개 **7.** 43

8. 13

연습문제 4.2

1. (1) $\mathbb{R}$ (2) $\mathbb{R} - \{-1\}$

(3) $\mathbb{R} - \{-2,3\}$ (4) $(-\infty,-2] \cup [3,\infty)$

(5) $(-3,\infty)$ (6) $\mathbb{R}$

2. (1) $-\dfrac{1}{3}$ (2) $\dfrac{1}{3}$

(3) $-\dfrac{a}{2+a}$ (4) $\dfrac{a-1}{a+1}$

3. (1) 0 (2) 2

(3) $6a+3h-2$ (4) $-\dfrac{1}{(a+h+2)(a+2)}$

4. $\dfrac{1}{2}$

5. (1) 1 (2) 1 (3) 1

6. $f(4x)=32x^2-12x+1$

7. $f(x)=x^2+x+3$

연습문제 4.3

1. (1) $(f+g)(x)=1,\ x\neq -1$ (2) $(f-g)(x)=\dfrac{1-x}{x+1},\ x\neq -1$

(3) $(fg)(x)=\dfrac{x}{(x+1)^2},\ x\neq -1$ (4) $(\dfrac{f}{g})(x)=\dfrac{1}{x},\ x\neq 0,-1$

2. (1) $(f\circ g)(x)=\sqrt{\sqrt{4-x^2}-2}$, $\{0\}$ (2) $(g\circ f)(x)=\sqrt{6-x}$, $[2,6]$

3. $\dfrac{2}{3}$

4. (1) $f(x)=x^4,\ g(x)=2x+3$ (2) $f(x)=x^3-x+1,\ g(x)=x+2$

5. $(h\circ(g\circ f))(x)=3x^2-12x+10$ $((h\circ g)\circ f)(x)=3x^2-12x+10$

6. $-3,\ 4$

7. 3

8. $f(x)=x,\ f(x)=-x$

연습문제 4.4

1. (1) $f(a)=f(b)$라 하면 $\sqrt{a}+2=\sqrt{b}+2$이므로 $\sqrt{a}=\sqrt{b}$이다.
양변을 제곱하면 $a=b$이므로 일대일 함수이다.
(2) $f(0)=f(-2)=4$이므로 일대일 함수가 아니다.

2. (1) $f^{-1}(x)=\dfrac{2x+1}{x-2}$ (2) $f^{-1}(x)=\dfrac{1}{5}(x^2-2)$

3. (1) $C=\dfrac{5}{9}(F-32)$ (2) 화씨온도를 섭씨온도로 바꾸는 함수

4. 3개

5. 2

6. $\dfrac{5}{3}$

7. $y=\dfrac{1}{k}f(x)$

연습문제 4.5

1. (1)

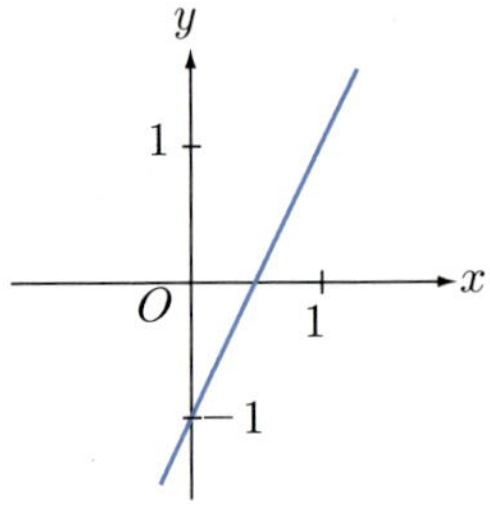

(2)

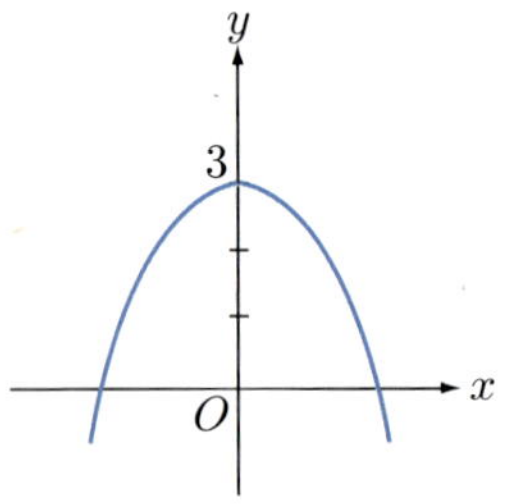

(3)

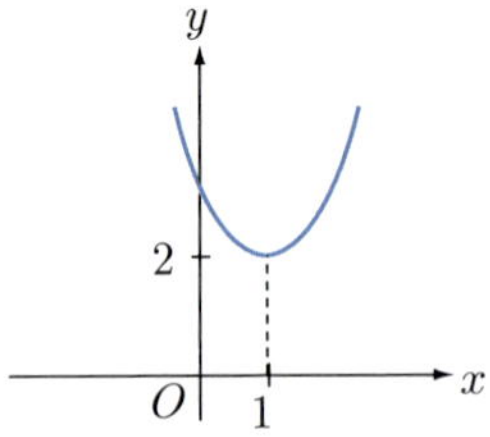

(4)

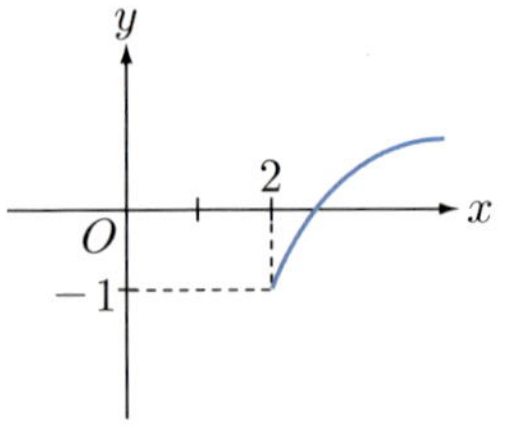

2. (1) x절편 $1, -1$, y절편 1　　(2) x절편 $3, -3$, y절편 $2, -2$

3. $(f+g)(-x) = f(-x) + g(-x) = f(x) + g(x)$

$\quad = f(x) + g(x) = (f+g)(x)$

이므로 $f+g$는 우함수이고

$(fg)(-x) = f(-x)g(-x) = f(x)g(x) = f(x)g(x) = (fg)(x)$

이므로 fg는 우함수이다.

4. (1)

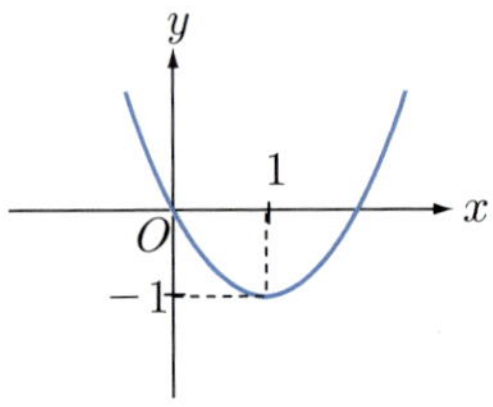

(2)

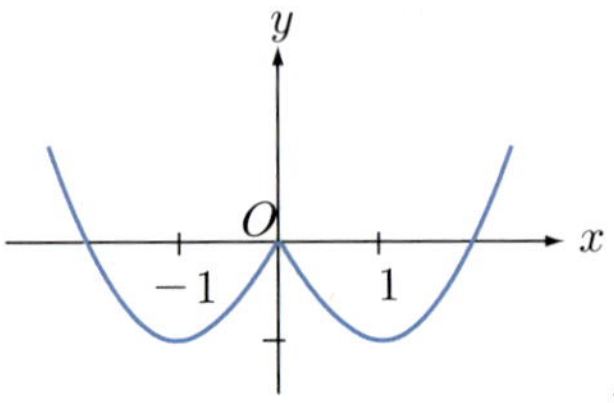

(3)

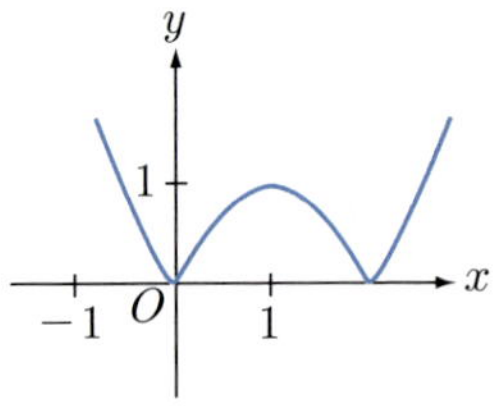

(4)

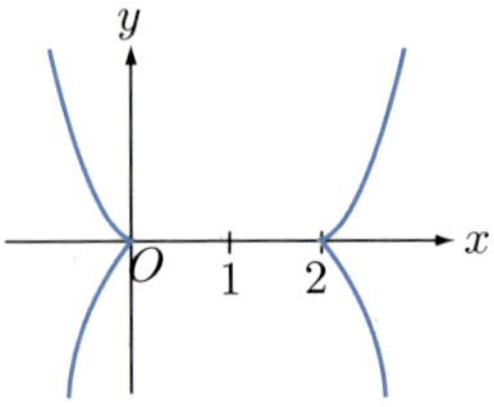

(5)

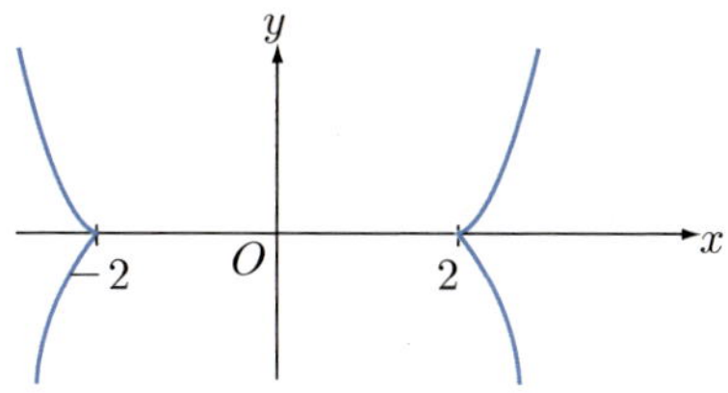

5. (1) 우함수 (2) 기함수

6. (1) 0 또는 −1 (2) 0 또는 1

7. −2

연습문제 4.6

1. (1)

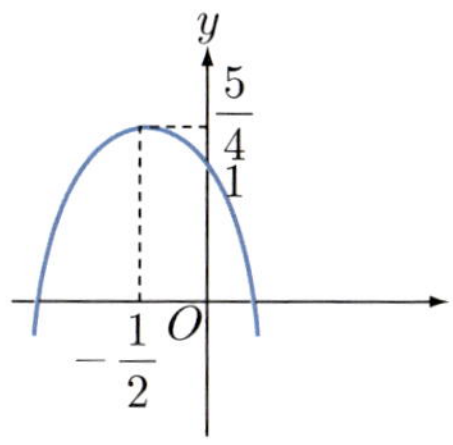

(2)

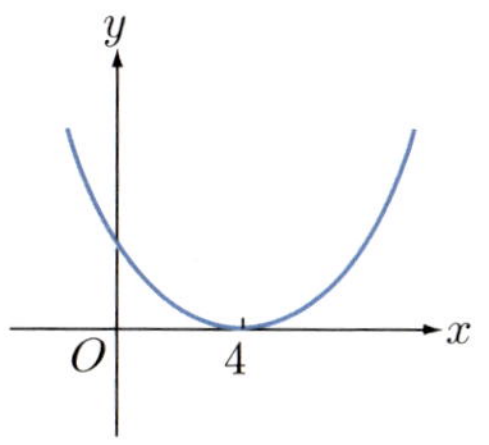

(3)

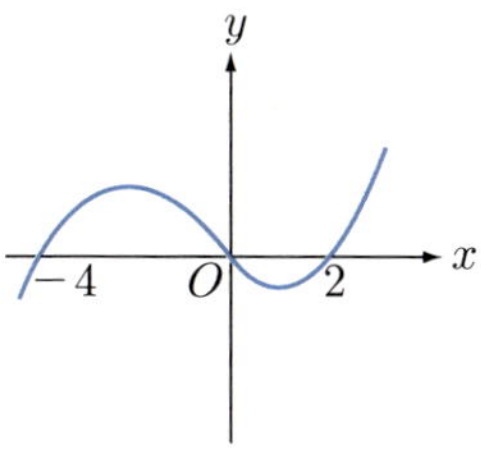

(4)

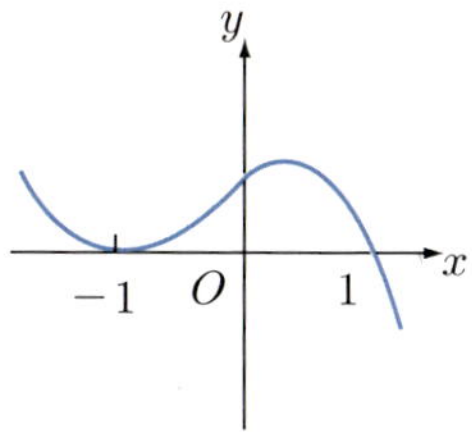

2. $a>1$

3. $b<10$

4. (1) $-1\le x\le 3$ (2) $-3\le x\le \frac{1}{2},\ x\ge 3$

(3) $x>1$ (4) $-1<x<0,\ x>\frac{1}{2}$

5. $a>0$

6. $a=4$

7. ⑤

8. $a+b=0,\ a\ge -2$

연습문제 4.7

1. (1)

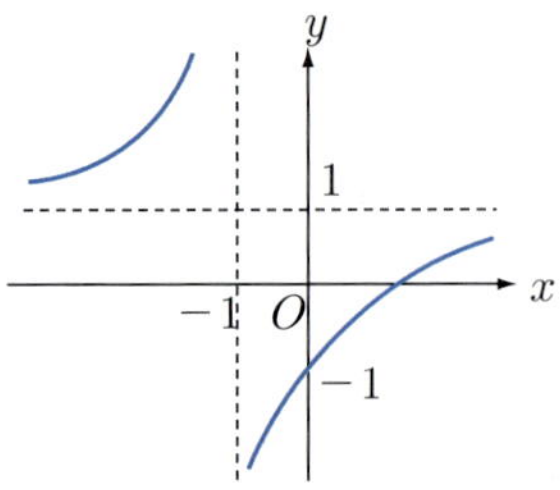

(2)

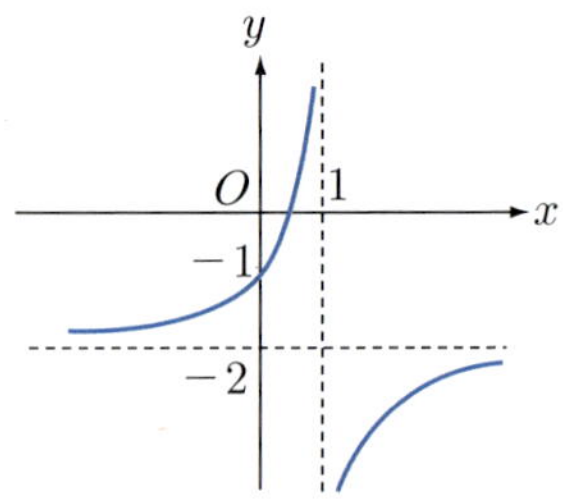

(3)

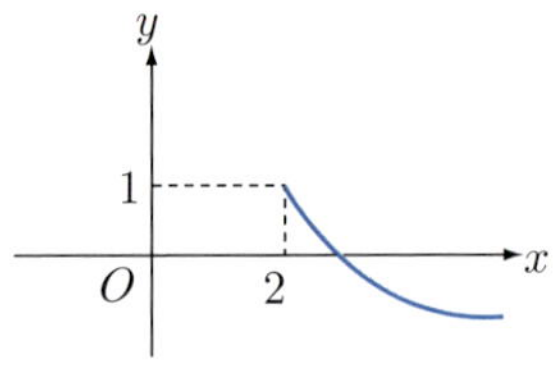

(4)

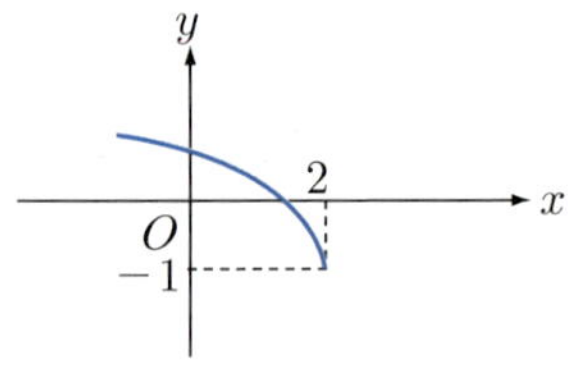

2. $x=\dfrac{3}{2},\ y=-2$

3. $a=-1,\ b=2$

4. $a=-3$

5. $-\dfrac{1}{2}<a<0$

6. $k=2$

7. $\sqrt{2}+1$

8. $\dfrac{1}{349}$

9. $\dfrac{2}{3}$

10. $k\geq 1$

5장 수열과 급수

5.1 (1) $\dfrac{1}{2},\ \dfrac{2}{3},\ \dfrac{3}{4},\ \dfrac{4}{5}$ (2) 2, 10, 26, 82

5.2 $d=-3,\ x=1$

5.3 (1) $a_{20}=-30$ (2) $d=2,\ a_n=2n-5$

5.4 (1) -3 (2) 2475

5.5 $\dfrac{1}{\sqrt{2}}$

5.6 (1) 48 (2) $r=\sqrt{2},\ a_n=2(\sqrt{2})^{n-1}$

5.7 3069

5.8 3,811,400원

5.9 (1) $\sum_{k=3}^{100} \frac{1}{k}$ (2) $\sum_{k=1}^{7} (k+10^k)$

5.10 (1) 6 (2) 1

5.11 (1) 2970 (2) $\frac{n(n+1)(n+2)}{3}$

(3) $\frac{3n^2+5n}{4(n+1)(n+2)}$ (4) $\frac{n}{2(n+1)}$

5.12 (1) 2 (2) 0 (3) $-\infty$ (4) ∞

5.13 (1) 2 (2) $\frac{1}{2}$ (3) $-\infty$ (4) -1

5.14 (1) 0 (2) ∞ (3) 5 (4) 5

5.15 (1) $S_n = \frac{n}{2n+1}$ (2) $S_n = 2n^2+n$

5.16 (1) 수렴, $\frac{1}{2}$ (3) 발산, $-\infty$

5.17 (1) 수렴, $-\frac{1}{50}$ (2) 발산

5.18 $\frac{14}{3}$

연습문제 5.1

1. (1) $a_n = 4n-16$, $S_{10} = 60$

   (2) $a_n = \sqrt{2}\,n+3-\sqrt{2}$, $S_{10} = 30+45\sqrt{2}$

2. (1) $a_n = 2^{n-3}$, $S_{10} = \frac{1023}{4}$

   (2) $a_n = 2(\sqrt{2})^{n-1}$, $S_{10} = 62(\sqrt{2}+1)$

3. $x = \frac{a+b}{2}$

4. $x^2 = ab$

5. 780개

6. 1705

7. $1536 \times (2^{91}-1)$

연습문제 5.2

1. (1) $\sum_{k=1}^{50} 2k = 2550$ (2) $\sum_{k=1}^{10} (4k-1) = 210$

   (3) $\sum_{k=1}^{12} (2k-1)^2 = 2300$ (4) $\sum_{k=1}^{11} 2^{k-1} = 2047$

2. (1) n^2+2n (2) $\frac{n(6n^2-3n-1)}{2}$

(3) $\frac{n}{3n+1}$ (4) $\frac{1}{2}(\sqrt{2n+2}-\sqrt{2n})$

(5) $\frac{650}{81}$ (6) $\frac{1023}{128}$

4. $\frac{n(n+1)(n+2)(n+3)}{4}$

5. $\frac{n(n+3)}{2}$

6. $-8n(4n+3)$

연습문제 5.3

1. (1) 1 (2) 0 (3) 1 (4) 3

(5) ∞ (6) -3 (7) -1 (8) 4

2. (1) $-1<x\le\frac{1}{3}$ (2) $x<-1,\ x\ge 5$

연습문제 5.4

1. (1) $\frac{1}{6}$ (2) 2 (3) 발산 (4) $\frac{16}{3}$

(5) $\frac{27}{29}$ (6) $\frac{3}{4-\sqrt{3}}$ (7) -2 (8) $\frac{b}{a-b}+\frac{c}{a-c}$

(9) $\frac{5}{2}$ (10) 발산

2. 2

3. (1) $-1<x<\frac{1}{3}$ (2) $x<-1,\ x>5$

4. 4

5. $\ln 2-\frac{5}{6}$

6. $\frac{1}{4}$

6장 지수함수와 로그함수

6.1 (1)

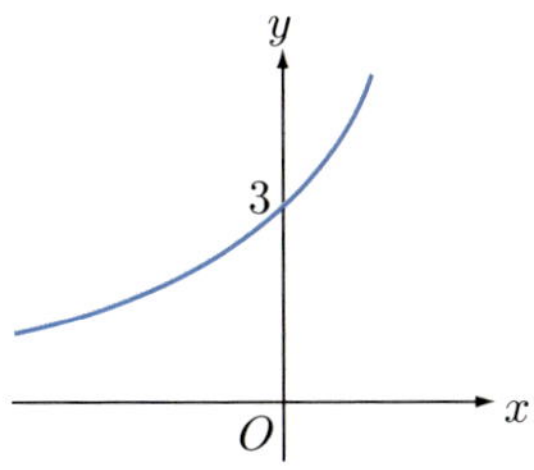

(2)

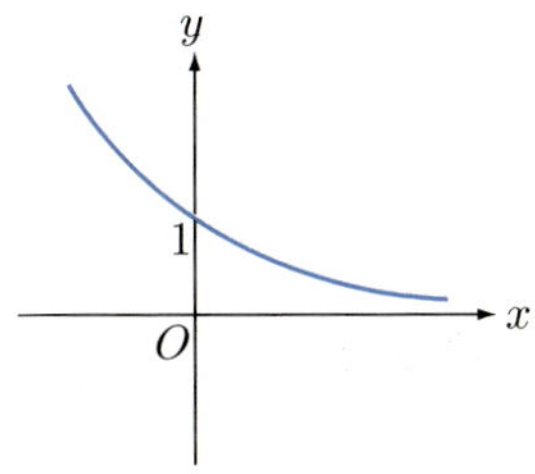

6.2

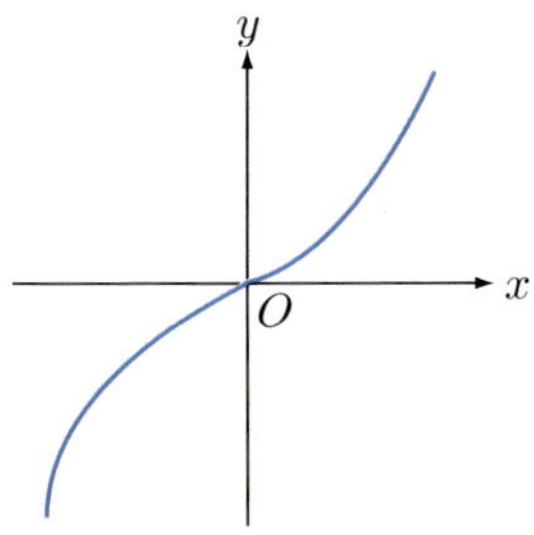

6.3 (1) -2 (2) 2

6.4 (1)

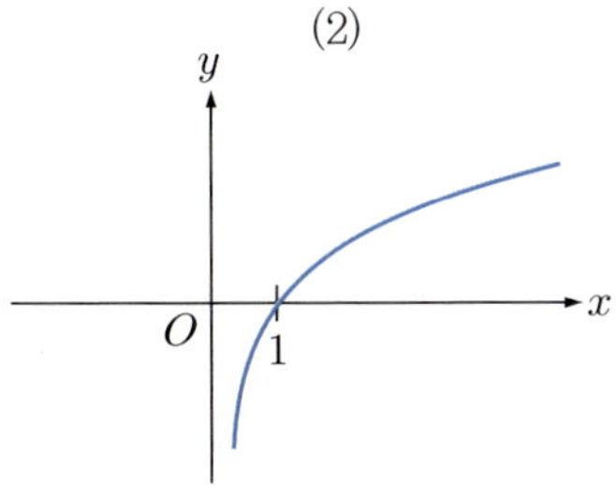

(2)

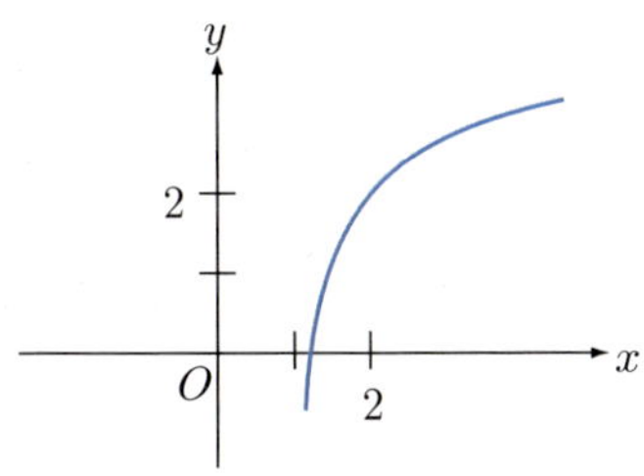

6.5 (1) -2 (2) 12

6.6 (1) 4 (2) $\frac{1}{2}$

(3) -1 (4) $\frac{7}{8}$

6.7 (1) $\frac{1}{2}\log_2(x^2+y^2)$ (2) $x-10\log(x+1)$

(3) $\frac{1}{2}(\ln x+\ln y)$ (4) $\ln x+3\ln y-\frac{1}{2}\ln(x^2+1)$

6.8 1

6.9 (1) $x=\frac{1}{6}$ (2) $x=-2$

6.10 (1) $x=\frac{\ln 7}{\ln 3}-3,\ \log_3\frac{7}{27}$ (2) $x=\frac{1}{2}(1+\ln 2)$

6.11 (1) $x=\ln 2, -\ln 2$ (3) $x=0, -3$

6.12 (1) $x=\dfrac{e^2}{3}$ (2) $x=2^{1/3}$

(3) $x=5$ (6) $x=1$ 또는 $x=3$

6.13 (1) $x=e$ 또는 $x=\dfrac{1}{\sqrt{e}}$ (2) $x=4^9$

연습문제 6.1

1. (1)

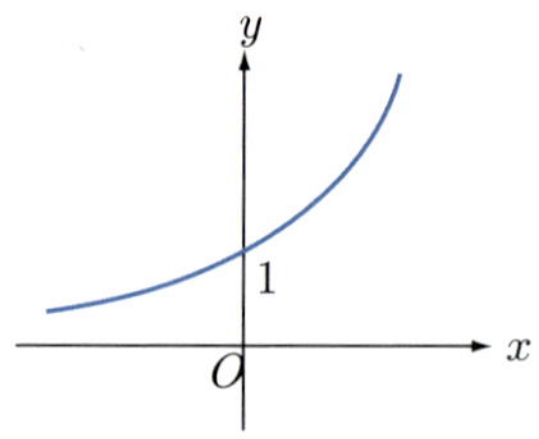

(2)

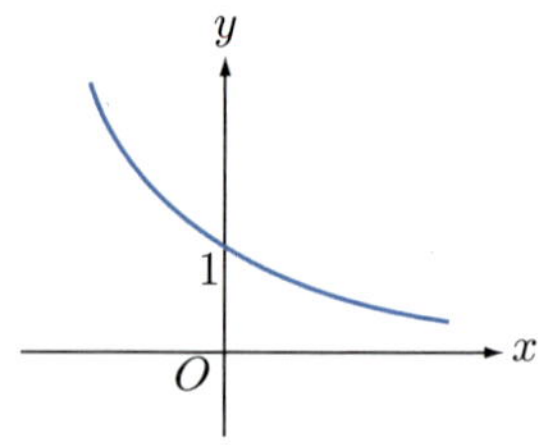

(3)

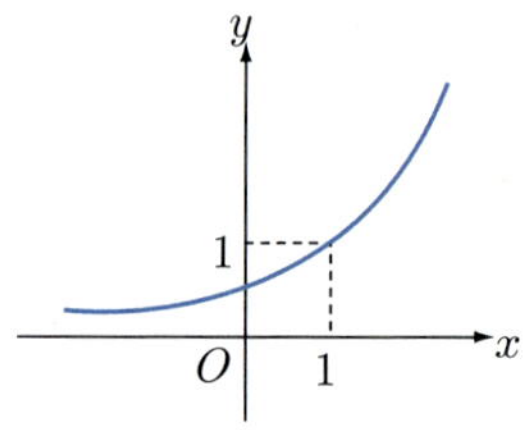

(4)

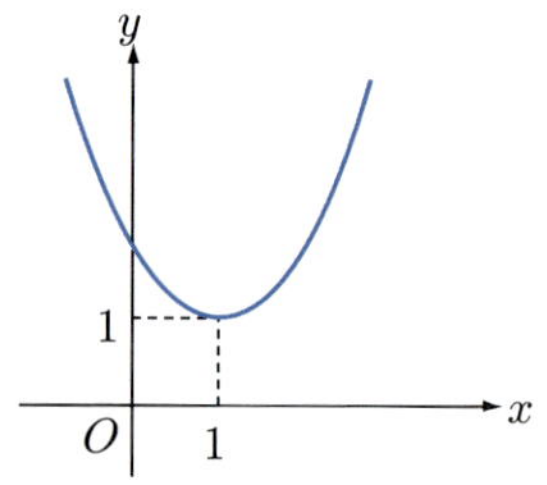

2. $2^{\frac{3}{4}}$

3. $f(x)f(y)+g(x)g(y)$

연습문제 6.2

1. (1)

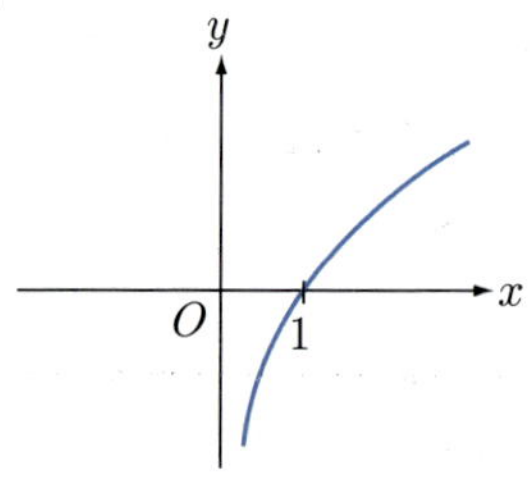

(2)

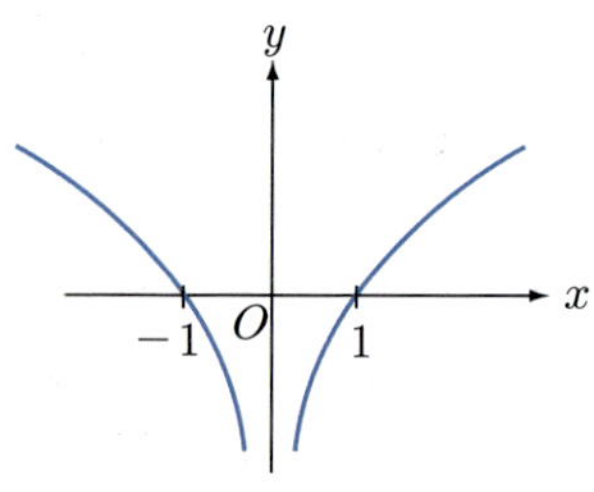

2. (1) 10 (2) $\log_7 15$ (3) 25 (4) 4

3. (1) $\log_2 xy^3$ (2) $\log_3 \dfrac{(x+1)^2}{\sqrt{x^2+1}}$

(3) $\ln(x+y)^2$

(4) $\ln\dfrac{\sqrt[3]{2x+1}\,(x^2+5)}{x^2-x+1}$

4. 16

5. $\dfrac{1}{6a^3}$

6. $a_1=1,\ a_2=0,\ a_3=1$

연습문제 6.3

1. (1) $x=\pm 2$ (2) $x=-\ln 4$

(3) $x=1$ 또는 $x=\log_3 2$ (4) $x=\log_5 3$

(5) $x=1$ 또는 $x=-2$ (6) $x=\dfrac{\ln 3}{2}$

2. (1) $x=128$ (2) $x=\sqrt[7]{2}$

(3) $x=2$ (4) $x=2$

(5) $x=e^4-e$ (6) $x=6$

3. (1) $r=\dfrac{\ln 2}{20}$ (2) $20\dfrac{\ln 10}{\ln 2}$분 후

4. $\dfrac{13}{36}$

5. $\dfrac{1}{3}<x<27$

6. $C<D<B<A$

7. $(x,y)=(3,16),(4,9),(9,4),(16,3)$

7장 삼각함수

7.1 (1) $\dfrac{\pi}{6}$ (2) π (3) $90°$ (4) $150°$

7.2 (1) 제4사분면의 각 (2) 제2사분면의 각

7.3 $l=\pi,\ S=2\pi$

7.4 $\cos\dfrac{\pi}{2}=0,\ \sin\dfrac{\pi}{2}=1,\ \tan\dfrac{\pi}{2}=$ 없다

7.5 $\cos\theta=\pm\dfrac{1}{2}$

7.6 (1) $\dfrac{1}{\sqrt{2}},-\dfrac{1}{\sqrt{2}},-1$ (2) $-\dfrac{1}{\sqrt{2}},-\dfrac{1}{\sqrt{2}},1$

7.7 (1) $\dfrac{\sqrt{3}}{2},-\dfrac{1}{2},-\dfrac{1}{\sqrt{3}}$ (2) $-\dfrac{\sqrt{3}}{2},-\dfrac{1}{2},\dfrac{1}{\sqrt{3}}$

7.8 (1) $\frac{1}{2}, -\frac{\sqrt{3}}{2}, -\sqrt{3}$ (2) $-\frac{1}{2}, \frac{\sqrt{3}}{2}, \sqrt{3}$

7.9 (1) 4π (2) $\frac{\pi}{2}$

7.10 (1)

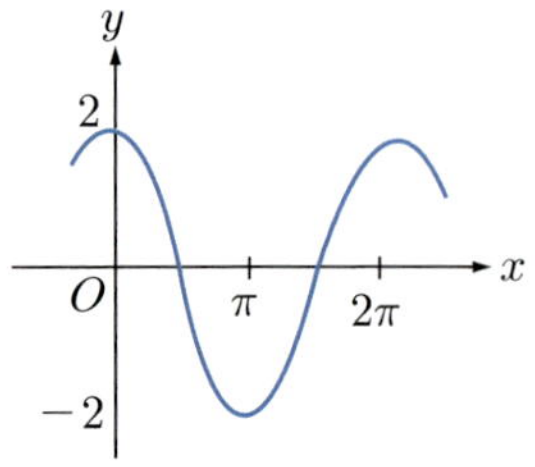

(2)

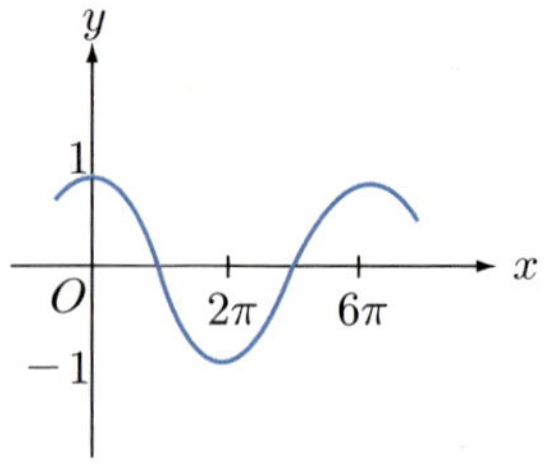

7.11 5

7.12 $\frac{\pi}{3}$

7.13 (1) $\frac{\sqrt{6}-\sqrt{2}}{4}$ (2) $-2-\sqrt{3}$

7.14 $\cos 2x = \frac{7}{25}$, $\tan 2x = -\frac{24}{7}$

7.15 $\frac{1}{8}(3-4\cos 2x - \cos 4x)$

7.16 (1) $\frac{2-\sqrt{3}}{4}$ (2) $\frac{1}{4}$

7.17 0

7.18 $x = n\pi + \frac{\pi}{3}$

7.19 $x = 2n\pi \pm \frac{\pi}{3}$

7.20 $0 \le x \le \frac{\pi}{3}$, $\frac{\pi}{2} < x \le \frac{4\pi}{3}$, $\frac{3\pi}{2} < x \le 2\pi$

7.21 $\frac{\pi}{3} < x < \frac{\pi}{2}$, $\frac{3\pi}{2} < x < \frac{5\pi}{3}$

연습문제 7.1

1. (1) $\frac{16}{45}\pi$ (2) $-\frac{7}{6}\pi$ (3) $\frac{3}{4}\pi$ (4) $15°$

(5) $-120°$ (6) $315°$

2. $\frac{\pi}{3}, -\frac{5}{3}\pi, 420°$; $\frac{4}{3}\pi, -\frac{8}{3}\pi, -120°$

3. 호의 길이: 4π, 넓이: 12π

4. 24π

5. 6π

6. $\sqrt{2}$

연습문제 7.2

1. $-\frac{4}{5}$

2. (1) $-\frac{1}{2}$ (2) $-\frac{\sqrt{3}}{2}$ (3) $-\frac{1}{2}$ (4) $-\frac{\sqrt{3}}{2}$

(5) $\frac{\sqrt{2}}{2}$ (6) $-\frac{\sqrt{2}}{2}$

3. (1) $10\sin\theta + 19\cos\theta$ (2) $\cos\theta$

4. $\cos\theta = \frac{12}{13}$, $\tan\theta = -\frac{5}{12}$

5. $-\frac{1}{3}$

6. $2\csc\theta$

7. $\frac{10}{9}$

8. (1) $-\frac{3}{8}$ (2) $-\frac{8}{3}$

9. $\frac{1}{\sqrt{2}}$

10. $\sin\theta = \frac{3}{5}$, $\cos\theta = \frac{4}{5}$

11. -2

연습문제 7.3

1. (1) 6π (2) $\frac{\pi}{2}$ (3) 2π (4) π

2. (1)

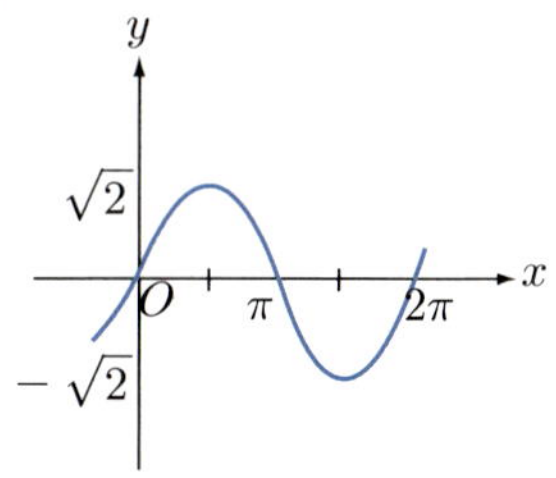

(2)

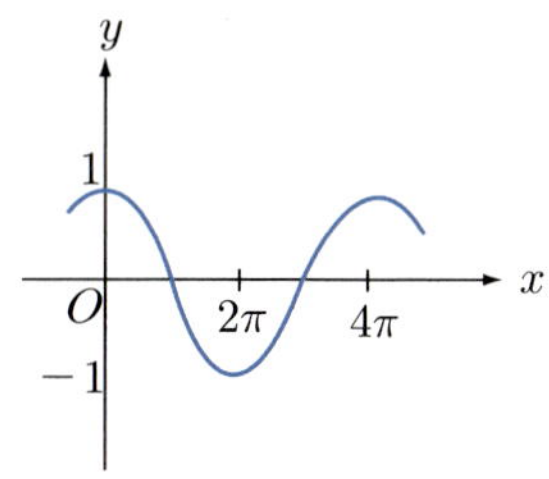

(3)

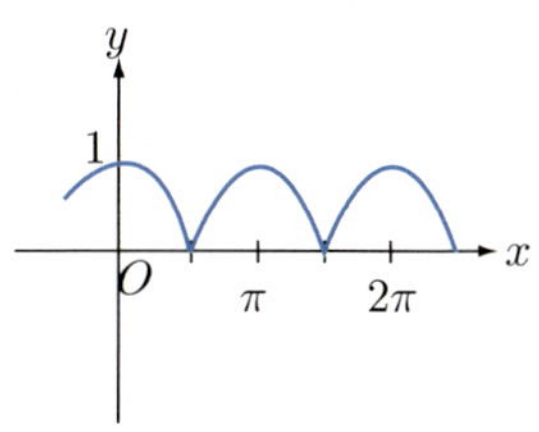

(4)

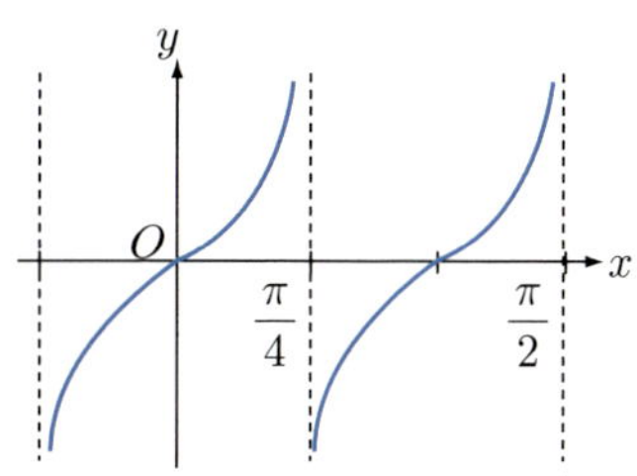

(5)

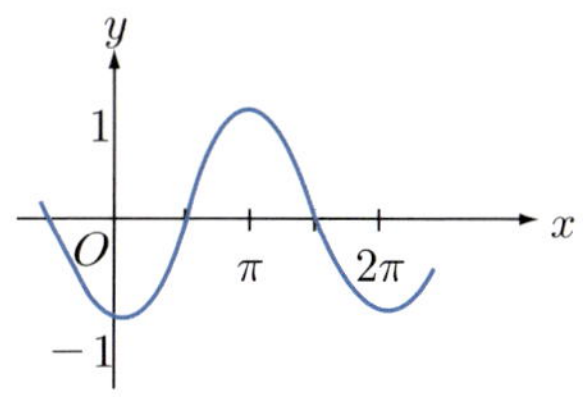

(6)

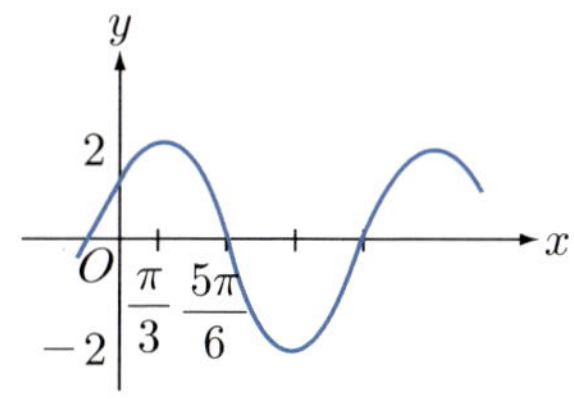

3. $y = \cos ax = \cos(ax + 2k\pi)$, $k = \begin{cases} 1, & a > 0 \\ -1, & a < 0 \end{cases}$이므로 $y = \cos a\left(x + \frac{2k\pi}{a}\right)$

$=\cos a\left(x+\frac{2\pi}{|a|}\right)$이고 주기는 $\frac{2\pi}{|a|}$이다. $y=\sin ax$, $y=\tan ax$에 대해서도 같은 방법으로 증명할 수 있다.

4. $\frac{\pi}{2}$

5. (1) 최대 0, 최소 -2 (2) 최대 1, 최소 -1
(3) 최대 3, 최소 -3 (4) 최대 4, 최소 0

6. 2π

7. $\frac{1}{\sqrt{3}}$

8. $\sqrt{2}$

연습문제 7.4

1. $\frac{\pi}{6}$

2. $2\sqrt{2}$

3. $\sin(x+y)=\frac{\sqrt{3}}{2}$, $\cos(x+y)=-\frac{1}{2}$, $\tan(x+y)=-\sqrt{3}$

4. $2\sqrt{2}$

5. $\frac{\sqrt{6}}{2}$, 1

6. 이등변삼각형

7. 주기: 4, 최댓값: 3

8. $k=\frac{12}{25}$

9. 덧셈정리에 의해서

$$\begin{aligned}\cos(x+y)\cos(x-y)&=(\cos x\cos y-\sin x\sin y)(\cos x\cos y+\sin x\sin y)\\&=\cos^2 x\cos^2 y-\sin^2 x\sin^2 y\end{aligned}$$

이다. 한편

$$\sin^2 x\sin^2 y=(1-\cos^2 x)(1-\cos^2 y)=1-\cos^2 x-\cos^2 y+\cos^2 x\cos^2 y$$

이므로 대입하여 정리하면

$$\cos(x+y)\sin(x-y)=\cos^2 x-\sin^2 y$$

10. $\frac{1}{2}$

11. $\pm\frac{\sqrt{5}}{3}$

12. $-\frac{5}{8}$

13. $\frac{31}{25}$

14. $\frac{5}{6}$

15. $\frac{1}{2}$

16. $\frac{\sqrt{3}}{2}$

연습문제 7.5

1. (1) $x=n\pi+(-1)^{n+1}\dfrac{\pi}{6}$ (2) $x=n\pi+\dfrac{\pi}{4}$

(3) $x=n\pi+(-1)^{n}\dfrac{\pi}{6}$ (4) $x=2n\pi+\dfrac{\pi}{2}$

(5) $x=n\pi+(-1)^{n+1}\dfrac{\pi}{6},\ n\pi+(-1)^{n}\dfrac{\pi}{2}$ (6) $x=\dfrac{\pi}{3},\ \dfrac{3\pi}{4}$

2. $x=0,\ \dfrac{2\pi}{3},\ \dfrac{4\pi}{3}$

3. $\dfrac{2\pi}{3}$

4. $\dfrac{\pi}{5},\ \dfrac{6\pi}{5}$

5. 2π

6. $\dfrac{\pi}{2},\ \dfrac{5\pi}{6}$

7. $\dfrac{\pi}{12},\ \dfrac{5\pi}{12}$

8. (1) $\dfrac{\pi}{4}<x\le\pi$ (2) $0\le x\le\dfrac{\pi}{3},\ \dfrac{2\pi}{3}\le x\le\pi$

(3) $-\dfrac{\pi}{3}<x<\dfrac{\pi}{3}$ (4) $\dfrac{\pi}{4}<x<\dfrac{5\pi}{4}$

9. $\dfrac{\pi}{4}\le x\le\dfrac{5}{4}\pi$

10. $0\le\theta<\dfrac{\pi}{4},\ \dfrac{3}{4}\pi<\theta\le\pi$

8장 함수의 극한과 연속

8.1 (1) 2 (2) 존재하지 않는다.

8.2 (1) -2 (2) 1 (3) $\dfrac{5}{4}$ (4) 0

8.3 2

8.4 e

8.5 $f(x)=\sin x-x+1$은 $[1,\ 2]$에서 연속이고 $f(1)=\sin1>0$, $f(2)=\sin2-1<0$ 이므로 중간값의 정리에 의해 $\sin c=c-1$ 되는 c가 $(1,\ 2)$에 존재한다.

연습문제 8.1

1. (1) 7 (2) 120 (3) -7 (4) $\dfrac{1}{6}$

(5) $-\infty$ (6) 6 (7) 12 (8) 32

(9) 1 (10) $-\infty$

2. (1) $\frac{2\sqrt{3}}{3}$ (2) 0 (3) 1 (4) $-\frac{1}{2}$

3. 2 **4.** 2

5. -1 **6.** 8

7. 10 **8.** 2π

연습문제 8.2

1. (1) $x \neq -2$인 점 (2) $x \neq 2$인 점 (3) $x \neq 1$인 점 (4) 모든 실수

2. (1) 4 (2) 2

3. 2 **4.** 1

5. 5개 **6.** (1) 80 (2) 420만원

7. 5 **8.** 4

9. $f(x)=x^2-2$는 $[1, 2]$에서 연속이고 $f(1)=-1<0$, $f(2)=2>0$이므로 중간값의 정리에 의해 $c^2=2$ 되는 c가 $(1, 2)$에 존재한다.

10. t를 시각이라 하고

$f(t)=$ 3월 20일 t시각에 열차의 서울역으로부터의 거리
$\quad -$ 3월 21일 t시각에 열차의 서울역으로부터의 거리

라 하고 중간값의 정리를 적용하면 된다.

9장 다항함수의 도함수

9.1 $\frac{1}{8}$ **9.2** 3

9.3 (1) -2 (2) $6x^2$

9.4 (1) $f'(x)=0$ (2) $f'(x)=17x^{16}$

9.5 (1) $f'(x)=6x^2-1$ (2) $f'(x)=-2x^3+6x$

(3) $f'(x)=12x^3-18x^2-2x+2$ (4) $f'(x)=3x^2+12x+11$

9.6 $y=2x-4$ **9.7** $y=3x-4$

9.8 $\frac{1}{\sqrt{3}}$

9.9 (1) $x<-2$ 또는 $x>2$일 때 증가, $-2<x<2$일 때 감소

(2) $-2<x<0$ 또는 $x>2$일 때 증가, $x<-2$ 또는 $0<x<2$일 때 감소

9.10 (1) 극소값 $f(2)=-1$ (2) 극댓값 $f(1)=3$, 극솟값 $f(2)=2$

9.11 (1)

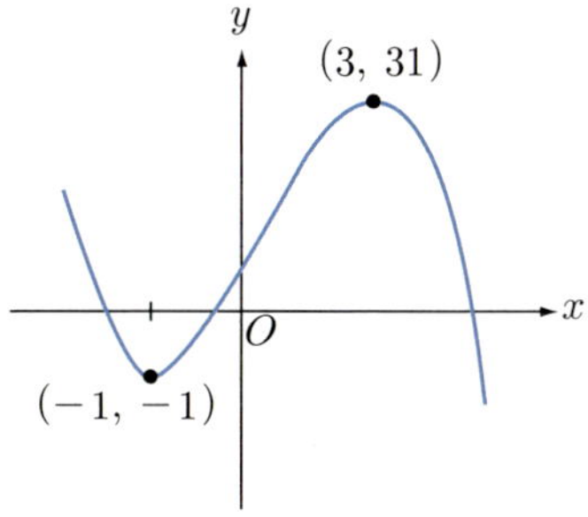

(2)

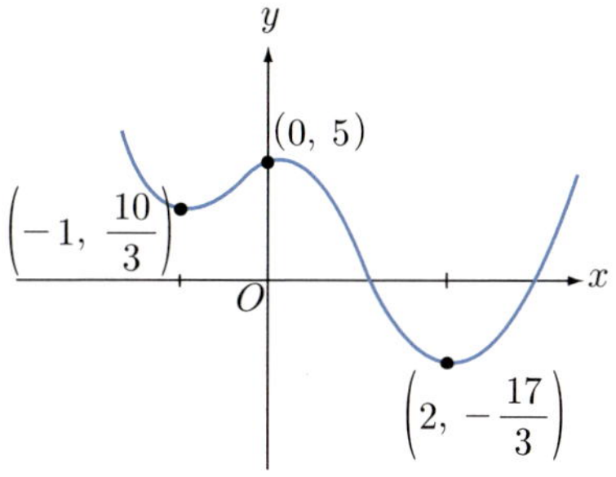

9.12 최댓값 $f(-1)=8$, 최솟값 $f(2)=-19$

9.13 128cm^3, 2cm

연습문제 9.1

1. (1) $\dfrac{1}{3}$ (2) 8

2. (1) 0 (2) 1 (3) -6 (4) 3

3. (1) 0 (2) 0 (3) -2 (4) $6x$

(5) $2x+3$ (6) $3x^2$

4. $\lim\limits_{x\to1^-}\dfrac{|x|}{x}=-1$이고 $\lim\limits_{x\to1^+}\dfrac{|x|}{x}=1$이므로 미분가능하지 않다.

5. (1) 미분불가능 (2) 미분가능

6. (1) $f(x)=-2x^3$, $c=2$ (2) $f(x)=x^2+2x$, $c=3$

(3) $f(x)=x^2$, $c=-1$ (4) $f(x)=2x$, $c=1$

연습문제 9.2

1. (1) $f'(x)=0$ (2) $f'(x)=0$

(3) $f'(x)=36x^{11}$ (4) $f'(x)=x^3$

(5) $f'(x)=7$ (6) $f'(x)=6x+5$

(7) $f'(x)=3x^2-2$ (8) $f'(x)=10x^4-12x^3+2x$

(9) $f'(x)=14x^6-12x^3-2$ (10) $f'(x)=12x+1$

(11) $f'(x)=8x^3+10$ (12) $f'(x)=-35x^6+20x^4+3x^2$

2. (1) 7 (2) -1 (3) 15 (4) 1

3. (1) $y=-x-3$ (2) $y=21x-31$

4. $y=3x-1$

5. $y=-4x-6$, $y=-12x-14$

6. $f(-3)=4$, $f'(-3)=2$

7. 329

8. (1) $x=-2,\ 0,\ 2$　(2) $x=-2,\ 1$

9. $P(x)=x^2-2x+5$

10. $y=4x^3-6x^2-24x+13$

11. $a=\frac{1}{2}$, $b=-6$

12. (1) $v(t)=-32t+64$, $a(t)=-32$　(2) 2초 후

연습문제 9.3

1. (1) $c=2$　(2) $c=\frac{1}{\sqrt{3}}$

2. $7 \le f(2) \le 9$

3. (1) $-\sqrt{3}<x<0$ 또는 $x>\sqrt{3}$ 일 때 증가, $x<-\sqrt{3}$ 또는 $0<x<\sqrt{3}$ 일 때 감소

(2) $x<1$ 또는 $x>3$일 때 증가, $1<x<3$일 때 감소

(3) $x<0$ 또는 $x>3$일 때 증가, $0<x<3$일 때 감소

(4) $x<-3$ 또는 $x>1$일 때 증가, $-3<x<1$일 때 감소

4. (1) 극소값 $f\left(-\frac{1}{2}\right)=\frac{11}{2}$

(2) 극댓값 $f(1)=0$, 극소값 $f(2)=-1$

(3) 극댓값 $f(-1)=5$, 극소값 $f(1)=1$

(4) 극댓값 $f(1)=11$, 극소값 $f(3)=7$

(5) 극댓값 $f(-1)=8$, 극솟값 $f(2)=-19$

(6) 극댓값 $f(0)=1$, 극솟값 $f(-1)=-4, f(2)=-31$

5. 주가가 오르고 있다.

6. x_1, x_2가 실근이라 하면 평균값 정리에 의하여 $0=\frac{f(x_1)-f(x_2)}{x_1-x_2}=9c^8+a>0$이므로 모순

7. $f(0)>0$, $f(-1)<0$이므로 중간값 정리에 의하여 실근을 갖는다. 실근이 두 개라고 하면 평균값 정리에 의하여 $0=5c^4+3c^2+1>0$이므로 모순

8. $h(x)=f(x)-g(x)$라 하면 평균값 정리에 의하여

$$0=\frac{h(b)-h(a)}{b-a}=h'(c)=f'(c)-g'(c)$$

9. $a=-2$, $b=9$, $c=6$

10. $f'(x)=9x^8+5x^4+1>0$이므로 극값을 갖지 않는다.

연습문제 9.4

1. (1)

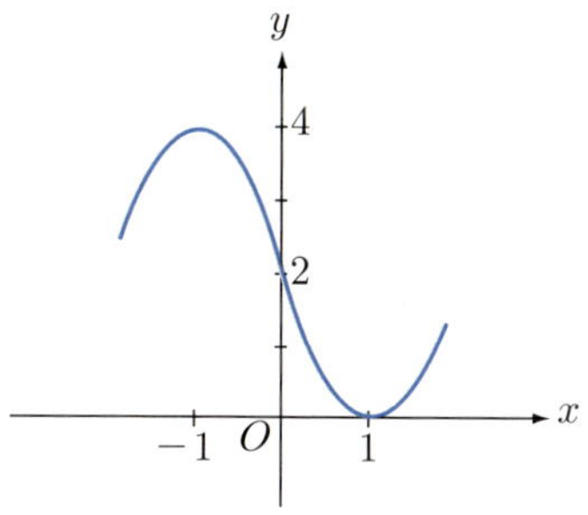

(2)

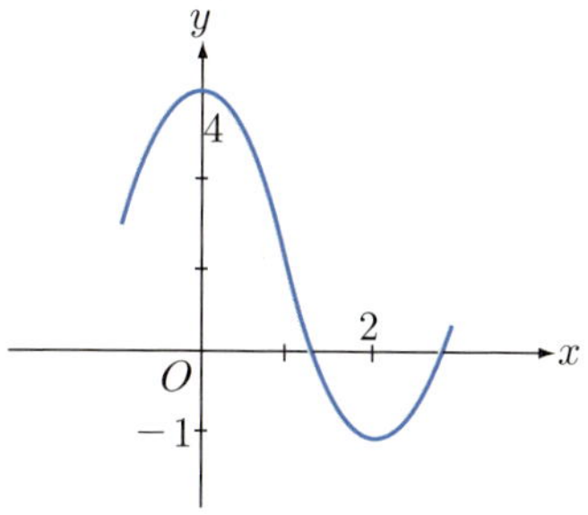

(3)

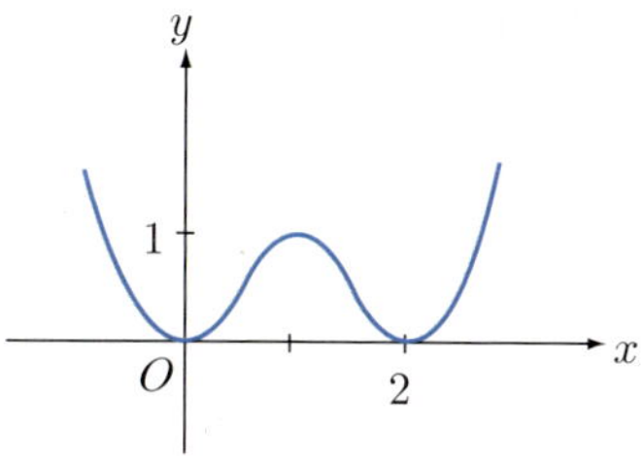

(4)

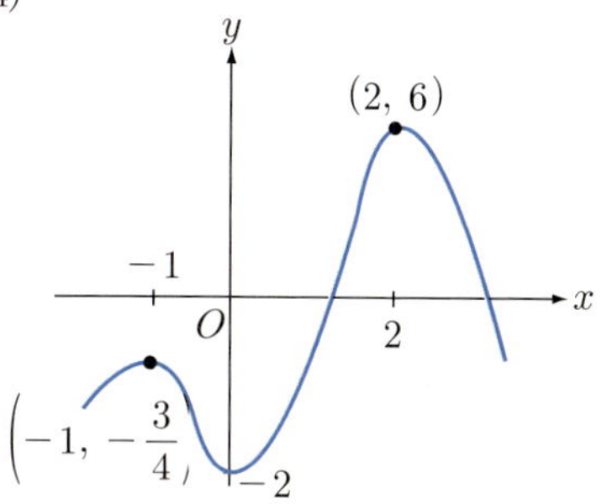

2. (1) 최댓값 $f(3)=19$, 극솟값 $f(1)=-2$

(2) 최댓값 $f(3)=\dfrac{61}{2}$, 극솟값 $f(1)=-\dfrac{7}{2}$

(3) 최댓값 $f(3)=9$, 극솟값 $f(0)=0$

(4) 최댓값 $f(1)=f(4)=2$, 극솟값 $f(-1)=-18$

3. $\dfrac{32}{3\sqrt{3}}$

4. $0<a<1$

5. $a<-3$ 또는 $a>1$이면 1개, $a=-3$ 또는 $a=1$이면 2개, $-3<a<1$이면 3개

6. $f(x)=3x^4-16x^3+18x^2+27$의 최솟값이 $f(3)=0$이므로 성립

7. $f(x)=3x^5-5x^3+2$, $x\geq 0$의 최솟값이 $f(1)=0$이므로 성립

8. 108cm^3, 6cm, 3cm,

9. (2, 1)

10. 9cm, 6cm

10장 다항함수의 적분법

10.1 (1) C (2) x^8+C

10.2 (1) $f(x)=3$ (2) $f(x)=5x^4-6x+1$

10.3 (1) $\frac{1}{6}x^6+C$ (2) $\frac{1}{11}x^{11}+C$

10.4 (1) $\frac{1}{2}x^2-2x+C$ (2) x^3-3x^2+4x+C

10.5 (1) $\frac{1}{4}x^4-x^3+\frac{3}{2}x^2-x+C$ (2) $x^4+x^3-2x^2-3x+C$

10.6 (1) 2 (2) $\frac{1}{4}$

10.7 $\int_0^1(1+x)^3dx$ 또는 $\int_1^2 x^3dx$

10.8 (1) $\frac{23}{6}$ (2) 9

10.9 $\frac{31}{3}$

10.10 $\frac{19}{3}$

10.11 $\frac{37}{12}$

10.12 $\frac{9}{2}$

10.13 $\frac{1}{3}$

10.14 $\frac{4\sqrt{3}}{15}$

10.15 $\frac{9}{2}\pi$

10.16 $\frac{108}{5}\pi$

연습문제 10.1

1. (1) $5x+C$ (2) $\frac{1}{2}x^2+C$

(3) $\frac{3}{5}x^5+C$ (4) x^3-3x+C

(5) $4x^3+6x+C$ (6) $\frac{1}{6}x^6+\frac{1}{2}x^3-x+C$

(7) $\frac{1}{7}x^7-\frac{1}{4}x^4+x+C$ (8) $-\frac{5}{4}x^4+\frac{1}{3}x^3+4x+C$

(9) $\frac{4}{3}x^3-2x^2+x+C$ (10) $3x^3+6x^2+4x+C$

(11) $\frac{2}{3}x^3+\frac{9}{2}x^2-5x+C$ (12) $\frac{8}{3}x^3+7x^2+3x+C$

(13) $\frac{1}{4}x^4-x^3+x^2+C$ (14) $\frac{3}{2}x^4+\frac{7}{3}x^3+x^2+C$

2. (1) $f(x)=x^5-\frac{1}{3}x^6+4$ (2) $f(x)=2x^3+x^2+2$

3. $f(x)=x^3+2x-3$

4. 12

5. $x=-2,-1,0,1$

6. $f(x)=g(x)=1$

7. $f(x)=-4x^3+2x+7$

8. $f(t)=2t^3+2t^2-6t+3$

9. $f(t)=-4.9t^2+2t+50$

10. $2-\dfrac{1}{2^{50}}$

연습문제 10.2

1. $\dfrac{27}{4}$

2. (1) 8 (2) $-\dfrac{2}{3}$

3. (1) $\displaystyle\int_0^1 x\,dx$ (2) $\displaystyle\int_0^1 (1+2x)^2\,dx$

(3) $\displaystyle\int_0^2 (1+x)^2\,dx$ (4) $\displaystyle\int_0^3 x^5\,dx$

4. (1) $\dfrac{1}{3}$ (2) $\dfrac{121}{5}$

5. (1) 0 (2) 6 (3) $\dfrac{364}{3}$ (4) 76

(5) $\dfrac{20}{3}$ (6) -84 (7) $\dfrac{13}{3}$ (8) $-\dfrac{26}{3}$

(9) $-\dfrac{9}{4}$ (10) $-\dfrac{25}{6}$

6. 20

7. (1) 8 (2) 4 (2) 3 (4) $5-\sqrt{3}-\sqrt{2}$

8. 적분불가능

9. $a=-1$, $b=1$, 정적분 값 $\dfrac{4}{3}$

10. $f(x)=4x^3-6x^2+2x+1$

연습문제 10.3

1. (1) $\dfrac{32}{3}$ (2) $\dfrac{253}{12}$

2. (1) $\dfrac{9}{2}$ (2) 9 (3) $\dfrac{8}{3}$ (4) $\dfrac{9}{2}$

(5) $\dfrac{9}{2}$ (6) $\dfrac{37}{12}$

3. $\frac{2}{3}$

4. $a=3$

5. $24\sqrt{3}$

6. $\frac{206}{15}\pi$

7. (1) $\frac{512}{15}\pi$ (2) 8π

8. $\frac{\pi}{6}$

9. $\frac{4}{3}\pi a^3$

10. 24

11장 여러 가지 함수의 미분과 적분

11.1 e^2

11.2 $\frac{3}{\ln 3}$

11.3 $-\csc^2 x$

11.4 $10-\frac{\sqrt{2}}{2}$

11.5 $f'(x)=3^x(\ln 3\sin x+\cos x)+3x^2$,
$g'(x)=\frac{1}{3}(\cos x-x\sin x)+3^x(3x^2+x^3\ln 3)$

11.6 $y=\frac{6+\sqrt{3}\pi}{12}\left(x-\frac{\pi}{6}\right)+\frac{\pi}{12}$

11.7 (1) $3x^2\sec^2 x^3$ (2) $e^{x^2}+2x^2e^{x^2}$
(3) $-\sin x\cos(\cos x)$

11.8 $\frac{x_0 x}{9}+\frac{y_0 y}{4}=1$

11.9 $-\frac{4}{9}$

11.10 생략

11.11 (1) $\frac{1}{3}(1+x^2)^{3/2}+C$ (2) $\frac{1}{3}\sin^3 x+C$

11.12 (1) $\frac{1}{2}x^2\sin 2x+\frac{1}{2}x\cos 2x-\frac{1}{4}\sin 2x+C$
(2) $-e^{-x}(x+1)+C$

11.13 (1) $9\ln 5-4$ (2) $e-2$

연습문제 11.1

1. (1) $-\csc x \cot x$ (2) $\cosh x$ (3) $\sinh x$ (4) $\dfrac{2x}{x^2-1}$

(5) $\dfrac{2}{x+1}-\dfrac{3}{x}$ (6) $e^x+\dfrac{2}{\ln 5}\dfrac{1}{x}$

2. (1) 1 (2) 1 (3) 1 (4) 0

3. (1) $y=3e^2(x-1)+e^2$ (2) $y=\dfrac{2}{e}x$

4. (1) $x=n\pi+\dfrac{\pi}{4},\ n=0,\pm 1,\cdots$ (2) $x=n\pi-\dfrac{\pi}{4},\ n=0,\pm 1,\cdots$

5. $A=-\dfrac{1}{2},\ B=0$

6. $v(t)=-3\sin t,\ a(t)=-3\cos t$

7. $\dfrac{1}{8}$

8. (1) e (2) 1

9. $1-\dfrac{1}{\pi}$

연습문제 11.2

1. (1) $5(x^3+2x^2-1)^4(3x^2+4x)$ (2) $-8x(1-x^2)^3$

(3) $\cos(\tan x)\sec^2 x$ (4) $e^{\sin x}\cos x$

(5) $\dfrac{2x}{x^2+1}$ (6) $\dfrac{2x}{1+x^4}$

(7) $-\sin(e^{x^2})e^{x^2}2x$ (8) $2e^{2x}\sin 3x+3e^{2x}\cos 3x$

(9) $2x10^{x^2-1}\ln 10$ (10) $e^{x\sin 2x}(\sin 2x+2x\cos 2x)$

(11) $\dfrac{1}{\sqrt{1+x^2}}$ (12) $\sec x$

2. $y=\dfrac{x_0^2-y_0}{x_0-y_0^2}(x-x_0)+y_0$

3. $\dfrac{15}{4}$

4. (1) $y'=y\left(\dfrac{12x^3}{1+x^4}-\dfrac{x}{1+x^2}-\dfrac{6x^2}{1-x^3}\right)$

(2) $y'=x^x(\ln x+1)$

(3) $y'=x^{\sqrt{x}}\cdot\dfrac{2+\ln x}{2\sqrt{x}}$ (4) $y'=\dfrac{y(x\ln y-y)}{x(y\ln x-x)}$

5. -8

6. $\dfrac{u'(x)}{u(x)}$

7. (1) 우함수 (2) 기함수

연습문제 11.3

1\. (1) $\frac{2}{15}(5x+1)^{3/2}+C$ (2) $\frac{1}{2}(\ln x)^2+C$

(3) $\frac{1}{2}x^2\ln x-\frac{1}{4}x^2+C$ (4) $e^x(x-1)+C$

(5) $\sin x(\ln(\sin x)-1)+C$ (6) $\frac{x}{2}+\frac{\sin 2x}{4}+C$

(7) $\frac{1}{12}(\cos 3x-9\cos x)+C$ (8) $\ln|\sec x+\tan x|+C$

(9) $2\ln|\sqrt{x}+1|+C$ (10) $2\sin\sqrt{x}+C$

(11) $-\ln|\cos x|+C$ (12) $\frac{1}{3}(\tan^{-1}x)^3+C$

(13) $x\tan^{-1}x-\frac{1}{2}\ln(x^2+1)+C$ (14) $\frac{1}{2}e^x(\sin x-\cos x)+C$

2\. (1) $\frac{1}{4}(\ln|x-2|-\ln|x+2|)+C$ (2) $\frac{1}{9}\left(\frac{3}{x+1}+\ln|x-2|-\ln|x+1|\right)+C$

(3) $\frac{1}{2}x^2-x+2\ln|x+1|+C$

3\. (1) $\frac{\pi}{4}$ (2) $\sqrt{3}-1$ (3) $\frac{14\sqrt{2}-16}{3}$

4\. (1) $\frac{1}{2}(1-e^{-1})$ (2) $\frac{8}{3}$ (3) $\pi-2$ (4) $3-e$

5\. 5

6\. (1) $u=a-x$라 치환 (2) $\frac{\pi}{4}$

7\. $u=a-x$라 치환

8\. $\pi(\pi^2-4)$

9\. (1) 1 (2) $\pi(e-2)$ (3) $\frac{\pi}{2}(e^2-1)$

12장 행 렬

12.1 1

12.2 $\begin{pmatrix} 2 & 5 \\ -2 & 7 \end{pmatrix}$

12.3 $AB=\begin{pmatrix} 1 & 2 & 3 \\ 1 & 3 & 7 \\ 0 & 1 & 10 \end{pmatrix}$. $B=\begin{pmatrix} 1 & 5 & 15 \\ 0 & 4 & 10 \\ -3 & 6 & 9 \end{pmatrix}$

12.4 -2

12.5 $(1,\ 1)$

12.6 $\left(\frac{3}{2},\ \frac{3\sqrt{3}}{2}\right)$

12.7 $(x-3/2)^2+(y-3\sqrt{3}/2)^2=1$

12.8 $y=x+2$

12.9 $(2,\ -7)$

12.10 $\begin{pmatrix} 1 & -\frac{2}{3} \\ -1 & 1 \end{pmatrix}$

12.11 $\begin{pmatrix} 1 & -5 \\ 0 & 1 \end{pmatrix}$

12.12 $\begin{pmatrix} 1 & -2 & 7 \\ 0 & 1 & -3 \\ 0 & 0 & 1 \end{pmatrix}$

12.14 4

연습문제 12.1

1. $\begin{pmatrix} -2 & -2 & 3 \\ -8 & 1 & -5 \end{pmatrix}$

2. $\begin{pmatrix} -14 & 170 \\ 1 & -19 \end{pmatrix}$

3. $\begin{pmatrix} 1 & n \\ 0 & 1 \end{pmatrix}$

4. $\begin{pmatrix} 3 & 4 \\ 6 & 9 \end{pmatrix}$

5. $\begin{pmatrix} 1 & 1 \\ 2 & 2 \end{pmatrix}$

6. 8

7. $A^3=63A-8I_2=\begin{pmatrix} 55 & 189 \\ 126 & 433 \end{pmatrix}$ $A^4=496A-63I_2=\begin{pmatrix} 433 & 1488 \\ 992 & 3409 \end{pmatrix}$

8. 3

9. $\frac{3}{4}$

10. $\begin{pmatrix} 1 & 1 \\ -1 & 1 \end{pmatrix}$

연습문제 12.2

1. $\left(\frac{5}{4},\ \frac{5}{4}\right)$

2. $(5,\ -3)$

3. $(-6,\ -13)$

4. $(x,\ y)$

5. $\left(\frac{1+\sqrt{3}}{2},\ \frac{1-\sqrt{3}}{2}\right)$

6. $x^2+y^2=4$

7. $\frac{\sqrt{3}-1}{2}x+\frac{\sqrt{3}+1}{2}y=1$

8. 8

9. $\begin{pmatrix} \sqrt{3} & 1 \\ -1 & \sqrt{3} \end{pmatrix}$ (이외에도 가능)

10. $\begin{pmatrix} 2\cos\theta & -2\sin\theta \\ 2\sin\theta & 2\cos\theta \end{pmatrix}$

연습문제 12.3

1. adf

2. $\begin{pmatrix} 8 & 0 \\ 0 & 8 \end{pmatrix}$

3. -1

4. $\begin{pmatrix} \frac{33}{2} & \frac{31}{2} \\ \frac{31}{2} & \frac{33}{2} \end{pmatrix}$

5. $3, \pm\sqrt{3}$

6. 0

7. $\begin{pmatrix} \cos\theta & \sin\theta \\ -\sin\theta & \cos\theta \end{pmatrix}$

8. $\begin{pmatrix} 1 & 0 & 0 \\ 0 & \cos\theta & \sin\theta \\ 0 & -\sin\theta & \cos\theta \end{pmatrix}$

9. $-\frac{5}{3}$

10. $a=1,\ b=9$

13장 벡터

13.1 (1) $(2, 2, 4)$ (2) $(-4, 5, 19)$ (3) $3\sqrt{2}$

13.2 $\left(-\frac{1}{3}, \frac{2}{3}, -\frac{2}{3}\right)$

13.3 $4\vec{i}+\vec{j}$

13.4 $0, \frac{\pi}{2}$

13.5 $\vec{j}$

13.6 $(-3, -6, -3)$

13.7 $3\sqrt{6}$

13.8 $x-2=\frac{y+1}{2}=z-1$

13.9 $-2x+y-z=0$

13.10 $-2(x-1)-4y-(z-1)=0$

13.11 $\sqrt{3}$

13.12 생략

13.13 t

13.14 생략

13.15 $l(t)=(1,2,3)t+(1,1,1)$

13.16 $2\sqrt{2}\pi$

연습문제 13.1

1. (1) $\sqrt{6}+\sqrt{3}+\sqrt{14}$ (2) 7 (3) 1
2. 생략
3. 중심이 $(1, 1, 1)$이고 반지름이 1인 구
4. 두 벡터를 변으로 가지는 평행사변형
5. $x+y=3$

6. $\pm\frac{1}{\sqrt{14}}(1,2,3)$

7. $a=b=c=0$

연습문제 13.2

1 (1) $\vec{i}-\vec{j}$ (2) 0

2. 생략

3. $\frac{32}{\sqrt{101}}$

4. 7.5

5. $\pm\frac{1}{\sqrt{14}}(-2, 3, 1)$

6. $\left(\frac{\sqrt{2}\pm\sqrt{6}}{2}, \frac{\sqrt{2}\mp\sqrt{6}}{2}\right)$

7. 1

8. 세 벡터가 이루는 평행육면체의 부피가 0이므로, 세 벡터는 한 평면 위에 있다.

9. $\vec{x}=(3,-1)$

연습문제 13.3

1. $\frac{x-1}{3}=\frac{y-1}{-2}=\frac{z-1}{-1}$

2. $2(x_2-x_1)x+2(y_2-y_1)y+2(z_2-z_1)z=x_2^2+y_2^2+z_2^2-x_1^2-y_1^2-z_1^2$

3. 생략

4. $5x+y-z-1=0,\ 5x+y-z-4=0$

5. $x=\frac{y+4}{2}=-z+2$

6. $\frac{\sqrt{7}}{3}$

7. $a\neq 2$

8. $(3,\ 4,\ 7)$

9. $x-2y+z=0$

10. $\frac{2}{\sqrt{21}}$

연습문제 13.4

1. (1) 직선 (2) 타원 (3) 타원나선

2. (1) $l(t)=(t+1, t+1, t+1)$

(2) $l(t)=(-4\sin 1,\ 9\cos 1)t+(4\cos 1,\ 9\sin 1)$

(3) $l(t)=(-4\sin 1,\ 9\cos 1,\ -1)t+(4\cos 1,\ 9\sin 1,\ -1)$

3. 생략

4. 0

5. $(3,\ -3,\ 1)$

6. $\dfrac{\sqrt{2}\,(73\sqrt{73}-1)}{12}$

7, $\left(\dfrac{16\pm 24\sqrt{6}}{25}, \dfrac{9\mp 24\sqrt{6}}{25}\right)$

8. 8

9. $8r$

찾아보기

ㄱ

가우스 함수 · 103
감소한다 · 237
공비 · 128
공역 · 87
공집합 · 82
교집합 · 84
구간 · 83
구분구적법 · 255
그래프 · 102
극값 · 238
극대점 · 238
극댓값 · 238
극소점 · 238
극솟값 · 238
극점 · 238
극한 · 212
극한값 · 139
근 · 28
근방 · 212
급수 · 145
기울기 · 64
기하평균 · 52
기함수 · 106

ㄴ

나머지 · 15
내적 · 320

ㄷ

다항식 · 7
단위행렬 · 294
닫힌구간 · 83
대각성분 · 294
도함수 · 227
독립변수 · 88
등비수열 · 128
등비중항 · 132
등차수열 · 125
등차중항 · 132

ㄹ

로그방정식 · 164
로그함수 · 157

ㅁ

매개화 · 329
몫 · 15
무리식 · 21
무한급수 · 145
무한등비급수 · 147
무한등비수열 · 142
미분가능하다 · 226

미분계수 · 226
미분의 연쇄법칙 · 279
밑 · 2

ㅂ

발산한다 · 139, 146
방정식 · 13, 28
법선벡터 · 326
벡터 · 314
벡터의 곱셈 · 320
벡터의 성분 · 316
벡터의 크기 · 314
벡터함수 · 329
벤 다이어그램 · 84
변환 · 298
부등식 · 47
부분적분법 · 285
부분집합 · 82
부분합 · 145
부정적분 · 249
분모를 유리화 · 24
분할 · 256

ㅅ

사인 함수 · 175
산술평균 · 52
삼각방정식 · 206
삼각함수 · 175
삼각함수의 도함수 · 275
상수함수 · 89
상용로그 · 158
성분 · 290
수렴한다 · 139, 146
수열 · 124
수직점근선 · 118
수평점근선 · 118
순간변화율 · 226
스칼라 · 315
시그마 · 133
시점 · 314
시컨트 함수 · 175
쌍곡선 · 118

ㅇ

아래로 오목 · 111
양함수 · 280
역도함수 · 248
역원 · 97
역함수 · 98
역행렬 · 303
연속 · 218
연속함수 · 218
열 · 290
열린구간 · 83
영벡터 · 314
외적 · 320
우극한 · 213
우함수 · 106
원 · 75
원소 · 82
원소나열법 · 82
원시함수 · 248
위로 오목 · 111
위치벡터 · 316
유리수 · 21
유리식 · 21

유향선분 · 314
이차방정식 · 34
인수분해 · 8
일대일 함수 · 97
일반각 · 172
일반항 · 124
일차변환 · 298
임계점 · 239

ㅈ

자연로그 · 159
자연지수 함수 · 154
적분가능 · 256
적분상수 · 249
전개 · 7
절댓값 · 31
점근선 · 153
접선 · 231
정사각행렬 · 290
정의역 · 87
정적분 · 256
조건제시법 · 82
조립제법 · 15
종속변수 · 88
종점 · 314
좌극한 · 213
주기 · 178
주기함수 · 175, 178
중점 · 59
증가한다 · 237
증분 · 226
지수 · 2
지수방정식 · 164
지수함수 · 152
직선의 방정식 · 65
직선의 방향벡터 · 325
집합 · 82
짝수 판별식 · 37

ㅊ

차집합 · 84
최댓값 · 243
최솟값 · 243
치역 · 87

ㅋ

카테시안 곱 · 85
코사인 함수 · 175
코시컨트 함수 · 175
코탄젠트 함수 · 175

ㅌ

타원 · 79
타원의 초점 · 79
탄젠트 함수 · 175

ㅍ

판별식 · 36
평균변화율 · 226
피적분함수 · 249

ㅎ

함수 · 87
함수값 · 87
합성함수 · 93
합집합 · 84

항 · 7
항등식 · 13
항등함수 · 90
항등행렬 · 294
해 · 28
행 · 290
행렬 · 290
행렬식 · 305
호도법 · 170
회전변환 · 299

기타

1라디안 · 170
60분법 · 170
n제곱 · 2
n제곱근 · 3
x절편 · 104
y절편 · 104

기초미적분학

지은이 김태수 · 김병수 · 김병찬 · 김건우 · 박윤경
펴낸이 조경희
펴낸곳 경문사
펴낸날 2019년 1월 2일 1판 1쇄
2022년 2월 28일 1판 4쇄
등 록 1979년 11월 9일 제313–1979–23호
주 소 04057, 서울특별시 마포구 와우산로 174
전 화 (02)332–2004 팩스 (02)336–5193
이메일 kyungmoon@kyungmoon.com

값 24,000원

ISBN 979–11–6073–193–4